天敌昆虫图鉴

［一］

崔建新　曹亮明　李卫海◎编著

中国农业科学技术出版社

图书在版编目（CIP）数据

天敌昆虫图鉴（一）/ 崔建新，曹亮明，李卫海编著．— 北京：中国农业科学技术出版社，2018.10

ISBN 978-7-5116-3737-6

Ⅰ.①天… Ⅱ.①崔… ②曹…③李… Ⅲ.①昆虫－图谱 Ⅳ.① S476.2-64

中国版本图书馆 CIP 数据核字（2018）第 122417 号

责任编辑 姚　欢
责任校对 马广洋

出 版 者 中国农业科学技术出版社
北京市中关村南大街 12 号　邮编：100081
电　　话（010）82106636（编辑室）（010）82109704（发行部）
（010）82109702（读者服务部）
传　　真（010）82106631
网　　址 http：//www.castp.cn
经 销 者 各地新华书店
印 刷 者 北京东方宝隆印刷有限公司
开　　本 787 毫米 ×1 092 毫米 1/16
印　　张 15
字　　数 400 千字
版　　次 2018 年 10 月第 1 版　2018 年 10 月第 1 次印刷
定　　价 168 元

《天敌昆虫图鉴（一）》

编著委员会

主　编　著　崔建新　曹亮明　李卫海

副主编著　郭在彬　梁琳琳　付晓伟　汪　云　董文彬　王华丽

编著成员　（按姓氏拼音字母排序）

曹亮明　崔　惠　崔建新　崔　英　董文彬　段世齐

付晓伟　郭在彬　侯金萍　李卫海　梁琳琳　刘　波

刘　豪　马新岭　秦雪峰　田　锋　王华丽　王　锐

汪　云　邢晓珍　张　勤　张永才　赵　强　朱素梅

前言

天敌昆虫资源是一类重要的生物资源，它们是生态系统的基本组成部分。当前各类农林生态系统由于生产需要提高集约化水平和生产管理效率，大多会形成较为单一的农林作物植物群落。昆虫群落在生态系统中一般处于2~3级的营养层级，主要包括以该种植物为食物的植食性昆虫，以及这些植食性昆虫为食物的捕食性天敌或寄生性天敌，其他种类的昆虫很难形成群落的主体。植食性害虫的虫源不论是本地越冬虫源还是外地迁入虫源，从越冬结束到种群密度迅速提高都需要一个过程，当虫量超过一定水平后，相应的天敌昆虫种类才会跟着进入群落，当害虫达到为害高峰时，天敌尚未达到高峰，从而造成经济损失。形成损失后，天敌密度达到高峰，然后扩散到其他适宜生境。当下一轮害虫为害时，这些害虫天敌再回来进行自然控制，降低发生灾害的几率。如果在害虫发生高峰期进行彻底的化学防治，天敌昆虫就会连带被毒杀殆尽。即便在害虫高峰期放弃化学防治，如果天敌昆虫形成种群高峰后没有适合的扩散生境或食物断绝，仍然不能控制下一轮次的害虫发生。因此，一个理想的农业生态系统应该为多种天敌昆虫提供持续的栖息繁殖场所，在主要作物田块边缘和内部应该科学设置天敌庇护所，种植适宜的植被组合，以便周年持续性地维持特定的天敌昆虫群落。此类技术将成为未来可持续农业研究的热点领域。

现代农业对农产品的质量要求很高，需要尽可能地降低农产品中的农药残留，同时要求农产品进行高效生产，提高集约化、机械化水平，降低人工需要。这种情况下，合理利用天敌昆虫资源，在害虫发生初期就发挥生物控制作用，需要一套完善的天敌储存和释放的技术。这些天敌昆虫由于作物种类、害虫虫期、自然地域差异的不同，因此在自然界中就有多种可能或组合，同时天敌昆虫的食谱范围、人工饲料配比、繁育方法、储存方法、释放时机以及天敌之间的协调使用都应该进行系统研究，需要全社会所有关心绿色农业的人士来参与。然而天敌昆虫种类十分庞杂，需要具备一定的昆虫学基础知识才能独立开展这些研究和学习。为了推动天敌昆虫知识的科学普及，降低初学者辨识天敌昆虫的难度，加快天敌昆虫资源开发和利用的速度，我们编写了《天敌昆虫图鉴》，本书（第一分册）包含7目34科81属101种天敌昆虫，为天敌昆虫知识的普及做一些尝试，希望能够引起社会贤达和爱好者对天敌昆虫的关注，进而促进国内天敌昆虫的繁育和利用水平，推进绿色植保、公共植保事业的发展。

本书中记述天敌昆虫均附有高质量的科学绘图或照片。科学绘图的技法涵盖传统的黑白覆墨图和水彩彩图，还有相当部分的高清绘图采用最新的计算机辅助数字彩色绘图技术。其他昆虫生态图谱只能展示虫体背部的核心区域，而不能充分展示附肢的形态特征，而本书利用科学绘图展示的虫体特征，特别是触角、足各节的比例，仍然具有充分的科学性，这对正确鉴定天敌的种类有重要的价值。

本书可供植物保护相关专业的师生、绿色农产品生产者和管理者、生态保护和自然保护人员，以及昆虫爱好者参考。

编著者

2018年1月30日

目录

总论

各论

总　论

1. 昆虫的基本形态

昆虫属于节肢动物，种类繁众，目前全世界已经确定学名的种类超过一百万种，中国已经发现的有确定学名的有 10 万种左右。昆虫几乎可以分布在全世界的各个角落，包括极地、高山、海洋，在热带雨林地区种类最为丰富。这些生物在生长发育过程中的不同阶段形态变化很大，根据是否存在一个不吃不动的蛹期，一般可以划分为两类：有蛹期的完全变态类昆虫和没有蛹期的不完全变态类昆虫。完全变态类昆虫的发育阶段包括卵、幼虫、蛹、成虫。不完全变态类昆虫的发育阶段包括卵、若虫、成虫。卵一般为圆球形，也有橄榄形、鼓形、馒头形，卵的表面在一些种类中有复杂的纹饰结构。幼虫的形态变化很大，多为长条形，头部有口器、触角、侧单眼，根据足的有无和多少有 3 种情况：有的完全无足，有的在头后方有 3 对胸足，有的除了胸足外还有多个腹足。蛹的形态根据附肢是否紧贴身体以及体外是否有一层椭球形外壳包裹可以分为离蛹、围蛹、裸蛹三种类型。成虫阶段的特征最为明显，研究得最为详细，绝大多数情况下是判别昆虫种类的依据。昆虫成虫从头到尾由一系列环节组成。成虫头部一般都有口器、触角、复眼、单眼。头的后方有 3 个体节共同形成胸部，分别称为前胸、中胸、后胸。每个胸节腹面都有 1 对足，第 2 个胸节和第 3 个胸节上通常各有 1 对翅。胸部后方的一系列体节共同构成腹部，一般有 9~10 节，最末节通常有 1 对尾须。昆虫一般可以分为 32~35 个目，主要依据前翅的形态、有无以及口器的类型来判定。翅的形态一般为柔韧薄膜结构（膜翅），有的翅面上覆盖鳞片（鳞翅），有的覆盖毛被（毛翅），有的皮革质地，有的翅的基部一半为鞘质，端部一半为膜质（半鞘翅），有的前翅完全特化成鞘质（鞘翅），有的只有前翅，后翅退化（双翅）。昆虫的后翅一般为膜质结构。口器的类型有咀嚼式、刺吸式、虹吸式、嚼吸式、舐吸式，也有的昆虫口器完全退化，不能取食。

2. 昆虫的生物学

昆虫通常卵生。一般情况下，雌雄交配后，雌虫才能产卵。孤雌生殖类的雌虫可以不经雌雄交配就可产卵，这样的类群很少。成虫产卵后，经过一段时间，卵逐渐完成胚胎发育，成熟以后，幼虫就破卵而出。刚孵化的幼虫为 1 龄幼虫，经过取食，生长变大后，由于外骨骼（表皮）的约束而无法继续长大，只能脱去旧皮，变为 2 龄幼虫，依次类推，经过多次蜕皮，逐渐增加龄数至老熟幼虫（末龄幼虫）。不完全变态类昆虫末龄幼虫可以直接脱皮变为成虫。完全变态类昆虫的老熟幼虫脱皮后变为一个不吃不动的蛹，再经过一段时间羽化变成成虫。不完全变态的昆虫幼体和成虫形态及习性较为相似，也可称为若虫。完全变态昆虫幼虫和成虫的形态、食性、习性等均差异巨大，这种分化可以减弱亲代和子代对食物等资源的竞争。昆虫一年可以发生 1 代或多代。通常秋末，昆虫会进入蛰伏阶段，进行休眠或滞育。进入越冬期的虫态称为越冬虫态，可以是成虫、蛹、老熟幼虫、低龄幼虫、卵，不同种类差异很大。越冬的一代称为越冬代，越冬代产卵后，开始第 1 代，成长至成虫交配产卵后，开始第 2 代，有的昆虫一年只有 1 代，有的昆虫一年可以发生多代，不同种类差别很大。同一种昆虫如果分布地域广阔，通常在南方发生的代数比北方要多些。昆虫完成 1 代生长发育需要满足一定的温度条件，在某个温度（发育起始温度）以上条件下，即使食料充足，也必须一定的时间（日期），高于发育起始温度与日期数的累积称为有效积温，任何地域对于某种特定的昆虫而言，每年能够提供的有效积温通常是个稳定的数值，因而该种昆虫在某个特定的地域一年发生的代数是稳定的。不同昆虫的食物来源不同，有的种类可以取食多种食物，有的只能取食少数种类的食物，有的种类只能取食 1 种食物。昆虫的食性有植食性、肉食性、腐食性、尸食性、菌食性、血食性等。农林害虫一般是植食性的种类。天敌昆虫主要是肉食性的种类。

3. 天敌昆虫常见类群

天敌昆虫常见的类群有膜翅目、鞘翅目、双翅目、半翅目、蜻蜓目（全部）、螳螂目（全部）、脉翅目（全部）、直翅目、长翅目（全部）、广翅目（全部）、蛇蛉目（全部）、捻翅目（全部）、螳䗛目（全部）。世界范围内天敌昆虫的数量在不同类群差异很大，膜翅目估计有 10 万种以上，鞘翅目估计有 5 万种，双翅目估计有 3 万种，半翅目估计 2 万种，蜻蜓目估计 8 000 种，脉翅目估计 6 000 种，螳螂目估计 2 800 种，其余类群的天敌昆虫种类加起来估计有 2 000 种。

膜翅目昆虫中的寄生性天敌昆虫类群包括广腰亚目的尾蜂、细腰亚目锥尾组的巨蜂、钩（腹）蜂、（异）卵蜂、旗（腹）蜂、姬蜂、茧蜂、瘿蜂、细蜂、广（腹）蜂、（分）盾蜂、小蜂（大部分）。细腰亚目针尾组一般为捕食性天敌昆虫，主要类群有青蜂、肿（腿）蜂、胡蜂、蚁蜂、蛛蜂、土蜂、臀（土）蜂、蚂蚁（部分）、泥蜂、方（泥）蜂；螯蜂为外寄生蜂，可寄生叶蝉等害虫。其中种类最丰富的有茧蜂、姬蜂、方蜂、蛛蜂、胡蜂、跳小蜂、姬小蜂等。鞘翅目昆虫的捕食性天敌昆虫主要有步甲、龙虱、阎甲、隐（翅）甲、红萤、萤虫、瓢虫、郭（公）甲等。寄生性甲虫较少，如寄甲等。双翅目中的天敌昆虫主要有长足虻、盗虻、鹬虻、穴虻、木虻、蜂虻、舞虻、臭虻、寄蝇、头蝇、蜣蝇、隐芒蝇、眼蝇、大蚊（部分）、瘿蚊（部分）、蠓科（部分）、虻科（部分）、水虻（部分）、食蚜蝇（部分）、水蝇（部分）、秆蝇（部分）、果蝇（部分）、沼蝇（部分，捕食或寄生蜗牛、蛞蝓）、蚤蝇（部分）。半翅目中的天敌昆虫多为捕食性，如猎蝽、姬蝽、花蝽，盲蝽（小部分）、蝎蝽、黾蝽、仰蝽等。全部的脉翅目、螳螂目、蜻蜓目昆虫均为捕食性天敌昆虫。

4. 天敌昆虫的生态作用

植食性昆虫与天敌昆虫都是农田生态系统和森林生态系统的重要组成部分。天敌昆虫一般取食或寄生生态系统中的植食性昆虫，也可取食或寄生其他类的昆虫或小型节肢动物，处于食物链的高级阶层。按照取食猎物或寄主的方式，天敌昆虫按照取食其他昆虫的方式可以分为捕食性和寄生性，二者一般易于区别，鉴定依据是在发育过程中仅吃掉1头寄主的为寄生性，需吃掉多头猎物才能完成发育的为捕食性。捕食性天敌昆虫的猎物一般较为广泛，不局限于某一类昆虫，植食性、肉食性等昆虫均可作为其猎物，处于食物链的高级阶层。寄生性天敌昆虫的寄主一般有一定范围，多为某一类或某一种昆虫。但是二者之间也有一些中间类型，如管氏肿腿蜂雌蜂在发育过程中，需捕食一些小型个体的蛀干害虫来补充营养，然后再产卵于某个特定的寄主身上，这说明同一虫态既会寄生又会捕食。它们的存在对维持生态系统的自然平衡有重要作用，在一个稳定的运行正常的生态系统中，植食性昆虫与天敌昆虫之间相互依存又相互制约，构成了一个稳定的自然调节系统，植食性昆虫种群数量稳定保持在经济阈值以下，不会发展成为一种害虫，这个过程中起决定性生态作用的就是天敌昆虫。各类天敌昆虫因地域、季节、生境、飞行扩散能力差异，在某个特定地域通常随机组合为一个复杂系统控制该环境下的各类农林害虫，在不受人为干扰的情况下会逐渐形成一个稳定的昆虫生态系统。

在农业和林业生态系统中，由于农林产品的季节性收获，使得生态系统处于高度的不稳定状态，由此导致昆虫生态系统的失衡，以植物为食的害虫周期性的暴发，随之引发天敌昆虫周期性的波动。这时就有了害虫生物防治的概念，它的核心内容就是保护和利用天敌以控制害虫为害和减少化学农药对环境的污染。其主要目的就是控制有害生物的种群密度，使其稳定地保持在经济阈值之下，技术手段主要有：

（1）保护利用本地天敌，包括直接保护本地天敌、应用农业技术增加天敌数量、增加天敌的食料、增加天敌数量；

（2）传统的生物防治方法——引进外地天敌；

（3）人工大量繁殖本地的或外来的天敌昆虫。

5. 天敌昆虫资源开发与利用

随着“美丽中国”生态战略的提出，人们对于无污染无公害的美丽家园建设和自身的健康问题提出更高的要求。天敌昆虫作为一种环境友好的，能治标又治本的技术手段逐渐进入人们的视野，近几年来，大大小小的天敌昆虫生物防治企业如雨后春笋般出现，利用工业化生产的赤眼蜂的卵来防治玉米螟、二化螟、稻纵卷叶螟、向日葵螟等是国内最为成功的天敌利用实例。国内不同科研机构开发的轻简实用天敌利用技术包括助迁土蜂防治地下害虫蛴螬、弯尾姬蜂防治小菜蛾、伞裙追寄蝇防治草地螟、保护瓢虫防治青稞蚜虫、招引苹果棉蚜蚜小蜂防治苹果棉蚜等都取得了较好的示范效果，促进了我国天敌利用水平的提高。但是，总体而言我国的天敌昆虫资源的开发利用还处于起步阶段。天敌昆虫资源的开发和利用依赖于对天敌资源的普查和基础生物学的储备。生物学习性完全清楚的天敌种类尽管有数十种，但比起昆虫百万级的物种多样性规模而言，仍然非常有限。同时，生物多样性的保护对于天敌昆虫的科学普及至关重要，在植物种类高度单一的农作物生境下，很多物种是不可能见到的。最重要的是昆虫分类学知识的大众普及，同时充分发动昆虫分类专业人员来解决关键物种的昆虫生物学知识的收集和发现，天敌昆虫资源利用就不再那么的任重道远。

6. 本书编写说明

本书收集整理的101种常见天敌昆虫，涉及蜻蜓目、螳螂目、半翅目、脉翅目、鞘翅目、膜翅目、双翅目，包括34科81属。每种附带重要分类文献引证、分类地位、形态描述、生物学习性、分布。彩图为计算机辅助彩色绘制，部分为传统手绘、部分为分层摄像叠加技术。书末还有形态学术语附录，便于使用者熟悉不同类群的形态描述术语。本书得到了河南省科技开放合作项目 No. 172106000056 和国家自然基金 No. 31772501 的资金支撑。感谢河南师范大学牛瑶教授、重庆师范大学于昕教授、陕西理工学院霍科科教授在部分天敌种类鉴定上提供的无私帮助。特别致谢中国农业大学彩万志教授和李虎副教授在半翅目昆虫种类鉴定上多年的鼎立支持，以及牛鑫伟先生在绘图技术上的长期指导，没有他们，本书不可能这么快的完成。

各 论

第一篇

不完全变态类天敌

蜻蜓目

长叶异痣蟌

【拉丁学名】*Ischnura elegans* (Vander Linden, 1823)

Agrion elegans Vander Linden, 1820, Opuse. Sci., 4: 104.

Ischnura elegans Vander Linden, Selys 1876, Bull. Acad. Belg., 2(41): 277.

Ischnura elegans Vander Linden, Needham 1930, Zool. Sin., 11(1): 282-283.

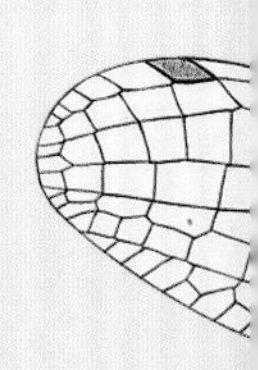

【分类地位】蜻蜓目蟌科 Coenagrionidae

【形态特征】成虫体长 32mm，体宽 3.2mm；前翅翅展 37mm，后翅翅展 34mm，体黑色；头部复眼黑色，光亮；单眼红棕色，单眼后色斑黄绿色；下唇白色，上唇黄绿色，基部边缘黑色。前唇基淡绿色，后唇基黑色具绿色闪光。上颚淡绿色。额顶、头顶和后头黑色；颅顶部两端各具 1 灰色斑块；触角黑色。前胸前叶黑色，中间具灰色横带，背板黑色，两侧黄绿色，后叶黑色，端部黄色。合胸背前方黄色，背条纹蓝色。侧面蓝绿色，中胸后侧片前半部黑色。后胸前侧片的上端具 1 条黑色甚细短纹，第 3 侧缝黑色，上端有 1 个小黑斑。翅白色透明。前、后翅痣颜色各异：前翅基半部黑色，端半部白色；后翅白色，中间褐色。腹部各节背面黑色，并具彩色光泽。足黄绿色；股节、胫节外侧黑色或黑褐色。头部宽度较胸部宽，头胸宽度比为 3.2∶1.5（mm）。复眼大，卵圆形；单眼突出；触角短小，基部膨大，周缘凹陷；唇基隆起，上唇翘起；上颚隆起，中部微凹；颅顶部后缘呈弧形；密被细绒毛。合胸背板隆起，后缘中央向后延伸很长并向上翘起，背面中央凹陷；密被细绒毛；中胸背板隆起，中部纵带明显；前后缘各具侧片；前翅着生于后缘端部；后翅着生于后胸；前翅结后横脉 8~10 条，后翅节后横脉 7~8 条。腹部可见 10 节，第 1、2 节具密横纹，第 3~7 节具明显纵沟；第 10 节背面端部具 1 对尖突。上肛附器短，内侧具 1 个向下的齿突；下肛附器约为上肛附器长的 2 倍。足的股节、胫节和跗节均具毛刺，跗节具 1 对爪，无爪垫。

【生活习性】成虫生长迅速，雌雄虫均聚集在繁殖点附近；在靠近水边的植物上休息。交配时间延长，通常持续 3~6h；在飞行中捕捉猎物或通过

从树叶和蜘蛛网上收集昆虫；雌虫卵产在植物组织内。幼虫在水生植被中活动，喂食微型甲壳类动物和昆虫幼虫。一年内大部分幼虫羽化，其余小部分翌年羽化。

【分布】河南（辉县）、河北、北京、山西、陕西、广东、新疆。

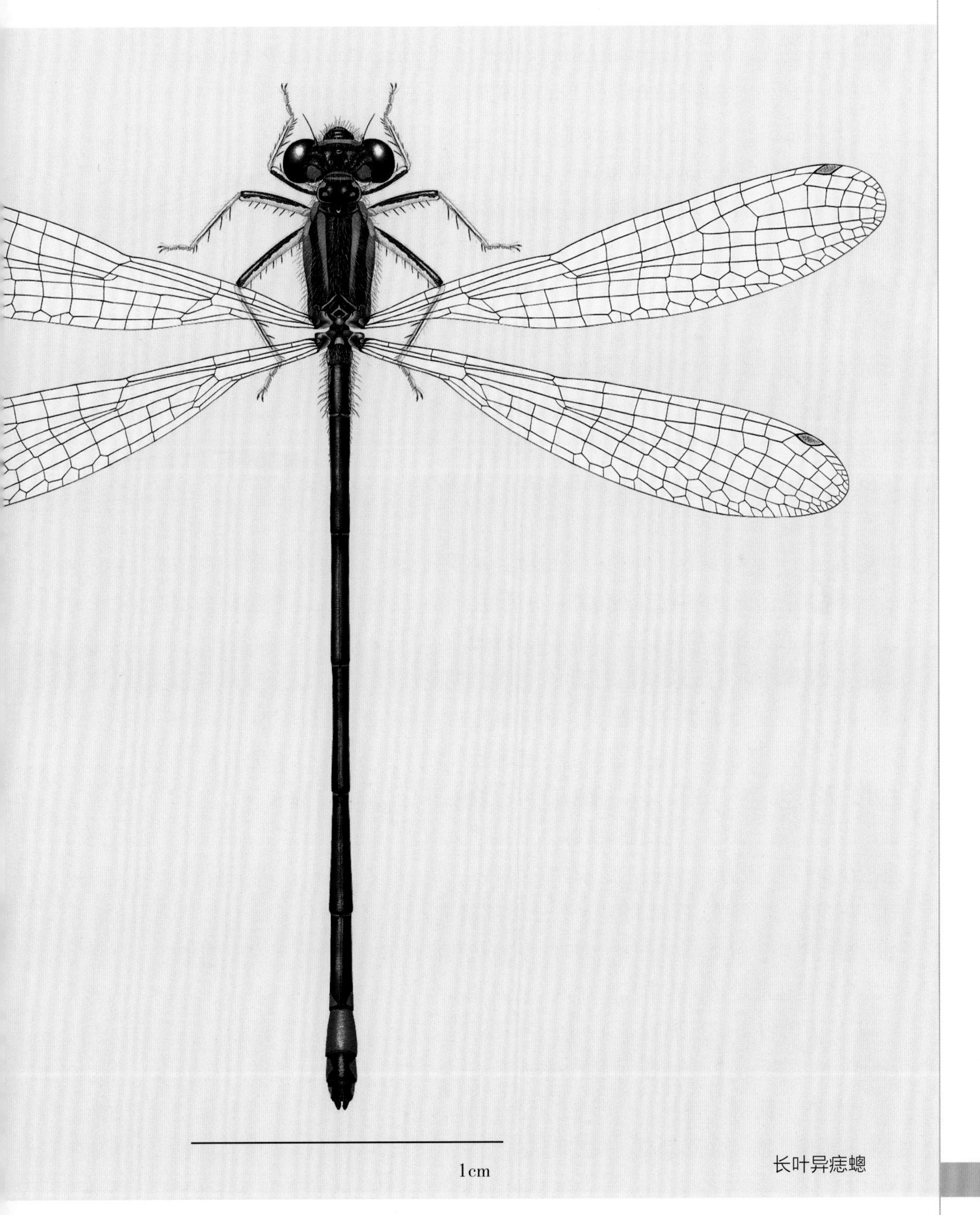

长叶异痣蟌

蓝额疏脉蜻

【拉丁学名】*Brachydiplax chalybea* Brauer, 1868

Brachydiplax chalybea Brauer, 1868, Verh. Zool. Bot. Wien., 18: 711.

Brachydiplax chalybea Brauer, Liu 1929, Peking Soc. Nat. Hist. Bull., 3(4): 13.

【分类地位】蜻蜓目蜻科 Libellulidne

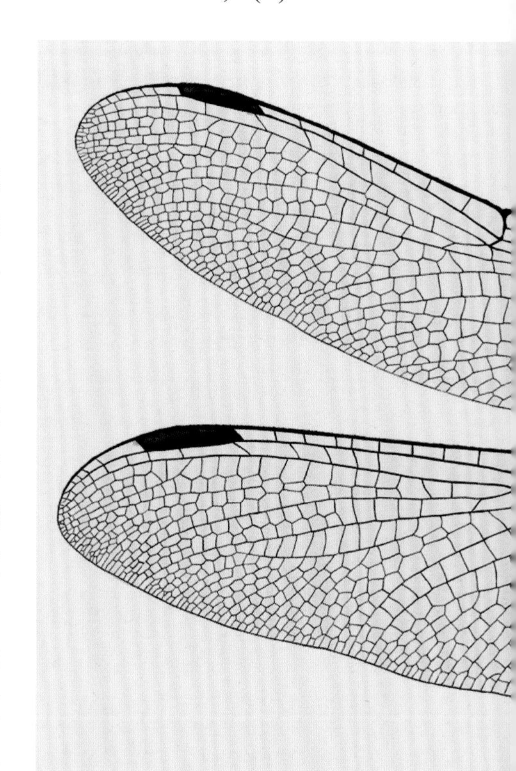

【形态特征】成虫体长 42.0mm，体宽 6.0mm；前翅翅展 67.0mm，后翅翅展 64.0mm。体黑色；颅顶部蓝色，有金属光泽；后部黑色，后面具 2 个黄斑；上、下唇黄色，具黑色缘；前、后唇基黄色；额蓝色，有金属光泽，前缘两端各具 1 个三角形黄斑，额上中央具 1 条纵沟。前胸黑色，后叶截形，着白色长毛；合胸背板前方黑色，具细长毛；合胸侧面黄色，条纹黑色，均完全，第 1 条纹与合胸背板前方的黑色相连，第 2、3 条纹上、下部分连成 1 条宽条纹。翅透明，前后翅基部橙褐色，翅痣淡褐色，并展伸至弓脉，小膜灰色。腹部黑色，第 2~5 腹节具黄斑。足黑色。

头部宽度较胸部略宽，头胸宽度比为 6.0∶5.5（mm）。颅顶部中央凸起；复眼大，卵圆形；两复眼之间几乎相连。触角基部膨大，端部细短；上颚隆起，前缘具凹；唇基中部隆起。前胸后叶的大小一般，几乎不二裂。两端翅基膨大；翅中等宽，翅脉稀疏，最后 1 条结前横脉上下接连，前翅三角室后方具翅室 2 行，亚三角室分 3 室，后翅足形的臀套较短。腹部可见 8 节，中部隆起，腹部腹面平坦，整体呈三角形；第 1、2 腹节具横带。中后足较前足长；跗节具 1 对爪，无爪垫。

【生活习性】成虫出现于 4—10 月，极稀少，生活在海拔 300m 以下池塘、湖泊等静水环境。

【分布】河南（新乡、信阳）、上海、浙江、江西、福建、澳门、云南。

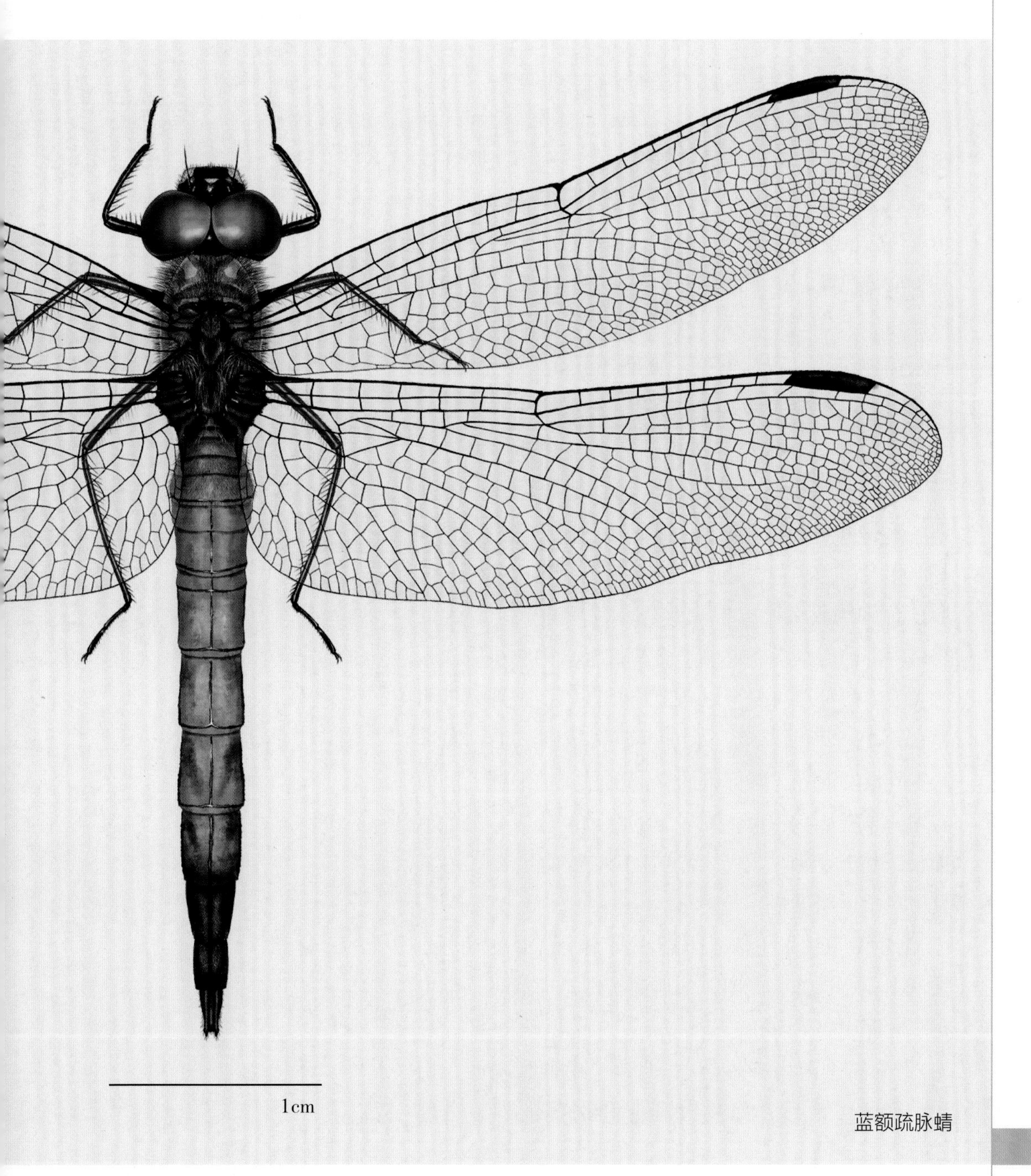

蓝额疏脉蜻

北京弓蜻

【拉丁学名】*Macromia beijingensis* Zhu et Chen, 2005

Macromia beijingensis Zhu et Chen, 2005, Entomotaxonomia, 27(3): 161.

【分类地位】蜻蜓目大蜓科 Macromiidae

【形态特征】成虫体长 71mm，体宽 8mm；前翅展 96mm，后翅展 94mm。体黑色；头部复眼红棕色；唇基、上颚黑色，具浅蓝色斑；两端黄色；触角黑色，前胸背板黑色；中胸背板黑色，前后两端各具 1 个黄色斑，中下部具 3 个深棕色块状斑；中胸侧板黑色，具黄斑；后胸背板黑色，中部及前、后缘具深棕色斑块。腹部黑色，腹部各节具 1 黄色横斑；翅透明，各翅端部具 1 黑色翅痣；翅脉黑色，翅脉前缘具黄色横带。足黑色。头部宽度与胸部约等；复眼大，呈卵圆形；唇基中部内凹；上颚隆起；密被细绒毛；颅顶部近无，两复眼间几相连；触角短小，基部膨大。合胸背板隆起，中部纵沟明显，前缘呈弧形；合胸侧板微凹；中胸背板呈片状叠起，着生前翅；中部凸起具毛；两侧下叠片被毛。中胸小盾片光滑无毛。腹部可见 9 节，各节均具横带，中部纵带明显；第 1~5 节毛稀疏，第 6~9 节密被细绒毛；腹部 3~6 节长度近等。腹部腹面纵沟明显，被细绒毛。前后翅三角室形状相似，距弓脉的距离约相等。足各节细长，均具毛刺；中、后足各节均较前足长；跗节具 1 对爪，无爪垫。

【生活习性】生活于山谷小溪流间，沿溪流水面往返飞翔、觅食、产卵，如遇惊扰即迅速远飞；稚虫在水底泥中生活。

【分布】河南（辉县）、北京、山西、陕西、山东、四川、西藏；除澳大利亚和南美洲外，全球广布。

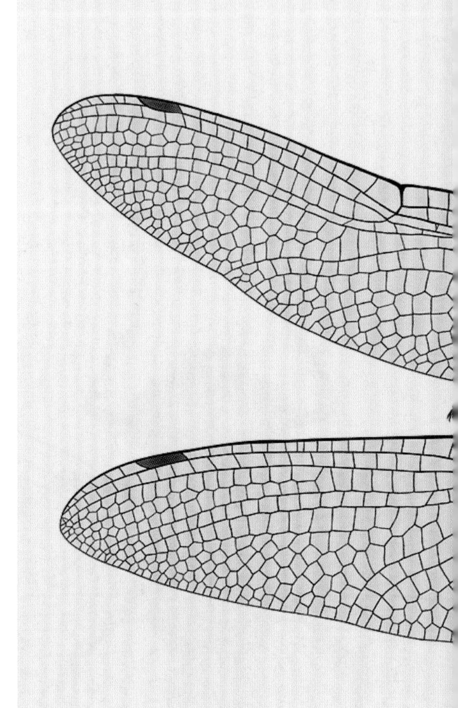

北京弓蜻

螳螂目

中华大刀螳

【拉丁学名】*Tenodera sinensis* (Saussure, 1871)

Tenodera aridifolia sinensis Saussure, 1871. Mém. Soc. Genevé 11: 294.

Paratenodera sinensis Rehn, 1904: Proc. Acad. Philad. 55: 705; Shiraki, 1932. Tr. Nat. Hist. Soc. Formosa 22 (120): 117.

Tenodera sinensis Giglio-Tos, 1912: Bull. Soc. Ent. Ital. 43: 35; Giglio-Tos, 1927. Das Tierreich 50: 413; 王 , 1993, 中国螳螂分类概要 : 133.

【分类地位】螳螂目螳科 Mantidae

【形态特征】成虫体长 77mm，体宽 8.5mm。体绿色；头部复眼黑色，光亮；单眼棕色；触角深绿色；上唇、上颚、颅顶部浅绿色。前胸背板绿色；中胸背板浅绿色；翅深绿色或透明；足绿色。头部宽度较胸部略宽，头胸宽度比为 8.5 : 7.5（mm）。上唇内凹，上颚近平坦；口器为咀嚼式口器；触角基部膨大，两触角间微隆，单眼呈倒三角形着生于触角上方；复眼大；颅顶部具四道纵沟。前胸背板隆起；中纵沟明显，边缘具瘤突；前缘呈弧形，后缘近平直；后缘隆起以弧形向上缩小至中上部；前胸侧板凹陷，具纵带。中胸背板较细长，隆起；中纵脊明显；前缘近平直，后缘呈弧形；中胸侧板微凹，具长纵带；翅型大，展开呈扇状，覆盖腹部；前翅轻柔，遮住身体；后翅比前翅薄。腹部肥大；腹部腹面可见 6 节，各节以横带区分开；第 1~4 腹节较大，第 2~5 腹节较宽。前足为捕捉足，各节膨大，呈大刀状；股节和胫节具利刺，胫节镰刀状，常向腿节折叠，形成可以捕捉猎物的前足，大刀钩末端具用于攀爬的吸盘。中后足为步行足，后足较前、中足较长；胫节末端具刺突；跗节具 1 对爪，无爪垫。

【生活习性】大中型捕食属性昆虫，若虫和成虫均可以捕食多种果树、蔬菜、花卉等中小型害虫，甚至某些大型害虫 , 如鞘翅目、鳞翅目、直翅目昆虫。中华大刀螳具有捕食量大、捕食害虫时间长、食虫范围广等优点。河南 1 年发生 1 代，以卵鞘在树枝、杂草或土块上越冬。夏末秋初成虫出现，秋末成虫产卵。雄虫交配后很快死亡，雌虫产卵后不久死亡。

【分布】河南全省、辽宁、北京、山东、江苏、上海、浙江、安徽、江西、湖北、四川、贵州、福建、台湾、西藏；日本，朝鲜，美国。

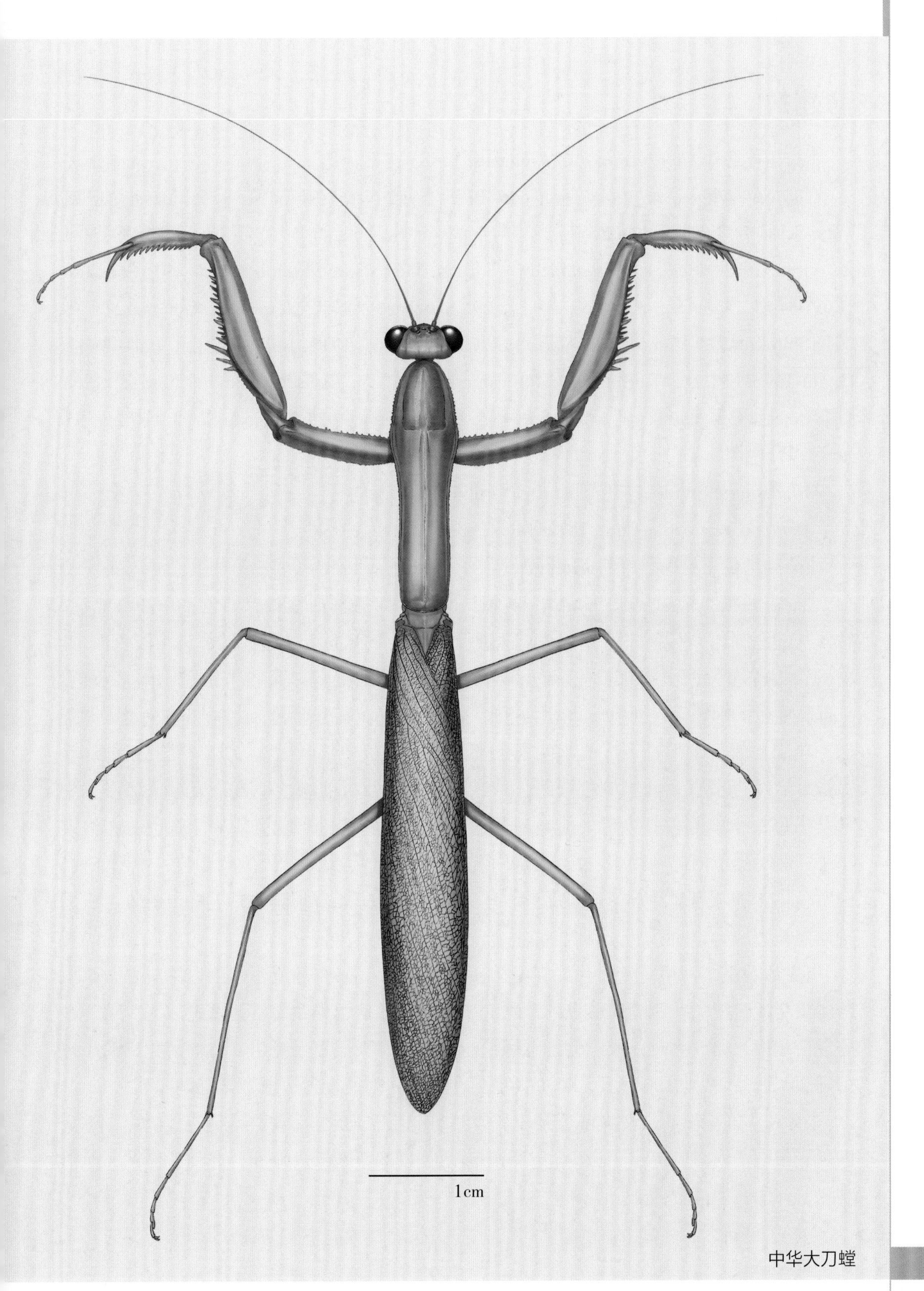

中华大刀螳

薄翅螳

【拉丁学名】*Mantis religinsa* (Linnaeus, 1758)

Gryllus (Mantis) religiosa Linnaeus, 1758: Syst. Nat. 10th ed. 1: 426; Fuessly, 1775. Verz. Schweiz. Ins., 22; Thunberg, 1815. Mém. Ac. St. Pétersb. 5: 287; Serville, 1839. Hist. Ins. Orth., 193, 348; Fischer-Waldheim, 1846. N. Mém. Soc. Moscou 8: 100-101; Saussure, 1869. Mitth. Schweiz. Ent. Ges. 3 (2): 69; Saussure, 1871. Mém. Soc. Genéve 21: 91, 291; Shiraki, 1911. Annot. Zool. Jap. 7: 327; Giglio-Tos, 1912. Bull. Soc. Ent. Ital. 43: 13; Giglio-Tos, 1927. Das Tierreich 50: 406; Shiraki, 1932. Tr. Nat. Hist. Soc. Formosa 22(120): 119; Beier, 1933. Mitt. Zool. Mus. Berl. 18: 328; Tinkham, 1937. Lingnan Sci. J. 16 (4): 555; 王, 1993, 中国螳螂分类概要 : 119.

Mantis pia Serville, 1839: Hist. Ins. Orth, 348.

Mantis capensis Saussure, 1872: Mem. Soc. Geneve, 23: 46.

【分类地位】螳螂目螳科 Mantidae

【形态特征】成虫体长 55mm，体宽 5.1mm。体绿色；复眼棕黑色；单眼红棕色；触角基部深绿色，其余棕色；唇基、上颚浅绿色；颅顶部浅绿色；端部具 1 浅色横带。前胸背板深绿色；中胸背板浅绿色；翅透明，边缘黄绿色。足各节绿色，间带黄色。头部宽度较胸部略宽，头胸宽度比为 5.1 : 4.5（mm）。唇基隆起；上颚凹陷；复眼卵圆形；单眼呈倒三角形排列于复眼间及上部；前胸背板中部具纵沟，边缘具突；前缘呈弧形，后缘近平直；前胸侧板微凹，具纵带。中胸背板前缘近平直，后缘呈弧形；中部具纵带；中胸侧板具纵带。前足基节内侧近身体处具斑，前足基节内侧也分布许多小斑。前足腿节内侧刺约 13 枚，大刺内侧黑色，基部具黑斑，外侧刺 4 枚，中刺 4 枚。鲜黄色爪沟位于腿节中部。前足胫节内侧刺约 11~12 枚，外侧刺 5~7 枚。翅薄；后翅较前翅长。

【生活习性】河南 1 年 1 代。在经历多次蜕皮后，7—8 月薄翅螳到达性成熟，雄虫与雌虫交配过程中，薄翅螳雌虫的“吃夫率”较高，这也导致雄性薄翅螳较为少见。在完成交配后，卵成熟时，雌虫会产下螵蛸，在翌年春天或夏天孵出，螵蛸孵化出的小螳少则 20 多只，多则 100 多只。雌虫大多会在产卵后因筋疲力尽或寿命已到而死去。

【分布】河南全省、黑龙江、辽宁、吉林、北京、河北、山西、新疆、江苏、上海、四川、云南、西藏、福建、台湾、广东、海南；日本，欧洲，亚洲，非洲，澳洲，西伯利亚，韩国，印度尼西亚，美洲。

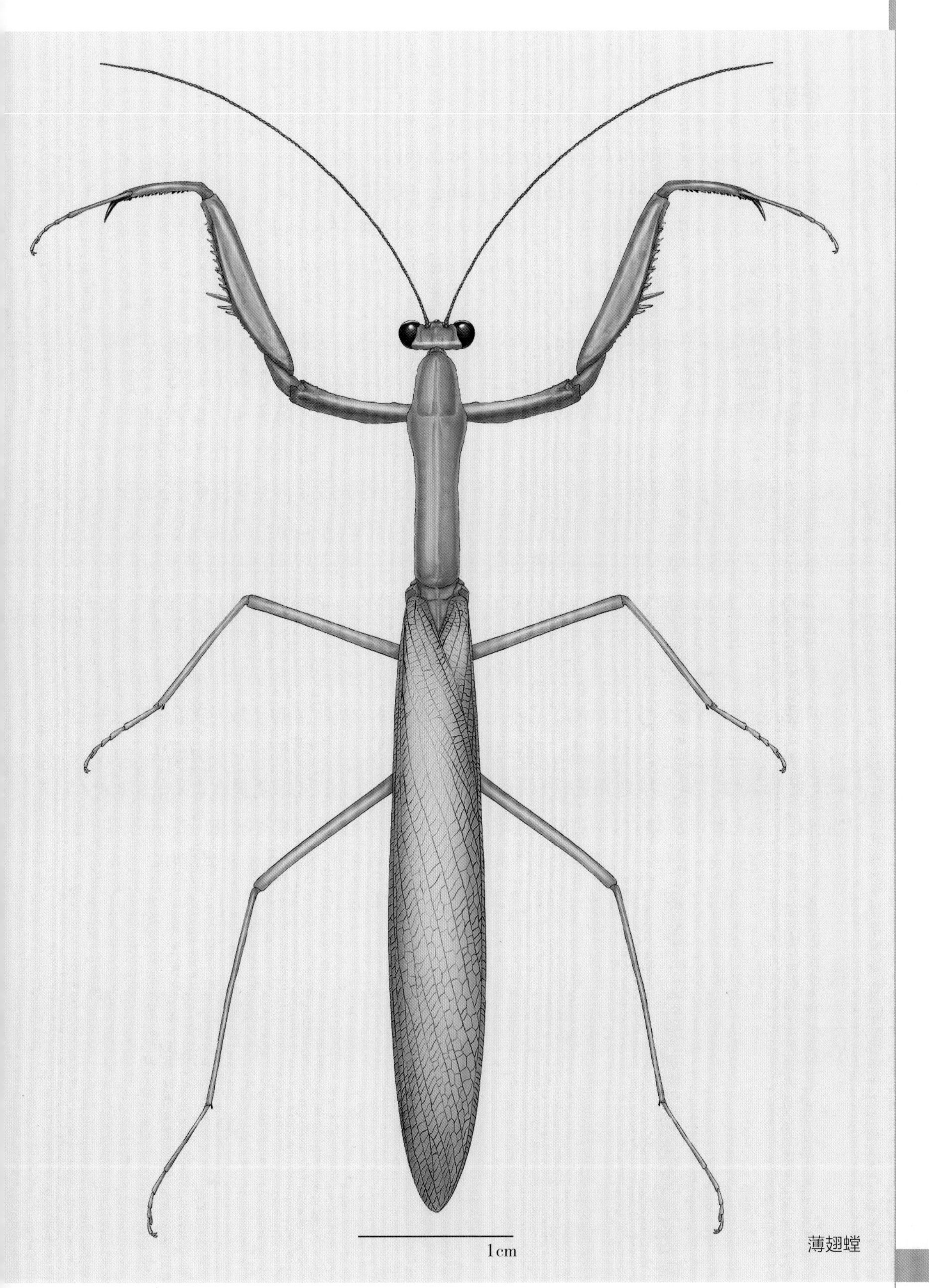

薄翅螳

广斧螳

【拉丁学名】*Hierodula patellifera* (Serville, 1839)

Mantis patellifera Serville, 1839, Hist. Ortho.: 185.

Hierodula patellifera, Giglio-Tos 1927, Mantidae, Das Tierreich, 50: 447; Tinkham 1937, Lingnan Sci. J., 16(4): 560; 王, 1993, 中国螳螂分类概要 : 137.

【分类地位】螳螂目螳科 Mantidae

【形态特征】成虫体长 46 mm，体宽 7mm。体绿色；头部绿色；唇基、上颚黄绿色；复眼墨绿色，光亮；单眼红棕色；触角基部深绿色，其余各节绿色；颅顶部浅绿色。前胸背板绿色；前胸腹板基部具 2 个褐色斑纹；翅透明；前翅前缘脉基部三分之一处有明显的白色翅痣。足绿色，稍带黄色；前足基节具 3~5 个黄色疣突。头部宽度较胸部宽，长宽比为 7∶6（mm）；唇基隆起，上颚宽扁；触角丝状；复眼大，单眼突；额盾片宽大，略呈五角形；中央有 2 条不明显纵隆线；颅顶部隆起，近复眼内缘凹。前胸背板短而宽，长菱形，隆起，中部具明显纵沟；前缘呈弧形，后缘近平直；色深呈盾牌状；侧缘有细钝齿；前胸腹板平。前翅宽，超过腹端，前翅前缘平滑；后翅略长于前翅。前足为捕捉足；前足腿节着生两排刺，具 4 枚中刺；胫节具刺。基节膨大，股节短粗，稍短于前胸背板，胫节粗，短于股节。中后足为步行足；中、后腿节各具有一端刺。后足基跗节短于或约等于其余跗节总合；跗节具 1 对爪，无爪垫。腹部腹面可见 7 节；腹部宽而短；具横带。

【生活习性】捕食旱地作物多种害虫、柑橘蚧虫等。3 龄以前捕食蚜日平均食虫量 66 头，3 龄以后捕食棉铃虫、金刚钻、红铃虫、甘薯天蛾等成虫。一年发生 1 代。9 月下旬开始产卵，一般夜间产卵 , 卵产在离地面 1.7~2.3m 的各种树上 , 卵鞘坚硬 , 长方形 , 外表似猪肝色，翌年 5 月中、下旬卵孵化。

【分布】河南、四川、湖北、湖南、贵州、辽宁、河北、山东、江苏、安徽、浙江、江西、福建、台湾、广东、广西、云南。

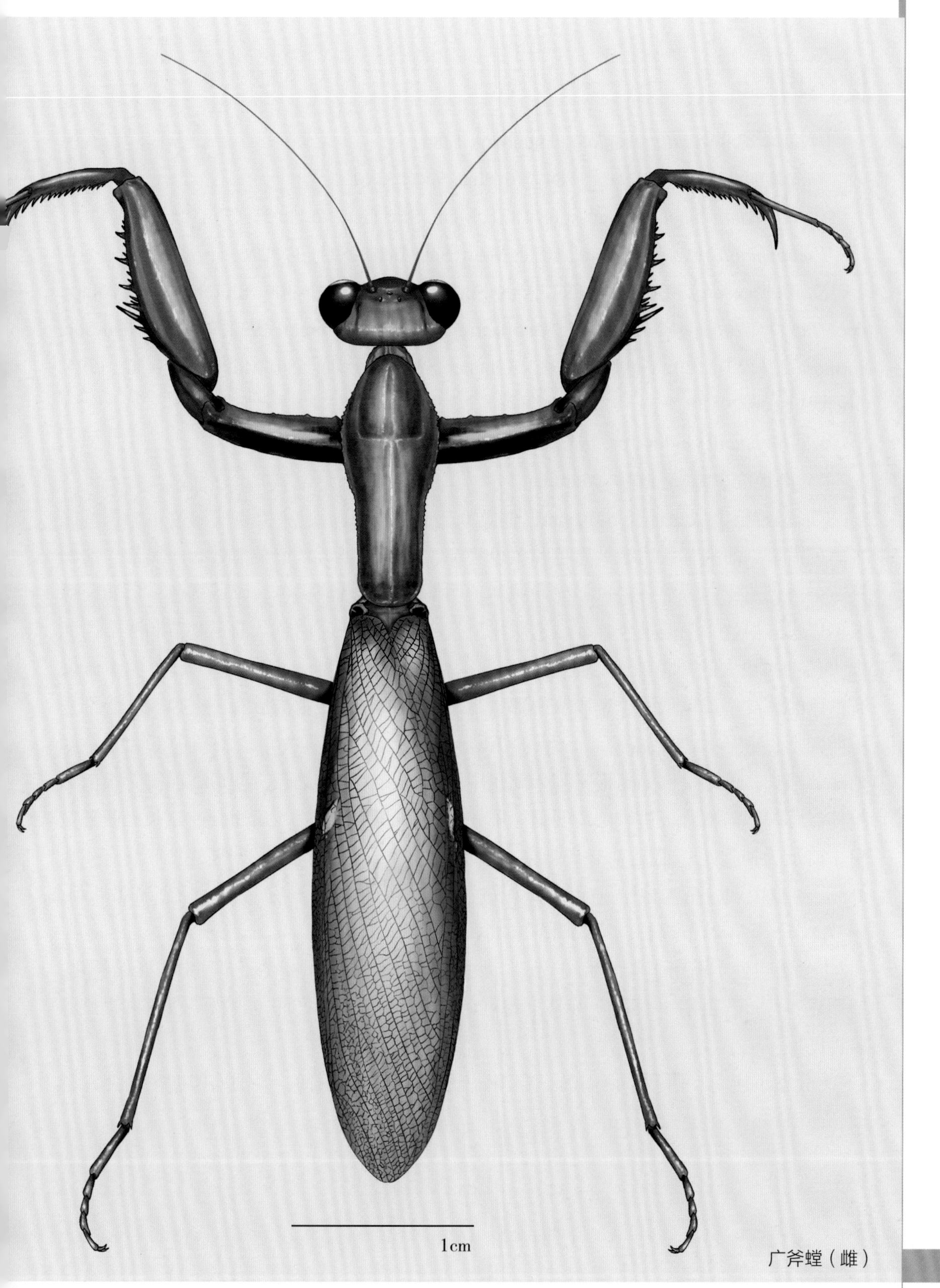

广斧螳（雌）

棕污斑螳

【拉丁学名】*Statilia maculata* (Thunberg, 1784)

Mantis maculata Thunberg, 1784, Nov. Ins. Spec. 3: 61.

Pseudomantis maculata Saussure, 1871, Mém. Soc. Genéve 11: 37, 276.

Pseudomantis haani Saussure, 1871, Mém. Soc. Genéve 11: 37, 276.

Statilia maculata Bolivar, 1897, Ann. Soc. Ent. France 66: 309; Shiraki, 1911, Annot. Zool. Jap. 7: 320; Giglio-Tos, 1927, Das Tierreich 50: 410; Shiraki, 1932, Tr. Nat. Hist. Soc. Formosa 22(120): 120; Tinkham, 1937, Lingnan Sci. J. 16 (4): 556; Mukherjee et al., 1995, Orient. Insects 29: 307.

Statilia haanii Giglio-Tos, 1912, Bull. Soc. Ent. Ital. 43: 6.

【分类地位】螳螂目螳科 Mantidae

【形态特征】成虫体长 52.0mm，体宽 0.7mm。体暗褐、灰褐或浅绿色。头顶背面有黑色横带。前胸背板边缘具黑色和黄色疣突，前胸腹板近基节关节处有一黑带。前翅具 2 个白点翅痣，旁常有褐斑，前缘域不透明褐色，中域淡褐色，臀域褐色；后翅前缘域不透明红褐色，中域褐色，臀域透明褐色且横脉为不透明白色。前足基节和股节内面中央各有一块大的黑色漆斑，前足基节上缘具 5~7 枚三角形白色突起。股节的漆斑嵌有白色的斑纹。黄色爪沟位于股节中部，爪沟前有 1 黑带，爪沟后有 1 大黑斑。头部复眼卵圆形；额盾片宽比高长，上下缘均弧形，但上缘中央具尖角；触角中部隆起；触角鞭节细长；单眼呈倒三角形排列于触角中上部。前胸背板细长，菱形；前胸背板前缘中部似盾牌；前胸背板边缘细齿明显。前翅窄长。翅膀闭合时，后翅较前翅长。腹部宽扁。前足为捕捉足；前足基节具刺突，前足胫节有 5~7 枚外列刺，前足股节具有 4 枚外刺、4 枚中刺，爪沟位于前足股节中央之前。中后足股节没有端刺，胫节端部具刺，跗节 5 节，第 1 跗节较长，第 5 跗节末端具 1 对爪。

【生活习性】河南 1 年发生 1 代，以卵鞘在灌木或杂草上越冬。5 月中旬开始孵化，盛期在 6 月。若虫期 5—8 月，8 月上旬可见成虫，9 月下旬产卵。食松毛虫，柳毒蛾等多种昆虫。

【分布】河南、西藏、海南岛、台湾；日本，印度，缅甸，泰国，印度尼西亚，越南，菲律宾。

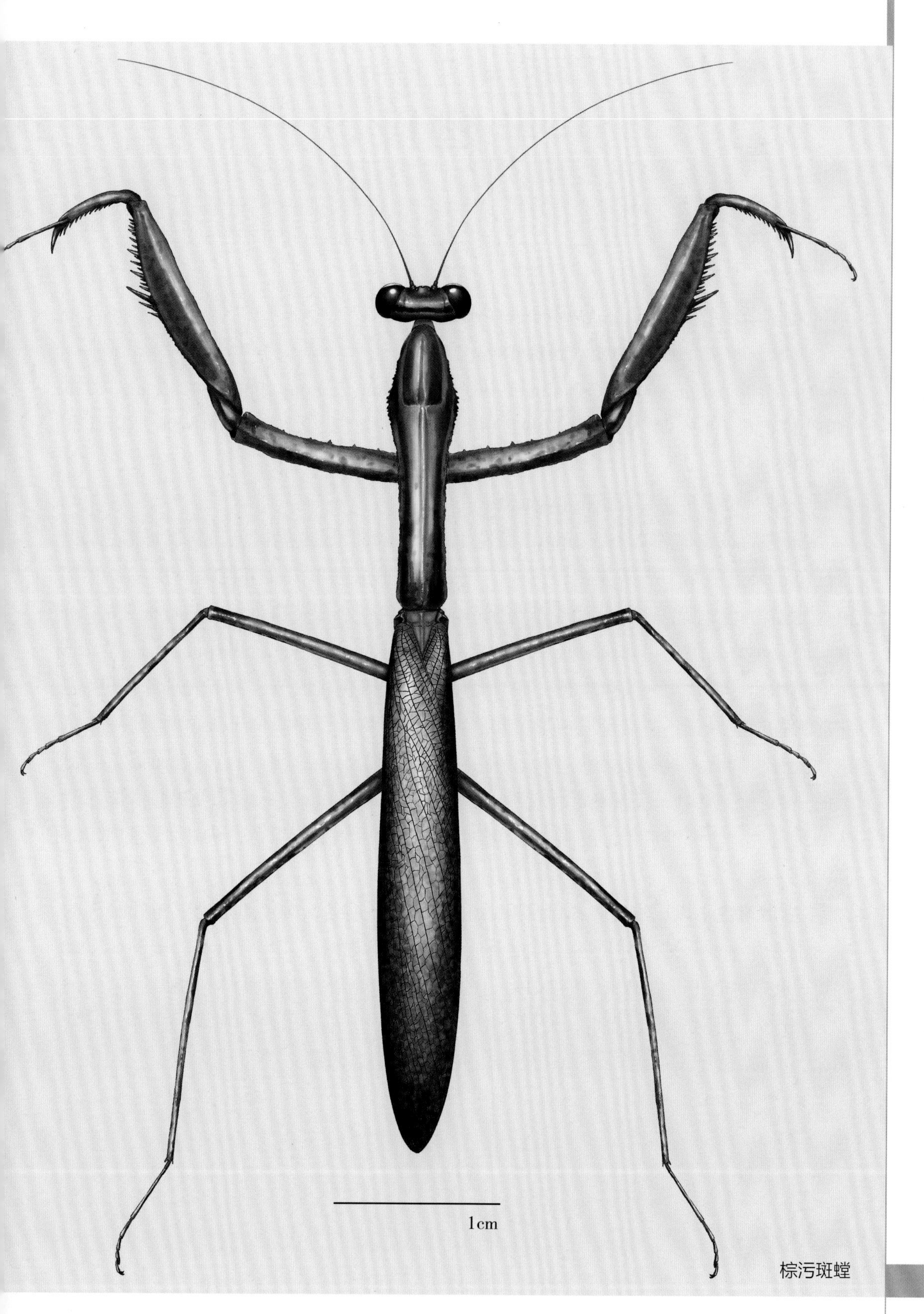

棕污斑螳

半翅目

大眼长蝽

【拉丁学名】*Geocoris pallidipennis* (Costa, 1843)

Ophthalmicus pallidipennis Costa, 1843: 293.

Geocoris pallidipennis: Oshanin, 1906: 280; Zheng & Zou, 1981 : 84; Zhang, 1985: 159; Li et al., 1985: 99; Yu et al., 1993: 90; Shen, 1993: 35; Péricart, 2001: 90; Xie et al., 2009: 338.

【分类地位】半翅目长蝽科 Lygaeidae

【形态特征】体长 2.9~3.7mm，腹宽 1.3~1.5mm。成虫黑褐色。复眼暗褐色；单眼红色；雌虫触角 1~3 节黑色，第 4 节灰褐色，雄虫触角 1~2 节色深，其末端色淡，第 3、4 节淡色；喙深褐色，第 1 节与末节端半黑色；小颊黄白色；前胸背板大部、前胸腹面及小盾片黑色；前胸背板中部前缘有 1 小斑淡黄褐色；前胸背板两侧、后缘角及前翅革片、爪片均为淡黄褐色；膜片透明；足黄褐色；股节、跗节先端深褐色。头比前胸背板前缘宽，前端呈三角形突出；复眼大而突出；单眼位于头顶两侧后方。前胸背板有粗刻点。卵淡橙黄色，孵化前在突起的一端出现 2 个红眼点。表面像花生壳，大的一头有 5 个“T”字形突起。长约 0.74mm，宽 0.28mm。一龄若虫初期体长方形，头胸淡黄色，腹部橙黄色，复眼暗红色，突出，5d 后体变紫黑色，头较尖，腹部大而圆钝。

【生活习性】以成虫在冬季绿肥田及枯枝落叶下过冬，次年 5 月中下旬开始活动，7、8 月发生数量较多，并见各龄若虫及成虫，9 月后渐减。能猎食叶蝉、蓟马、盲蝽、棉蚜、叶螨等若虫及红铃虫、棉铃虫、小造桥虫等鳞翅目害虫的卵和小幼虫。

【分布】河南全省、北京、天津、河北、甘肃、山东、山西、陕西、江苏、安徽、湖北、上海、浙江、四川、江西、湖南、贵州、云南、西藏。

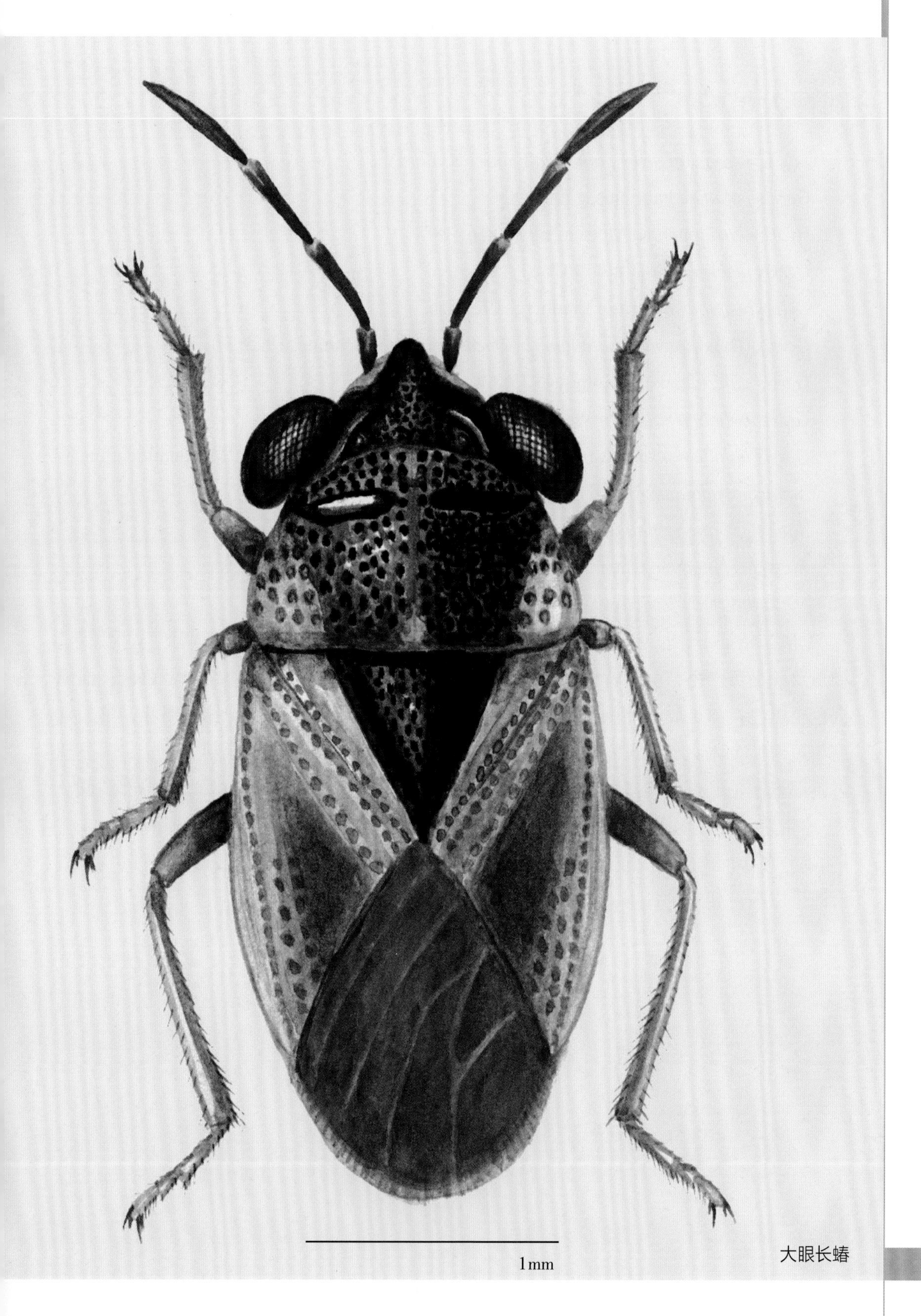

大眼长蝽

圆臀大黾蝽

【拉丁学名】*Aquarius paludum* (Fabricius, 1794)

Gerris paludum Fabricius, 1794: 188.

Hydrometra japonica Motschulsky, 1866: 188.

Gerris fletcheri Kirkaldy, 1901: 51.

Cylindrostethus bergrothi Lindberg, 1922: 16.

Gerris (*Hygrotrechus*) *paludum* ab. *Dermarginata* Puschning, 1925: 90.

Gerris uhleri Drake & Hottes, 1925: 69.

Gerris paludum palmonii Wagner, 1954: 205.

Gerris paludum insularis (non Motschulsky): Miyamoto, 1958: 118. Misidentification.

Aquarium paludum: Yang, 1985: 211.

Aquarius paludus paludus: Anderson, 1995: 98.

Aquarius paludum: Chen, 1999: 11. Zhang & Liu, 2009: 38.

【分类地位】半翅目黾蝽科 Gerridae

【形态特征】体长 11.0~17.4mm，胸部宽 2.3~3.1mm；成虫体色黑褐色至褐黑色。触角及各足黄褐色；前胸背板黑色，后叶有时呈红褐色，后叶两侧边缘略带黄色；前翅褐色至黑色；前足股节外侧有 1 黑色纵纹，各足胫节端半部色较深。体较粗壮，具长翅型与短翅型个体。身体腹面及侧面密被银白色拒水毛。雄虫的侧接缘刺突细长，明显超过腹部末端；雌虫的侧接缘刺也超过腹部末端且常弯曲。载肛突长椭圆形，端部钝圆。

【生活习性】生活在水面上，捕食落在水面上的蝇类、飞虱、叶蝉等小型昆虫。

【分布】河南全省、辽宁、吉林、黑龙江、北京、河北、江苏、江西、浙江、福建、台湾、广东；朝鲜，日本，泰国，缅甸，越南，印度，欧洲各国。

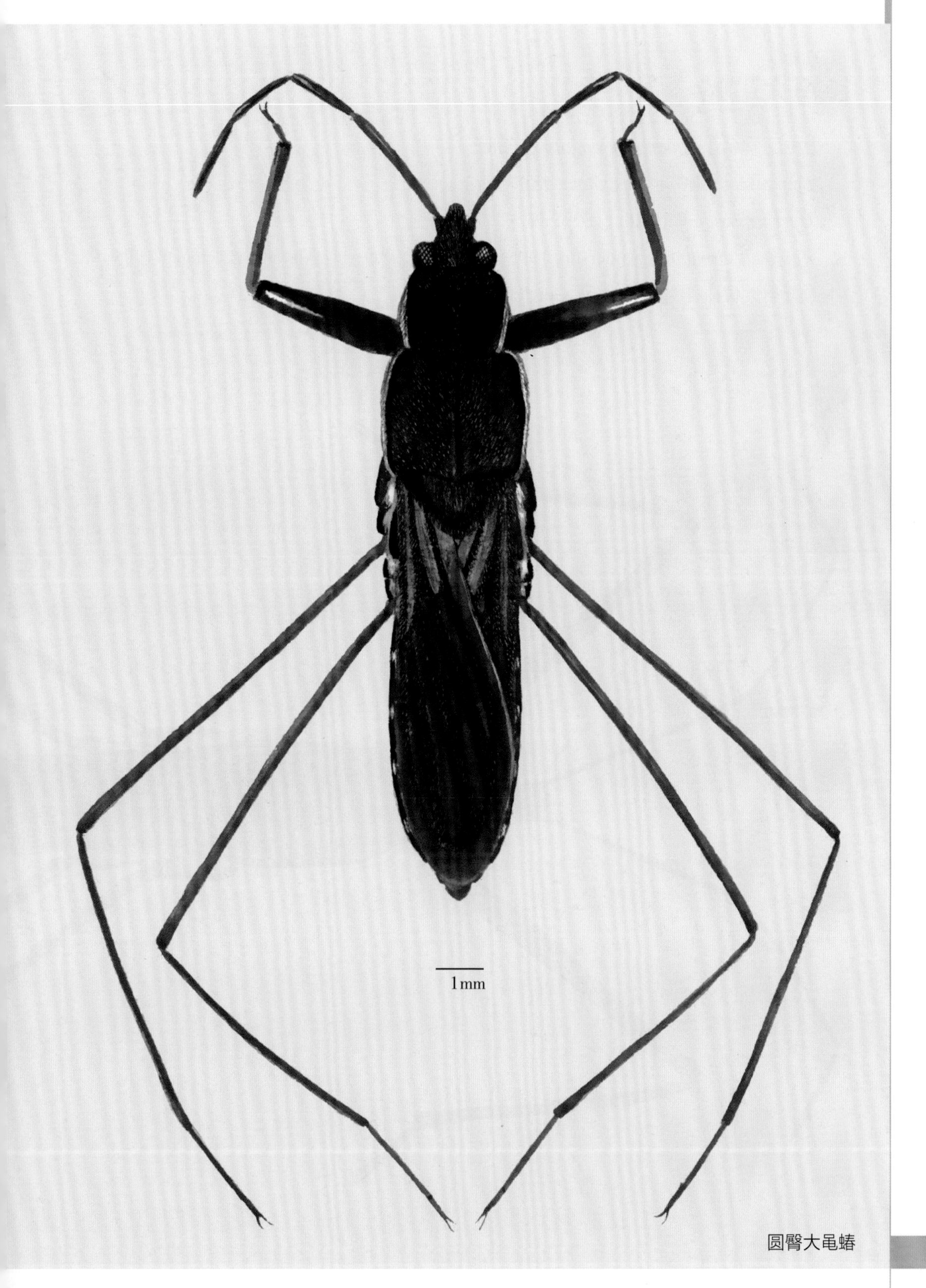

圆臀大黾蝽

长翅大黾蝽

【拉丁学名】*Aquarius elongatus* (Uhler, 1879)

Limnotrechus elongatus Uhler, 1897: 273.

Gerris mikado Kirkaldy, 1899: 89.

Aquarius elongatus: Anderson, 1995: 98; Chen, 1999: 11; Aukema & Rieger, 1995: 98.

【分类地位】半翅目黾蝽科 Gerridae

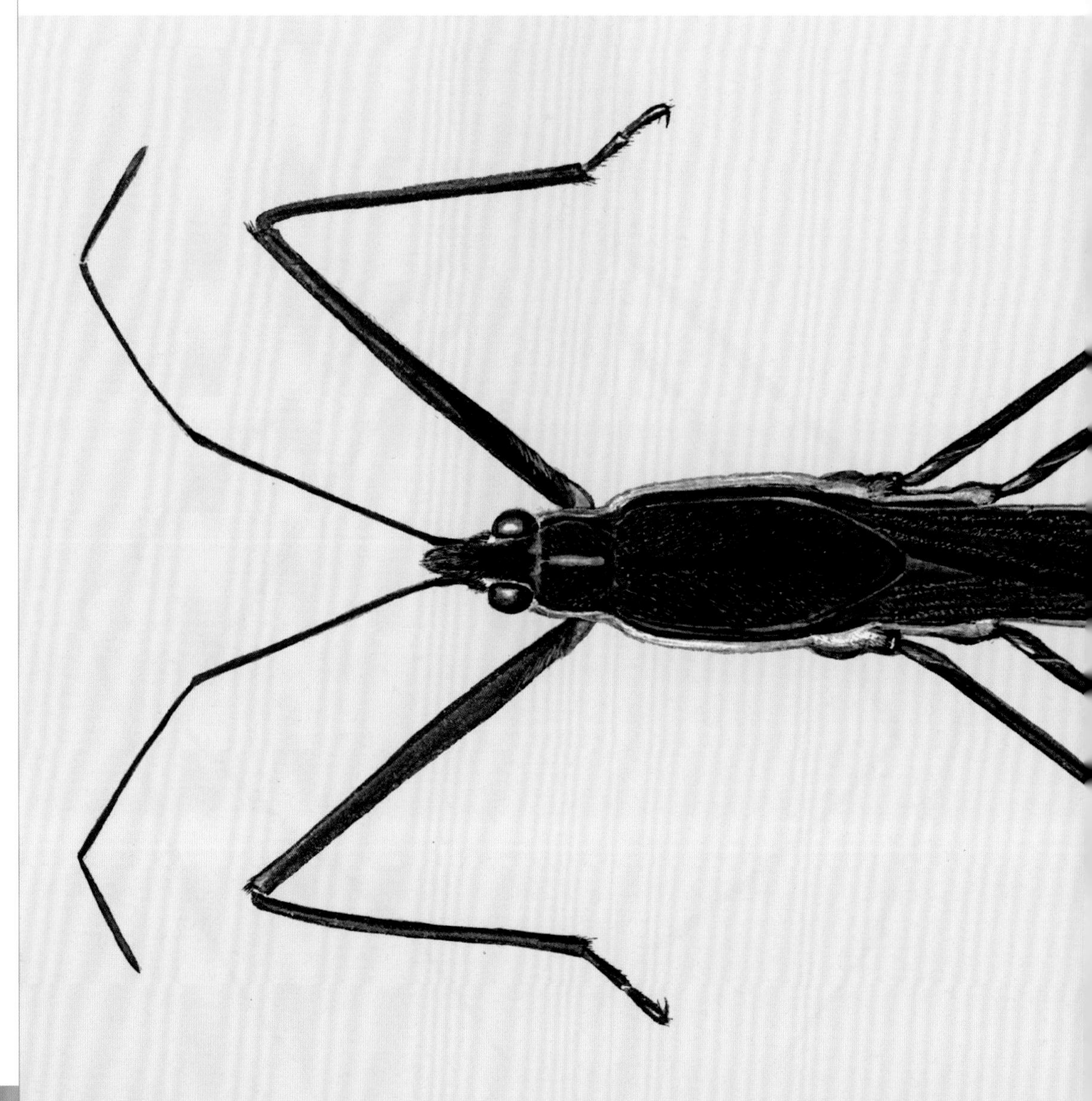

【形态特征】体长 20~26.6mm，胸宽 3.8~5.1mm；成虫体色黑褐色至褐黑色。前胸背板前叶的纵纹、前胸背板后叶两侧、侧接缘边缘黄色。体大型，较狭长，身体腹面密被银白色短毛。前胸背板发达，后叶长约为前叶长的 3 倍，各足长而直，前足股节较粗壮。腹部细长，两侧近平行；末端的刺突长而尖，超过腹部末端。雄虫第 8 腹节大，腹面中线两侧具凹陷；生殖节呈椭圆形突起状；抱握器棒状，较小。

【生活习性】与圆臀大黾蝽近似。

【分布】河南 (全省各地)、山东、湖北、江西、浙江、四川、福建、台湾、广东、海南；日本，朝鲜。

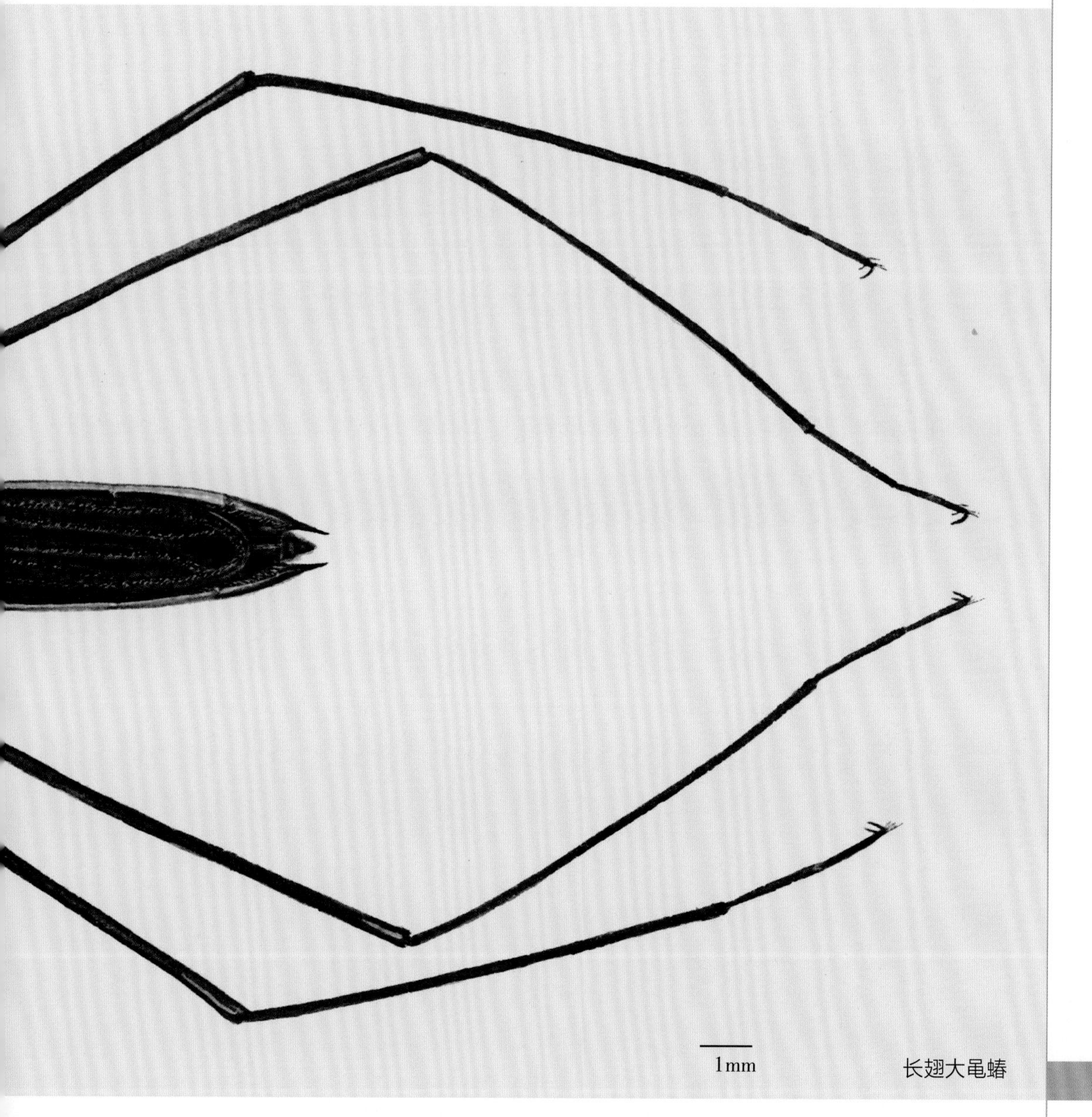

长翅大黾蝽

大田鳖

【拉丁学名】*Lethocerus (Lethocerus) deyrolli* (Vuillefroy, 1864)

Belostoma deyrolli Vuillefroy, 1864: 141.

Belostoma deyrollei Mayr, 1871: 424.

Belostoma aberrans Mayr, 1871: 424.

Belostoma boutereli Montandon, 1895: 471.

Kirkaldyia deyrollei: 杨明旭，1985: 215.

Lethocerus (*Lethocerus*) *deyrolli* (Vuillefroy, 1864): Polhemus, Jansson & Kanyukova, 1995: 22.

Lethocerus deyrolli: Liu & Ding, 2009: 44.

【分类地位】半翅目负蝽科 Belostomatidae

【形态特征】体长 55~70mm，宽 20~26mm。成虫体色浅褐色至深褐色；复眼棕色至黑色，小盾片暗褐色。体长圆形，略扁；头小，略呈三角形，喙短。前胸背板发达，梯形，具宽薄边，中央有 1 纵纹，2/3 处有 1 横沟；小盾片三角形，较大；革片前缘域略淡，膜片基半部略革质化，其上脉纹不甚明显，此区基部中域密被细毛，略呈长椭圆形，膜片端半部膜质，具清晰网状脉纹；前足发达，股节特别粗大，中足、后足有游泳毛；腹部腹面中央突起，两边平坦，腹部末端有 1 根短呼吸管。抱器较粗壮，近端部明显粗大，后渐细弯呈钩状，但不扭曲。

【生活习性】大田鳖生活在较深的水中，捕食水生昆虫及小鱼，对养殖业有较大的害处。

【分布】河南 (辉县、信阳)、辽宁、河北、山西、江苏、安徽、湖北、浙江、江西、湖南、四川、福建、广东、广西、海南；菲律宾，缅甸，印度，马来西亚，印度尼西亚。属东洋区系。

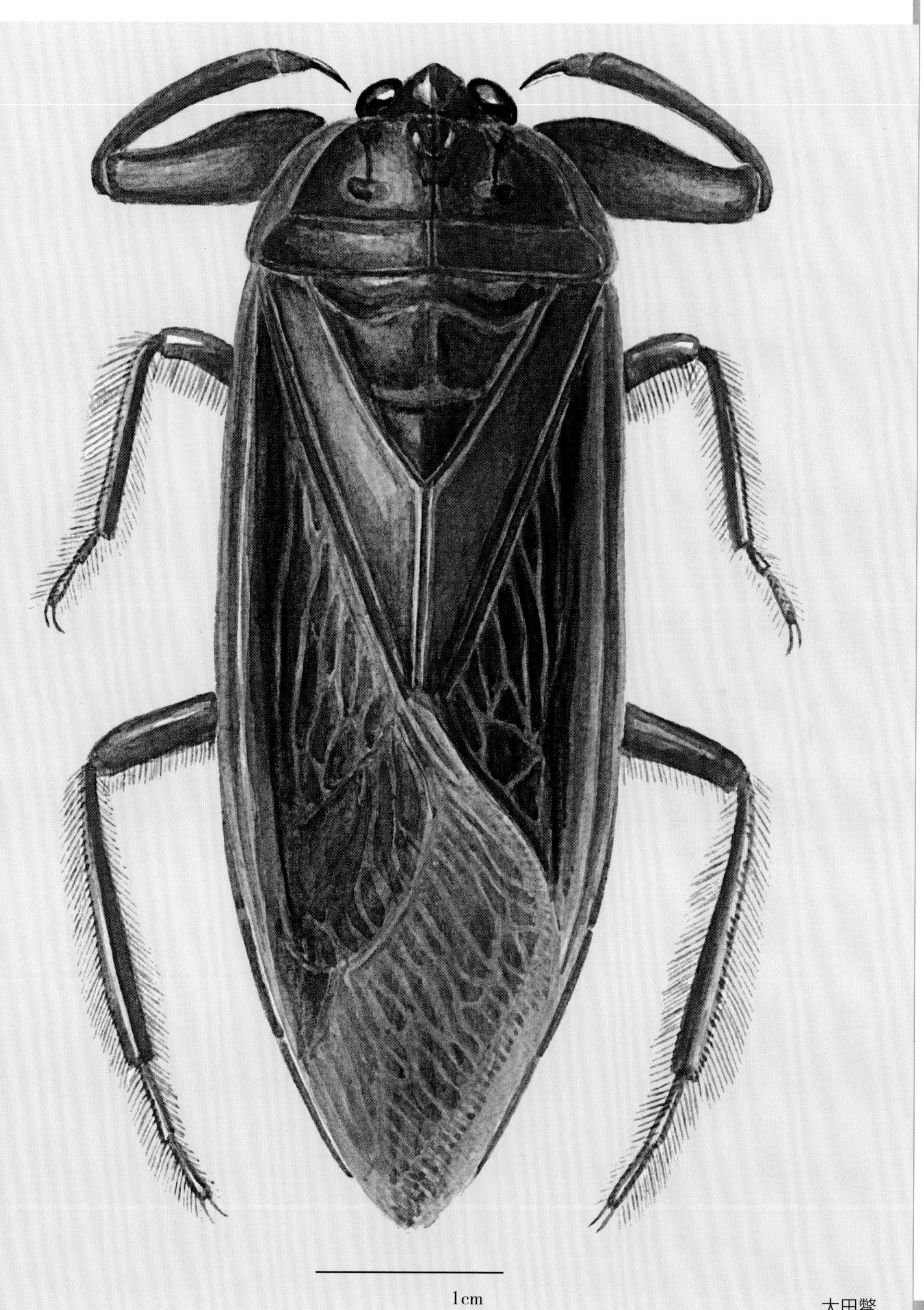

大田鳖

褐负蝽

【拉丁学名】*Diplonychus rusticus* (Fabricius, 1776)

Nepa plana Sulzer, 1776: 92.

Nepa rustica Fabricius, 1781: 333.

Appasus marginicollis Dufour, 1863: 393.

Dyplonychus indicus Venkatesan & Rao, 1980: 299.

Sphaerodema rustica : Yang, 1985: 215.

Diplonychus rusticus: Polhemus, 1994: 692; Polhemus, Jansson & Kanyukova, 1995: 20.

【分类地位】半翅目负蝽科 Belostomatidae

【形态特征】体长 15~17mm，宽 9~11mm。成虫体色褐色；复眼黑色。体卵形。背面较平坦，腹面稍凸出，略如船底形。头部尖，复眼钝三角形。前胸背板显著宽于头部，侧缘具宽薄边，小盾片三角形，较大。前翅整齐地覆盖在身体背面，膜片上脉纹较简单。前足特化为捕捉足，具 1 爪，中足、后足有游泳毛，具 2 爪。腹部末端有短呼吸管。抱器细杆状，端部尖，稍螺旋扭曲。卵淡褐绿色，假卵盖褐色；腰鼓形；长 1.8mm，宽 1mm 左右。若虫分 5 龄。1 龄褐色，有许多黑色和淡黄色的点刻，复眼黑色，扁平，体长 4mm、宽 2.5mm 左右。2 龄体色同一龄，体长 6mm、宽 6mm 左右。3 龄黄褐色，复眼黑色，腹部背板中央褐色，边缘部分褐与淡黄相间，足黄褐色，体长 8mm、宽 5.2mm 左右。4 龄褐色，复眼紫黑，中胸、后胸背板及腹部背板深褐色，腹部边缘褐与淡黄相间，体长 10mm、宽 6.5mm 左右。5 龄褐绿色，复眼紫黑色，腹部背面中央色较深，体长 13.5mm、宽 8.2mm 左右。

【生活习性】江西南昌一年 2 代，以成虫在池塘、河流、湖泊等水域的底层泥中越冬。翌年 3 月上旬爬出活动，4 月下旬开始产卵，5 月中旬孵化。5 月上旬是越冬成虫的产卵盛期，7 月中旬死亡。7 月下旬 1 代成虫盛羽，8 月下旬产卵。一般在 10 月下旬，2 代成虫羽化，11 月中旬开始越冬。第 1 代早批卵期 20d，若虫期为 57d，晚产的卵，由于温度逐渐升高，卵期和若虫期相应缩短，6 月上旬卵期缩短为 15d，若虫期 44d。第 2 代卵产出时水温较高，卵期 12d，若虫期为 48d。越冬代成虫寿命 8 个月左右，产卵期长达 75d。负子蝽一般生活在浅水域的底层，喜欢在水草丛中游划觅食。它的产卵方式特别，雌虫把卵产在雄虫的背上，并分泌一种胶质黏着。卵分批产出，每批间隔数小时至 2d，有的雄虫背上有 3 批卵。由于分批产出，所以也就分批孵化，前后相距 3~4d。雄虫背上负的卵量多少不等，19~100 粒。成虫趋光性强。捕食性昆虫，本身又是鱼类的食料。除能捕食孑孓、水生半翅目若虫、豆娘稚虫、蜻蜓稚虫等水生昆虫外，还捕食水中其他节肢动物，如丰年虫等，有时捕食椎实螺、扁卷螺等软体动物，也会捕食少量孵化不久的鱼苗。

【分布】河南全省、辽宁、河北、山西、江苏、上海、安徽、湖北、浙江、江西、湖南、四川、福建、广东；缅甸，孟加拉国，斯里兰卡，菲律宾，印度尼西亚，大洋洲。

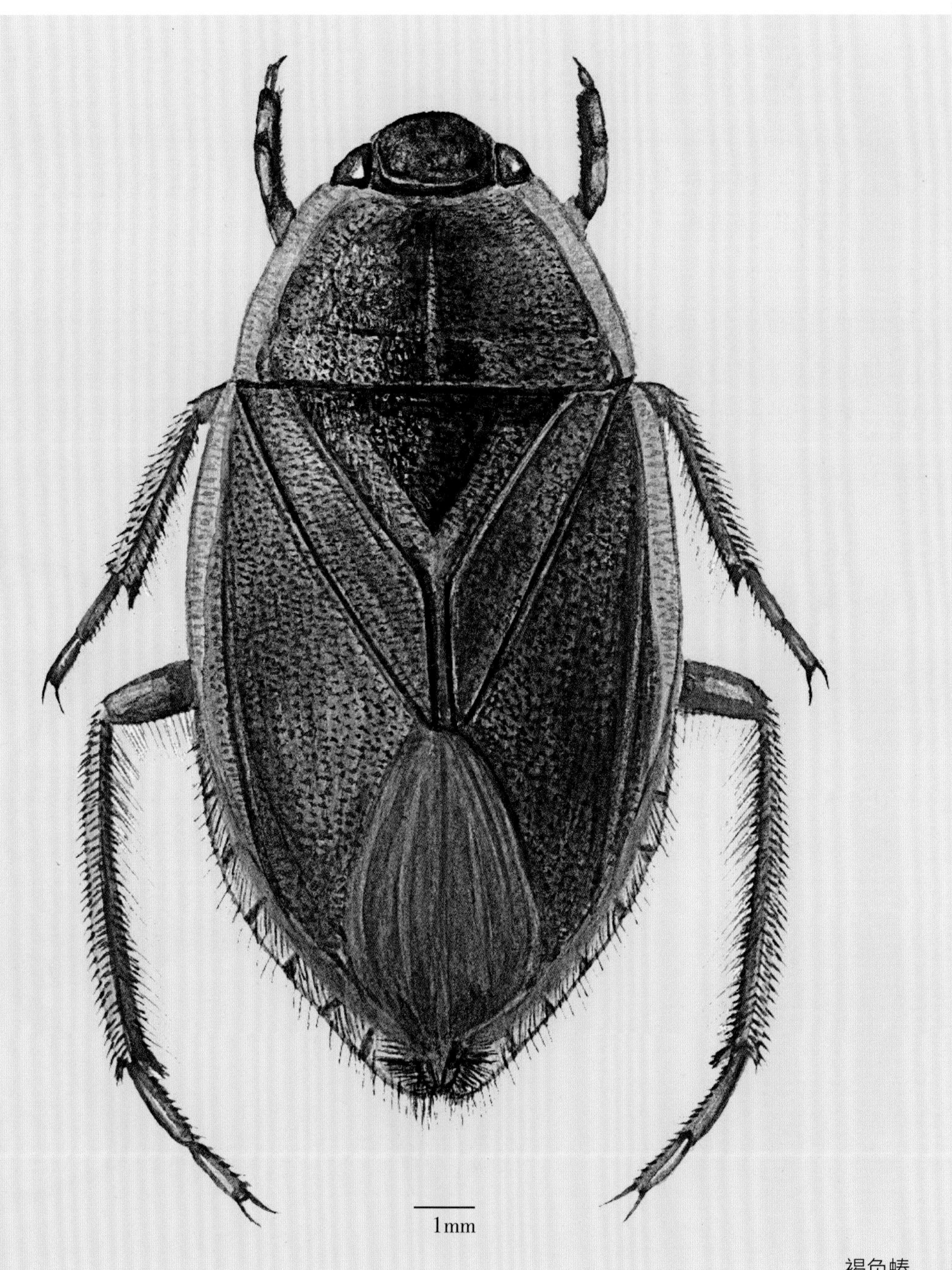

褐负蝽

日本壮蝎蝽

【拉丁学名】*Laccotrephes japonensis* Scott, 1874

Laccotrephes japonensis Scott, 1874: 450; Polhemus, Jansson & Kanyukova, 1995: 15; Liu & Ding, 2009: 46.

Nepa spinigera Ferrari, 1888: 175; Montandon, 1898: 507.

【分类地位】半翅目蝎蝽科 Nepidae

【形态特征】体长 31~37mm，不包括腹末呼吸管；体宽 8~10mm ；成虫体色褐色；喙第 3 节略带淡红色；后翅大部无色，翅脉浅褐色，腹部各节背板两侧橙红色，中部褐红色。头小，体壁粗糙，向前平伸；小颊粗大 , 位于头部侧叶前方，也向前伸；复眼大而突出；触角 3 节，第 2 节具指状突起，第 3 节朝向突起一侧略弯，整个触角可缩在复眼下后方头侧壁形成的凹陷内；喙 3 节，粗短，渐细；头部腹面具 2 个小突起，位于触角内侧；前胸背板梯形，体壁粗糙，前缘深凹入，其上生 2 个显著突起，位于复眼后方；侧缘内凹；后缘中部也内凹；两侧前角圆钝，向前伸出，两侧后角也圆钝，向后伸

出；前胸背板在 2/3 处具清晰横缢，前叶中央具 2 纵脊，后叶侧角上也具 1 纵脊；前胸腹板具纵脊，脊上前后各有 1 隆突；小盾片上具“Ʊ”形脊；革爪较平整，前缘域略加厚；爪片也平整，宽大，爪片结合缝明显长于小盾片；膜片不及腹部末端，上具网状脉纹；前足基节粗壮，关节活动范围甚大，向上可举过头顶，向后可平贴于前胸腹板下方凹陷中，腿节也粗壮，纵扁，腹面具凹槽，可容纳回折的胫节，凹槽内缘近基部具 1 粗大齿，齿基侧具 1 凹陷，可容纳跗节，跗节 1 节，爪缺失；中后足长，基节正常大小，胫节腹侧具 1 排长游泳毛，跗节 1 节，上生 2 爪；腹部扁平，各节腹板中央具纵脊，呈龙骨状，腹板两侧区域凹入，各成一凹线，与龙骨平行。第 7 节腹板向后延伸，雄虫呈铲状，不及腹部末端，雌虫端部为矛状，及腹部末端；呼吸管柔软，与体长相近。卵长 3.4~3.6mm，乳白色或淡黄色，长椭圆形；卵前极前端略平，粗于后极，并有 7~8 根呼吸管。

【生活习性】成虫栖息于稻田、水塘中，雌虫产卵于水生莎草科等植物茎或叶脉组织中。可为害池塘水田中的鱼苗。

【分布】河南 (新乡、信阳)、北京、台湾；朝鲜，日本。

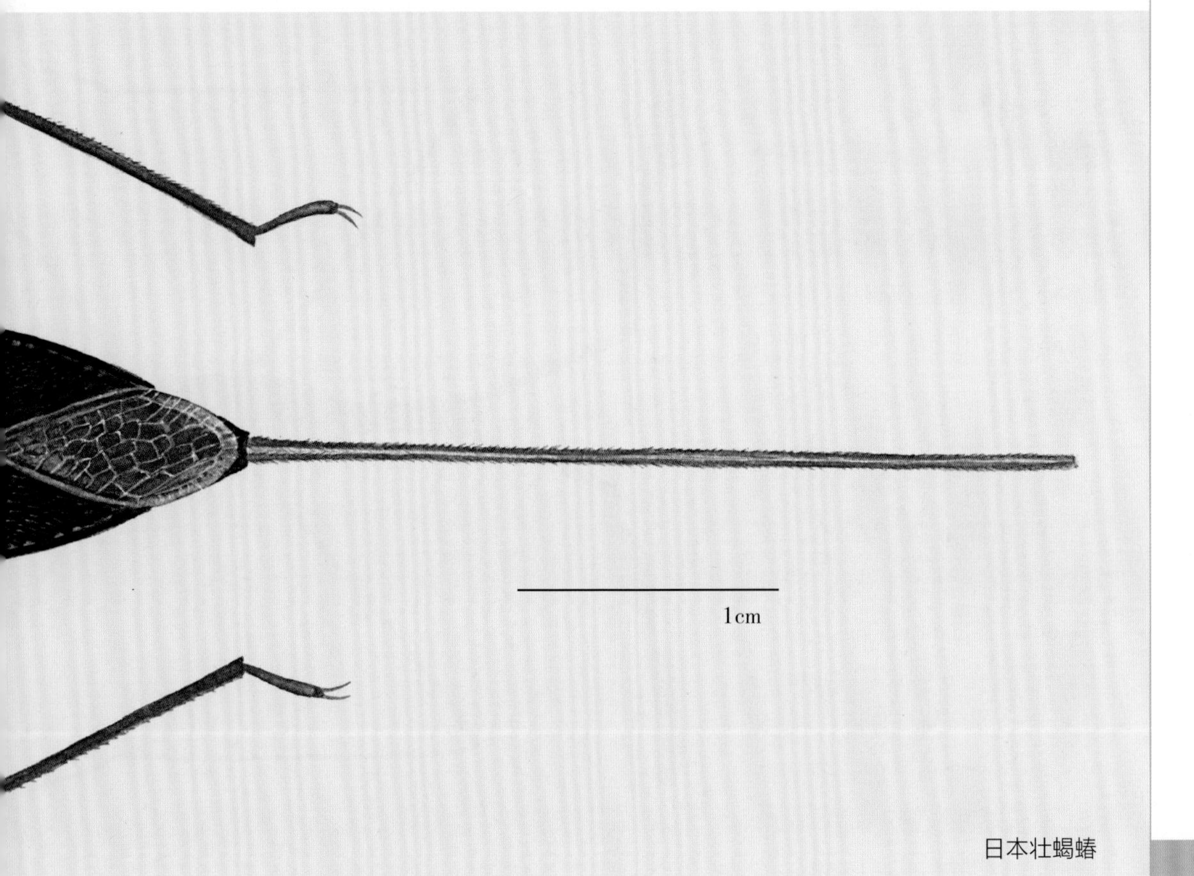

日本壮蝎蝽

中华螳蝎蝽

【拉丁学名】*Ranatra chinensis* Mayr, 1865

Ranatra chinensis Mayr, 1865: 446; Mayr, 1866: 191; Montandon, 1903: 102; Matsumura, 1905: 54; Distant, 1906: 21; Shiraki, 1913: 176; Esaki, 1915: 74; Hoffmann, 1930: 21; Lansbury, 1972: 301; Polhemus, Jansson & Kanyukova, 1995: 17; Liu & Ding, 2009 : 49.

Ranatra valida Stål: 136.

Ranatra pallidenotata Scott, 1874: 451.

【分类地位】半翅目蝎蝽科 Nepidae

【形态特征】体长 39~53mm，不包括呼吸管，体宽 4~5mm。成虫通体褐色。复眼黑褐色；前胸腹板纵脊深褐色；革片前缘深褐色。复眼宽略小于两复眼内缘间距；小颊位于侧叶前方；前胸背板前叶具细绒毛，中央具 1 不明显的纵脊，向后延伸至后叶，后叶上具很多浅横褶；前叶长约为后叶的 2 倍，两侧后角宽为两侧前角的 5/3~2 倍；前胸腹板具龙骨状突起，自横缢起向前逐渐显著，至端部隆起又不甚显著；后胸腹板较高，具不规则刻点；小盾片长约为宽的 2 倍，基部凸起，顶端具横纹；膜片伸达第 6 腹节背板后缘；前股中部略靠端部少许处具 1 长齿；近端部还有 1 不甚明显的小齿；后股略长于中股，在雄虫可伸达腹部第 6 节腹板后缘，在雌虫则略短；中足、后足间距均较腿节长，腹面具 2 排长毛；后足基节及后胸前侧片具长细毛；雌虫第 6 腹节简单，侧接缘向后端渐有扩展。卵长 3.2mm、宽 1mm 左右，圆柱形，前端有 2 根长约 4mm 的呼吸管。若虫体细长，棍棒形，褐色，复眼黑色。各龄体长（不包括呼吸管）如下：1 龄 6~8mm，2 龄 12~14mm，3

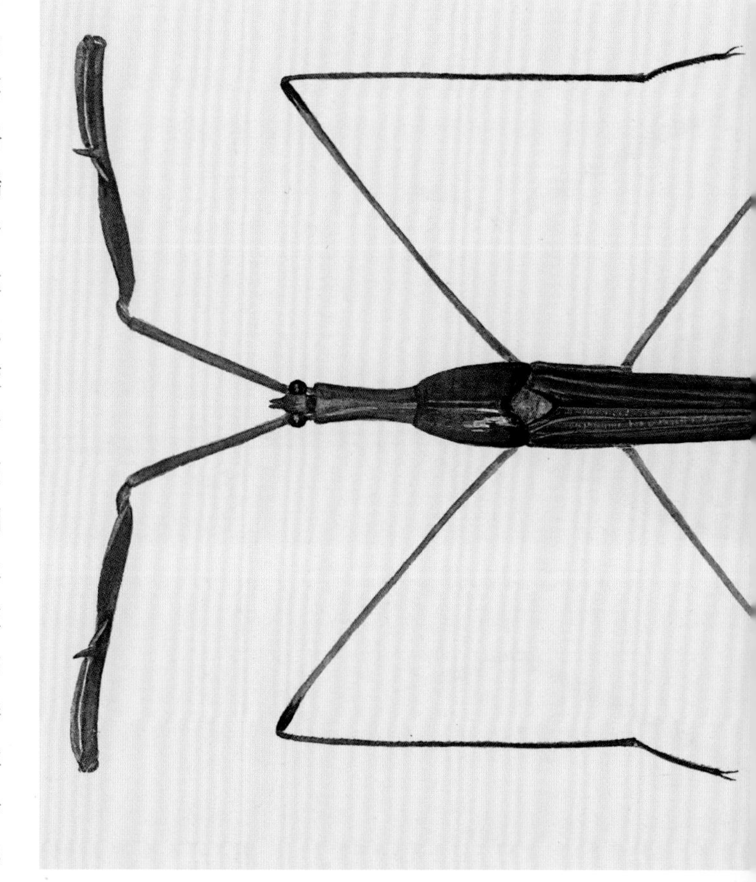

龄 19~21mm，4 龄 30~32mm，5 龄 6~38mm。

【生活习性】在广东一年至少发生 2 代，在江西、河北等地，一年 1 代，以成虫在河流、湖泊、池塘等水域的底层泥中越冬。翌年 3 月下旬爬出活动，4 月中旬、下旬开始产卵。一般 6 月下旬至 7 月初，最早的在 6 月中旬，即羽化为成虫。越冬成虫在 7—8 月死去。在春季卵期约 15d，夏季高温季节为 1 周左右。若虫期为 33~60d。成虫寿命达 1 年左右。中华螳蝎蝽生活在河流、湖泊、池塘、水田、沟渠等浅水域的底层，栖息深度为 1m 左右或更浅，喜在水草丛中游划。卵散产，斜插在水生植物，如鸭舌草、节节草、稗草、水竹叶等活的或腐朽的茎、叶组织中，前端外露。成虫在食物缺少、受到侵扰等情况下，也会爬出水面，飞往他处。食物主要是水生昆虫，最喜欢捕食孑孓，还捕食蜻蜓、豆娘稚虫，及其他水生半翅目昆虫，以及某些水生节肢动物，如丰年虫等，有时也捕食 2cm 以下的鱼苗，大一点的鱼则可取食此种昆虫。

【分布】河南 (辉县、罗山、信阳)、黑龙江、吉林、辽宁、河北、北京、山东、安徽、江苏、上海、湖北、浙江、江西、湖南、贵州、四川、福建、广东；朝鲜，日本，缅甸。

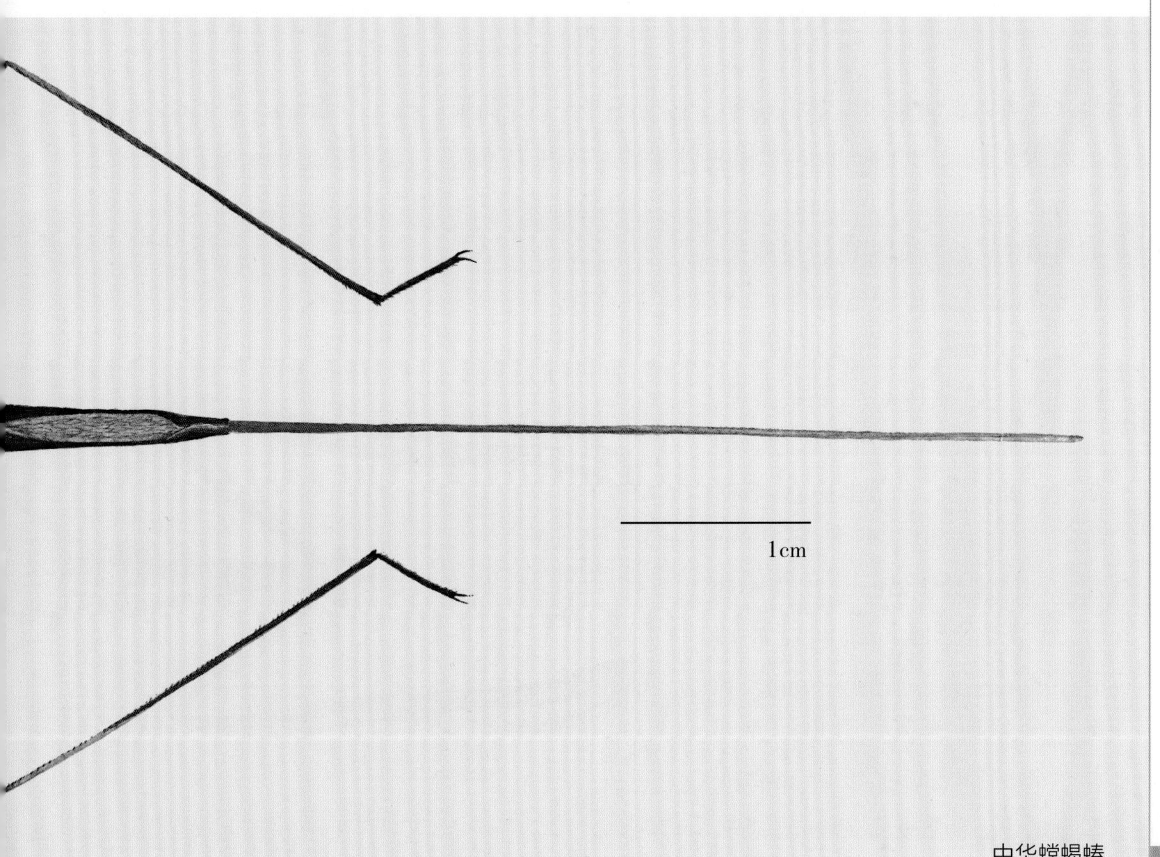

一色螳蝎蝽

【拉丁学名】*Ranatra unicolor* Scott, 1874

Ranatra unicolor Scott, 1874: 452; Kiritshenko, 1930: 436; Lansbury, 1972: 287; Polhemus, Jansson & Kanyukova, 1995: 18; Liu & Ding, 2009 : 50.

Ranatra brachyura Horváth, 1879: 150.

Ranatra sordidula Distant, 1904: 66.

【分类地位】半翅目蝎蝽科 Nepidae

【形态特征】体长 24~31mm，不包括呼吸管，体宽 2~3mm。成虫通体淡黄色至黄褐色。复眼黑褐色；前胸背板前叶略淡于后叶；小盾片基部具 2 个暗褐斑；中足、后足腿节直立毛白色。头顶略高于复眼；前胸背板横缢清晰，前叶长约为后叶的 2 倍，两后侧角较两前侧角宽 1/3，前胸腹板前方具 1 宽大粗脊，向后渐宽圆，脊侧缘较平，向后端逐渐汇聚于 1 个凹陷处；中胸腹板圆形且具光泽，后胸腹板平，端部最宽，基部收缩；中足基节间距宽于后足基节间距；小盾片长约为宽的 2 倍，基部前凹，前缘外侧具 2 个凹陷，朝向顶端；前股中部具 2 齿；中足、后足腿节具稀疏直立毛，后足腿节在雄虫仅可达到第 6 腹板的中部，在雌虫更短些；雌虫下生殖板不及侧接缘端部，较狭，雄虫可达侧接缘端部，略宽。卵淡黄白色，长筒形。长 2.5~3mm，宽 1mm 左右，前端有 2 根长约 7.8mm 的黑褐色呼吸管。若虫共 5 龄。1 龄体长 4mm，连同呼吸管 5.5mm 左右，宽约 0.5mm。复眼球形，红色，突出在头部两侧。头顶有一突起。体背面黑褐色，腹面黄褐色。足细长，股节黄褐色，其余黑褐色。2 龄体长 6.5mm 左右，包括呼吸管为 8.5mm，宽约 1mm。复眼黑色。体背面黑褐色，腹面黄褐色。股节黄、褐相间，余节黑褐色。3 龄体长 10mm，包括呼吸管 12mm 左右，体宽约 1.2mm。出现小翅芽。4 龄体长 15mm，包括呼吸管 20mm 左右，宽约 1.6mm，黄褐色。复眼黑色，突出，翅芽伸达腹部第 1 节前缘，5 龄体长 22mm，包括呼吸管 30mm 左右，宽约 2.1mm，黄褐色。腿上之环

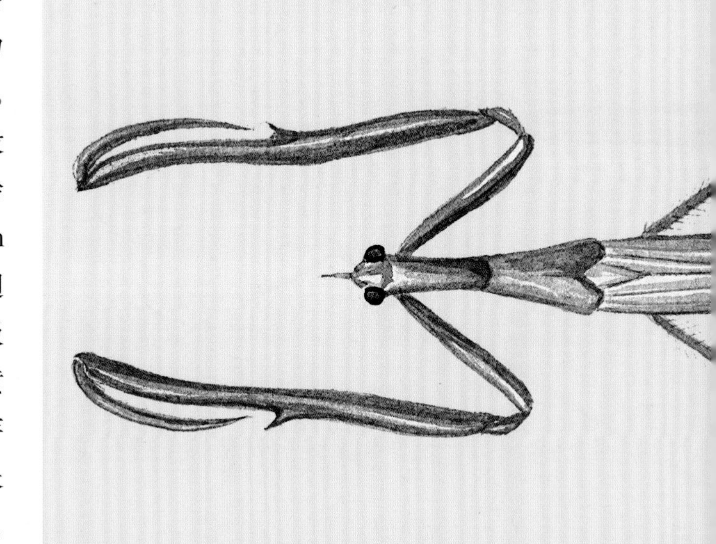

纹较幼龄为淡，腹部背面中央黑褐色，边缘部分黄褐色。翅芽伸达腹部第1节中部。

【生活习性】江西南昌一年2代，以成虫在河流、湖泊、池塘等水域的底层泥中越冬。翌年3月下旬爬出活动，5月中旬交配，下旬产卵，6月上旬末孵化，7月上旬、中旬羽化为成虫。越冬代成虫产卵后于8月中旬、下旬死亡。1代成虫8月上旬交配，8月上旬、中旬产卵。第2代若虫在8月中旬、下旬孵化，最早在9月中旬，一般在10月上旬、中旬羽化而出，11月上旬、中旬越冬。第1代成虫产卵后于10—11月死亡。第1代在水温22℃时，卵期15d；25~30℃时，1龄7d，2龄7d，3龄5d，4龄6d，5龄8d，整个若虫期计33d左右。第2代产卵时水温较高，约30℃，卵期9d；至若虫期，水温逐渐下降，在18~23℃时，1龄8d，2龄8d，3龄7d，四龄11d，五龄13d，整个若虫期共计47d。越冬代成虫产卵期长1个月左右，第1代成虫的交配前期约21d，产卵前期14d。一色螳蝎蝽生活在浅水域的底层和水草间，栖息深度一般在1m左右或稍浅，特别喜欢栖息在水草丛中，待机捕食游过的水生昆虫等。卵一般散产于水生植物的茎、根或叶组织中，斜向嵌入，前端露出1/3或1/2，有时可看到卵的中部嵌在叶片组织内而两端露出。每次产卵量20~60粒，喜欢产卵的植物有鸭舌草、节节草、稗草、水竹叶、水花生等。此虫最喜捕食多种库蚊、按蚊的幼虫，其次为其他水生半翅目若虫，蜻蜓、豆娘、蜉蝣稚虫等。1龄、2龄若虫主要捕食水蚤及初龄孑孓，一天能捕食5~10个初龄的三带喙库蚊幼虫。成虫2d能捕食70多个老熟的中华按蚊和三带喙库蚊幼虫，很有益处，但有时也捕食孵化不久的鱼苗，给养殖业带来一定损害。

【分布】河南(辉县、息县)、黑龙江、辽宁、河北、湖北、安徽、上海、江苏、浙江、江西、湖南、福建、广东；朝鲜，日本。

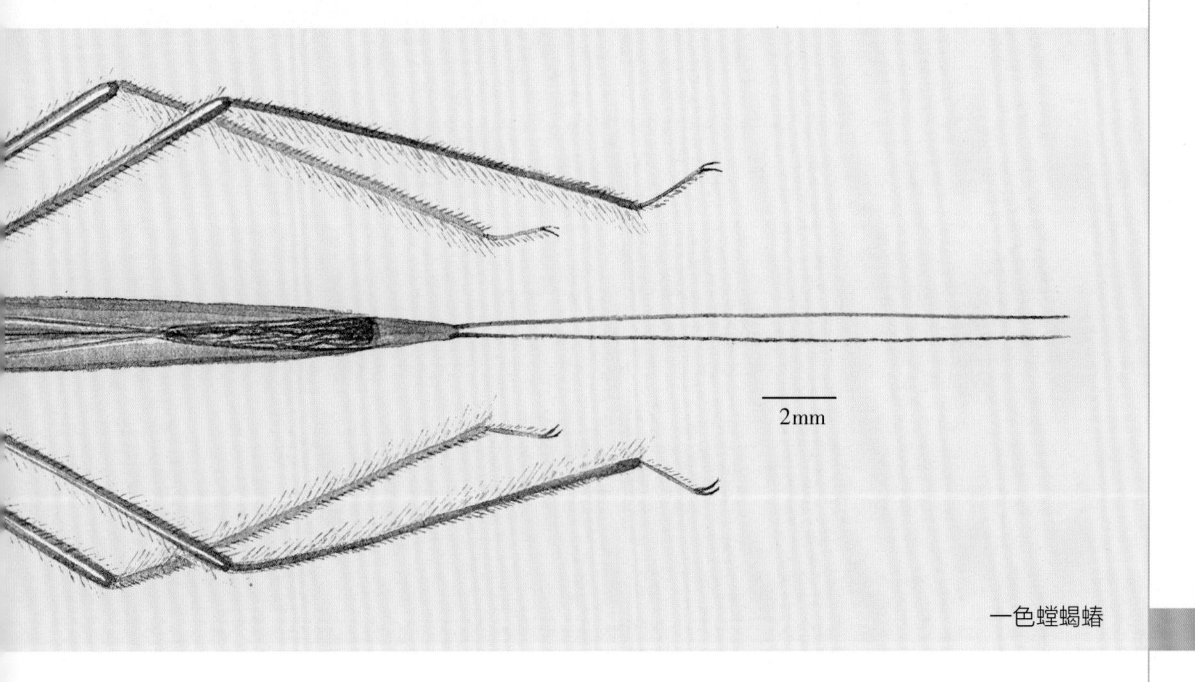

一色螳蝎蝽

毛邻固蝽

【拉丁学名】*Paraplea indistinguenda* (Matsumura, 1905)

Plea indistinguenda Matsumura, 1905: 59.

Plea pallescens Distant, 1906: 48 (syn. Esaki, 1926a: 187).

Paraplea indistinguenda (Matsumura): Polhemus, Jansson & Kanyukova, 1995: 74; Liu & Ding, 2009: 69.

【分类地位】半翅目固蝽科 Pleidae

【形态特征】体长 1.7mm，宽 0.9mm。成虫体色乳黄色。复眼红褐色。体壁强烈骨化，各结构紧密，体背面整体船底状，密被粗大刻点。前翅革片发达，左右相遇于体纵轴，膜片完全退化。头宽约为头长的 4 倍，背面具 1 明显中纵脊；复眼硕大，外缘与头侧缘形成完整的流线型。喙粗短，仅伸达前足基节，第 1 节腹面呈梯形，基部宽大，两侧被小颊包围，第 2 节宽度约为第 1 节的 1/2，第 3 节宽度约为第 2 节的 1/2。前胸背板前缘平直；侧角圆钝，稍微伸出体侧少许；后方中域明显隆起。小盾片三角形，侧缘在近顶端处略内收。爪片宽大，爪片结合缝长度约为小盾片长度的 2/3。革片宽大，侧面观略成直角三角形，腹部侧接缘被遮不可见。腹部短小，约为体长的 2/5；腹面观两侧被鞘质化的革片包围，表面密布长刚毛，基部中央隆起，各腹节中部微弱隆起。各足基节左右接触。

【生活习性】栖息于池塘等静水环境中。游泳姿态同仰泳蝽，腹面向上。

【分布】河南 (新乡)、天津、黑龙江、台湾；日本，朝鲜，俄罗斯。

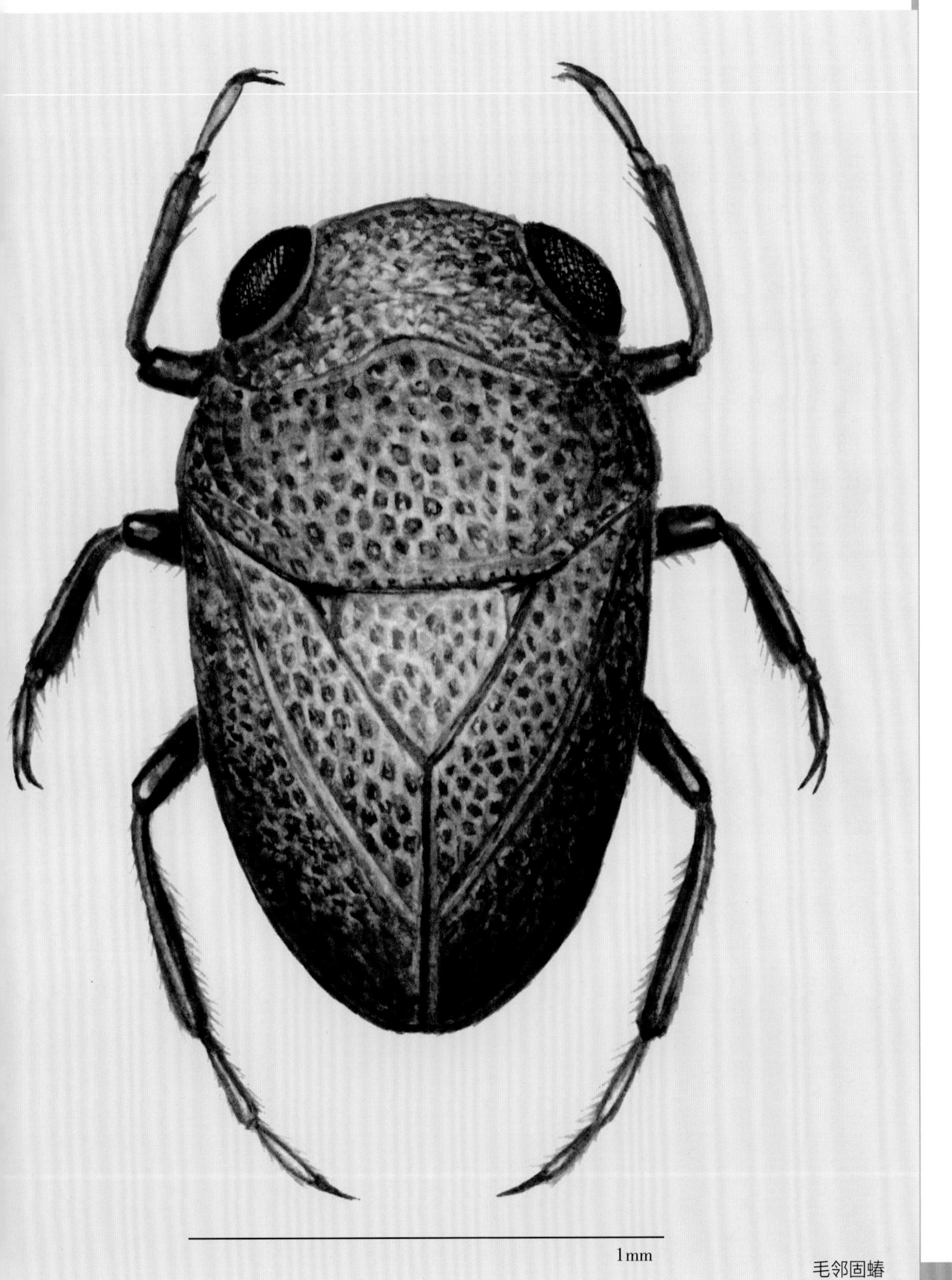

毛邻固蝽

中黑土猎蝽

【拉丁学名】*Coranus lativentris* Jakovlev, 1890

Coranus lativentris Jakovlev 1890: 559; Putshkov 1995: 259; Hsiao & Ren 1981: 513; Ren 1984: 280; Putshkov & Putshkov 1996: 233; Maldonado-Capriles 1990: 183; Ren, 2009: 94.

【分类地位】半翅目猎蝽科 Reduviidae

【形态特征】体长 10.8~12.0mm，腹宽 3.9~4.7mm。成虫体色暗棕褐色。腹部腹面深褐色至褐色，中部色浅，中央具黑色纵走带纹，各节腹板两侧具浅色大斑和淡色散布斑点，侧接缘端部 3/5 淡色；复眼边缘，眼前区纵纹，眼后区下缘纵带，头部中叶，喙第 1 节基部，头前叶和后叶的背面中纵纹，复眼和单眼之间的带斑，头基部，前胸背板前叶侧缘、前缘和中纵带，前胸背板后叶 (除中部略深)，小盾片中纵带，基节臼，股节背面的斑纹，各足胫节基部和近基部环斑，前足、中足胫节近端部宽环斑，前胸腹板 (除中部)，中胸、后胸腹板淡色；触角浅黄褐色至深红褐色。体被灰白色浓密平伏短毛及棕色长毛。头约等于前胸背板，粗壮，眼后区不显著细缩，复眼中等大小，不显著向两侧突出；触角第 3 节显著长于第 4 节；喙粗壮，第 1 节长于第 2 节，达眼中部。前胸背板前叶与后叶几等长，前角间宽 1.5mm，后角间宽 2.8mm，侧角圆；后角显著；后缘中部向内凹；前叶中部两条纵脊伸达后叶前部，前胸背板横缢被高起的纵脊隔断；前叶圆鼓，具云状斜生刻纹；后叶具粗糙刻纹和刻点，短翅型后叶不发达，略扁平；小盾片中央脊状，向上翘起。短翅型，翅无膜质部，翅长 1.3mm，仅达第 2 腹板后缘。腹部圆形，向两侧扩展，侧接缘向上翘折。雄虫体较小，腹部末端生殖节后缘中部具叉形锐刺，其锐刺侧扁；抱器端部圆，基部细，呈勺状。

【生活习性】一年 1 代，以成虫越冬。成虫栖息于地面杂草生境中，以地表活动的小型节肢动物为食。卵多产于杂草近地叶片背面，若虫共 5 龄，是麦田重要天敌昆虫。

【分布】河南（安阳、新乡、修武）、北京、天津、河北、山西、山东、陕西；韩国。

中黑土猎蝽

黑盾猎蝽

【拉丁学名】*Ectrychotes andreae* (Thunberg, 1784)

Cimex angreae Thunberg, 1784: 56.

Loricerus axillaris A. Costa, 1864: 79 (syn. Stål, 1874b: 51).

Ectrychotes tsushimae Miller, 1955a: 6 (syn. Miyamoto, 1970: 254).

Ectrychotes andreae (Thunberg): Putshkov & Putshkov, 1996: 150; Ren, 2009: 80.

【分类地位】半翅目猎蝽科 Reduviidae

【形态特征】体长 11.5~16.4mm，腹宽 3.8~5.9mm。成虫体色黑色，具蓝色闪光。各足转节、股节基部、腹部腹面大部红色；侧接缘(雄虫除第 6 节后部、雌虫除第 3~6 节后部)橘黄色至鲜红色，大多数个体为鲜红色；前翅基部、前足股节内侧的纵斑、前足胫节腹面及侧面的纵斑黄白色至暗黄色；喙末节、各足胫节及跗节黑褐色至黑色；触角第 3~4 节暗褐色至黑色。体近葵花籽形。头部背面、前胸背板前叶、各足股节、腹部各节腹板中央稀生褐色长刚毛；雄虫触角各节密生直立黑色长毛，第 4 节各亚节上的毛较少；雌虫触角第 1 节上毛斜生；短而稀少，第 2~4 节上的毛较多，略斜生；头的前端、喙末节端部、雌虫腹部腹面端部较密地生有短刚毛，头短粗；前唇基强烈隆起；喙第 1 节伸达复眼前缘，第 2 节最粗；触角第 1 节中后部较粗。前胸背板背面圆鼓，中央纵凹较深，后叶具有明显的皱纹，侧角圆钝，后缘略凸；发音沟亚宽全脊型，约由 150 个横纹脊组成；前足、中足股节亚端部腹面具不明显的突起，后足股节亚端部腹面有 1 明显的突起；雌虫前翅不达或仅达腹部末端。雄虫腹部近端部略扩展，雌虫腹部中度向两侧扩展。

【生活习性】栖息于杂草灌木丛中，捕食多种小型节肢动物。

【分布】河南(辉县、焦作、修武、获嘉、偃师、新安、卢氏、西峡、信阳、鸡公山)、北京、河北、陕西、山东、安徽、浙江、江苏、湖南、贵州、四川、重庆、福建、广东、广西、云南、海南；日本，朝鲜。

黑盾猎蝽

黑红赤猎蝽

【拉丁学名】*Haematoloecha nigrorufa* (Stål, 1867)

Scadra nigrorufa Stål, 1867a: 301.

Ectrichodia includens Walker, 1873c: 51 (syn. Bergroth, 1892: 263).

Heamatoloecha nigrorufa f. rufa Hsiao & Ren, 1981b: 435.

Haematoloecha nigrorufa (Stål): Putshkov & Putshkov, 1996: 151.

【分类地位】半翅目猎蝽科 Reduviidae

【形态特征】体长 10.8~12.6mm，腹宽 3.8~5.9mm。成虫体色红色，有大型黑斑块，体表光亮。头、各足、小盾片、身体腹面褐色至黑褐色，触角、前翅爪片(除基部外)、革片上的斑黑褐色至褐黑色；前翅膜区褐黑色至黑色；各足跗节暗褐色；前胸背板前叶黑褐色至红褐色；侧接缘各节端半部红褐色至褐黑色。本种色斑变化较大，大体可分为普通型、红色型和黑色型 3 类：典型的普通型个体翅基部黑斑与膜区黑斑仅小部分相连；红色型个体翅基部斑与膜区黑斑不相连；黑色型个体翅基部黑斑与膜区黑斑相连区域大，前翅大部区域黑色或褐黑色，仅革片前缘、爪片基部红色。体长椭圆形；体表除喙、触角及各足外光滑无毛。雄虫触角各节被直立长刚毛，第 3 节以后的毛较稀；雌虫触角第 1 节稀布斜生短刚毛，第 2 节以后被长短不一的斜生刚毛；喙被短刚毛；前足、中足股节腹面具斜生短毛；各足胫节及跗节具长短不一的刚毛。前唇基隆起，后唇基具明显的皱纹；喙第 2 节短粗。前胸背板中央纵沟及横缢较深，侧角圆鼓，后缘中部微凸；小盾片端突较长；前翅近达或达到腹末；前足股节较发达，海绵沟略短于端足胫节长的 1/3，中足海绵沟约为该足胫节长的 1/4。腹部略向两侧扩展。

【生活习性】栖息于杂草、碎石环境中，以小型节肢动物为食。

【分布】河南(辉县、新县、南阳、信阳、鸡公山)、北京、河北、陕西、山东、湖北、浙江、江西、湖南、贵州、福建、台湾、广东、广西；日本，朝鲜。

黑红赤猎蝽

多氏田猎蝽

【拉丁学名】*Agriosphodrus dohrni* (Signoret, 1862)

Eulyes dohrni Signoret 1862: 126.

Agriosphodrus dohrni Stål 1866b: 279; Distant 1904: 359; Hsiao & Ren 1981: 523; Maldonado-Capriles 1990: 161; Putshkov & Putshkov 1996: 227.

【分类地位】半翅目猎蝽科 Reduviidae

【形态特征】体长 20.0~25.2mm，腹宽 7.9~10.7mm。成虫体色黑色，光亮。单眼外侧的斑、侧接缘第 2~4 节端半部、第 5~7 节外缘及端半部淡黄色至暗黄色；喙第 2~3 节黑褐色至黑色；复眼褐色至黑色；各足基部色泽变化大，全部黑色或全为红色或仅前足基节为红色，有时也可见到基节为黄色的个体；雄虫第 7 腹节腹板中部、雌虫腹部末端多为红色；中胸、后胸侧板前部，腹部各节腹板两侧各具 1 白色蜡斑。体表除喙、触角、翅及侧接缘外密被较长直立黑色刚毛；触角第 1~2 节具短毛，末端两节毛更短；前翅革片具弯曲短毛；侧接缘背、腹两面稀被长短不一的斜生细毛。头较长，略短于或近等于前胸背板之长；喙长，伸达前足基节后部；而单眼远离。领端突较发达；前胸背板前叶圆鼓，后部中央具深凹；前胸背板后叶中部浅凹，侧角钝圆，后缘近直；小盾片中部凹陷；前翅超过腹末。侧接缘向两侧强烈扩展，各节中部背面圆隆；雌虫第 1 载瓣片内侧具毛丛。

【生活习性】栖息于灌丛环境中，以多种昆虫和小型节肢动物为食。

【分布】河南 (桐柏、内乡、西峡、鲁山、渑池、新安、信阳、鸡公山)、安徽、福建、甘肃、贵州、广东、广西、海南、湖北、湖南、江苏、江西、陕西、上海、四川、云南、浙江；印度，日本，越南。

多氏田猎蝽

褐菱猎蝽

【拉丁学名】*Isyndus obscurus* (Dallas, 1850)

Harpactor obscurus Dallas 1850: 7.

Isyndus obscurus: Stål 1863: 28; Stål 1866b: 268; Stål 1874a: 21; Lethierry & Severin 1896: 187; Distant 1904: 377; Oshanin 1908: 556; Oshanin 1912: 54; Wu 1935: 472; China 1940: 254; Hoffmann 1944: 66; Hsiao & Ren, 1981: 494; Ren, 1981: 179; Maldonado-Capriles 1990: 221; Li, 1990: 30; Ren, 1992: 178; Cai & Wang 1998: 166.

Euagoras obscurus: Walker 1873b: 122.

Isyndus obscurus obscurus: Dispons1969: 71; Putshkov & Putshkov 1996: 241.

【分类地位】半翅目猎蝽科 Reduviidae

【形态特征】体长 20.1~29.2mm，腹宽 4.7~10.0mm。成虫体色深褐色。触角第 2 节基部、第 3 节亚端部、第 4 节基半部黄褐色至红褐色，第 3 节基半部和端部、第 4 节端半部淡黄色至红色；复眼灰黄色至黄褐色，有不规则的暗色斑纹。侧接缘上的斑点红褐色至浅褐色。体密被黄白色平伏短毛并疏杂以直立长毛。头较细长；触角基后方的突起呈乳突状。前胸背板前叶印纹较深，后部中央有 1 深凹；后叶具有明显的横皱纹；侧缘不规则，侧角略呈角状，侧角后方有 1 明显的突起，后角圆钝，后缘近平直；发音器由 190 个摩擦脊组成；小盾片中央突起明显；雌虫前翅略超过腹部末端或仅达腹部末端，雄虫前翅显著超过腹部末端。雌虫侧接缘第 5、第 6 两节明显向两侧扩展；雄虫第 7 腹板基部有 1 突起，突起的顶端平截。雄性外生殖器呈抱握器棒状，弯曲，端部较细，上生淡色长毛。尾节突短粗，顶端中央凸出，外侧有 2 个齿状突起。阳茎基片近端部弯曲，基片桥较细，阳茎基片延颈较细。阳茎体端部明显上翘；阳茎鞘背片中部中央具两个椭圆形突起；阳茎鞘支片小；阳茎系膜突起从基部至端部逐渐变细；阳茎端短粗；阳茎端侧突较细长，端尖。

【生活习性】栖息于低矮树丛中，多山区分布。

【分布】河南（辉县、鸡公山）、辽宁、北京、甘肃、陕西、西藏、山东、安徽（定城）、河北、湖北、浙江、江西、四川、重庆、贵州、福建、广东、广西、海南、云南；朝鲜，日本，印度，不丹，越南。

褐菱猎蝽

云斑瑞猎蝽

【拉丁学名】*Rhynocoris incertis* (Distant 1903)

Sphedanolestes incertis Distant 1903b: 209.

Sphedanolestes incertus: Oshanin 1908: 554; Oshanin 1912: 53; Wu 1935: 470; China 1940: 253; Hoffmann 1944: 51; Maldonado-Capriles 1990: 301.

Harpactor incertus: Hsiao & Ren 1981: 531.

Rhynocoris incertis: Putshkov & Putshkov 1996: 249.

【分类地位】半翅目猎蝽科 Reduviidae

【形态特征】体长 14.8~17.8mm，腹宽 4.8~6.9mm。成虫体黑色，具红色斑纹，色斑变化显著。头部腹面后半部、头部前叶背面复眼间横斑、单眼间小圆斑、前胸背板前叶中部、前胸背板后叶侧缘、基节、转节、前翅革片前缘基部、尾节红褐色至红色；喙第 1 节外侧，头前叶大部红色至红褐色，甚至黑褐色；前胸背板前叶从完全红色，逐渐加深，至完全黑色(除中央红褐色外)；前胸背板后叶侧缘和后缘红色，红色区域逐渐减少，最后完全黑色；侧接缘从完全红色至完全黑色；小盾片完全黑色，或端缘红色；腹部第 4~6 节后缘侧面、第 7 节前缘散布褐色斑点，或第 4~7 节完全黑色。体粗壮，腹部两侧适度扩展。体被褐色平伏软毛和中等长度的刚毛。眼后区向基部细缩；触角第 2 节明显长于第 3 节。领端角短锥状；前胸背板前叶表面具显著云形刻纹，后叶中部平；侧角圆钝；后侧缘边缘翘起；后缘略凹入；小盾片端部圆钝；前翅略超过腹部末端；腹部向两侧中等扩展。抱器棒状，基部 1/4 弯曲，端部向内弯曲，端半部具淡褐色长刚毛；尾节中突端部尖锐，端部两侧具角状突出。阳茎基片弓形，基片桥细，基片延茎略短粗。阳茎鞘背片后部 3/5 强烈骨化，端部弱骨化，基部两侧延臂弯曲；两条阳茎鞘背片支片彼此完全分开，基半部由一个骨片连接；阳茎端两侧具 40~50 个齿突。

【生活习性】栖息于灌丛中，多分布于海拔 1 000m 左右山区。

【分布】河南(辉县、新安、栾川、嵩县、鲁山、商城、太白山、内乡、登封、鸡公山)、河北、陕西、江苏、安徽、湖北、浙江、江西、湖南、四川、重庆、贵州、福建、广东、广西；日本。

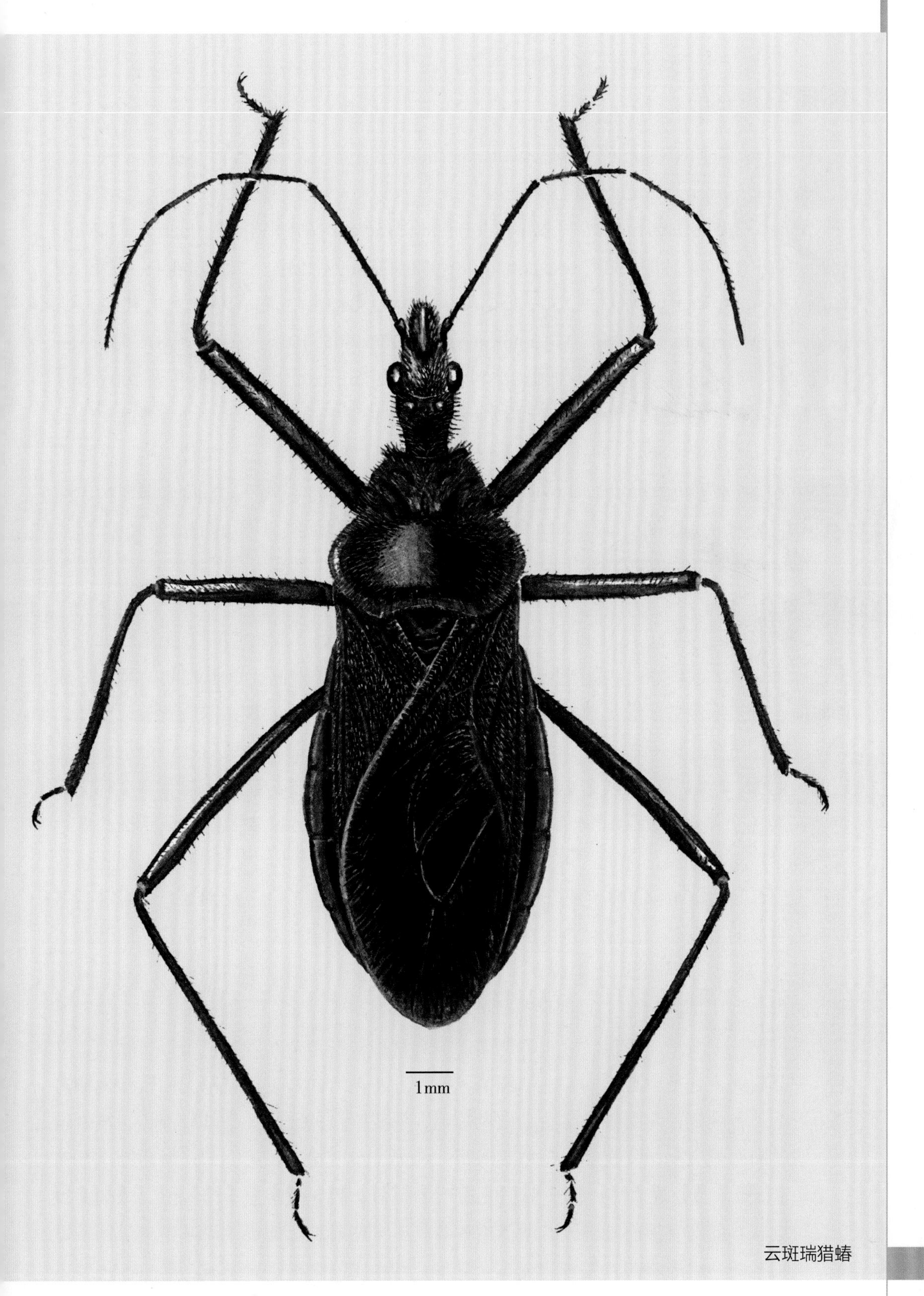

云斑瑞猎蝽

环斑猛猎蝽

【拉丁学名】*Sphedanoletes impressicollis* (Stål, 1861)

Reduvius impressicollis Stål 1861: 147.

Sphedanoletes impressicollis: Stål 1866b: 288; Horvath 1879: 148; Lethierry & Severin 1896: 166; Distant 1904: 339; Oshanin 1908: 553; Oshanin 1912: 53; Okamoto 1924: 63; Wu 1935: 470; Yamada 1936: 15, 21; China 1940: 253; Hoffmann 1944: 51; Hasegawa 1960: 48; Miyamoto 1965: 94; Miyamoto & Lee, 1966: 365; Hsiao & Ren 1981: 533; Ren 1987: 246; Maldonado-Capriles 1990: 301; Putshkov & Putshkov 1996: 256; Ren, 2009: 96.

Harpactor impressicollis: Walker 1873b: 111.

Sphedanolestes (Sphedanolestes) impressicollis: Stål 1874b: 33.

Harpactor bituberculatus Jakovlev 1893b: 319, Synonymized by Kiritshenko 1916: 164; Lethierry & Severin 1896: 158; Oshanin 1908: 552; Wu 1935: 468; Hoffmann 1944: 42.

Rhinocoris bituberculatus: Oshanin 1912: 53; China 1940: 253.

【分类地位】半翅目猎蝽科 Reduviidae

【形态特征】体长 13.1~18.0mm，腹宽 3.4~5.2mm。成虫色斑型变化较大，基本色泽为黑色；喙第 1 节端半部或大部、头部腹面、单眼外侧、单眼之间的斑纹、腹部腹面、侧接缘侧各节端半部或大部黄色至黄褐色。变化主要表现在前胸背板、触角第 1 节、各足股节上的环纹、胫节的颜色及革片的色泽等处；前胸背板后叶可由全部黄色或淡黄褐色，经黄色具有两个小斑，小部分区域为黑色，大部分区域为黑色到全部为黑色，在淡色个体中触角第 1 节有两个明显的浅色环纹，各足腹节多具 3 个完整的淡色纹，各足胫节中后部，革片可从黄色至黄褐色；而在黑色个体中，触角第 1 节的淡色环模糊，各足股节端部的淡色环不完整或完全消失，各足胫节、革片黑褐色，胫节近基部有 1 明显的淡色环纹。这种色泽的变化与地理分布有一定关系，采自福建、广西两省(自治区)的标本黑色个体比例较大，特别是福建个体黑色型比例可达 90% 左右，其他地方的黑色型比例则较低，如陕西省黑色型个体仅占 1/4 左右。分布于日本的个体几乎全为黑色型。中大型，较粗壮。头部背面、前胸背板较密地分布着黄色中等长度的直立毛，头部腹面、各足生有不同长度的细毛，革片上密被弯曲短毛；腹部腹面较密地被有斜生短毛；各胸侧板与腹板上常密布白色短毛，形成明显的斑纹。头部较细长，复眼较大，明显向两侧突出，其直径大于单眼间距；喙第 1 节明显短于第 2 节；触角第 1 节略长于第 2、第 3 节长度之和，第 2 节明显短于第 3 节，第 3 节略短于第 4 节。颈端突发达，短锥状；前胸背板前叶圆鼓，两侧中央各具 1 个明显的小瘤突，后叶中央纵沟较宽深，侧角钝圆，后缘略凹；发音沟亚宽全脊型，约由 180 个横纹脊组成；雌虫前翅略微超过腹部末端，雄虫前翅明显超过腹末。雌虫腹部略向两侧扩展。抱器棒状，略弯曲，近端部略膨大且较尖，端部 2/3 表面生有较粗的刚毛；尾节突较短，端部中央略凹，两侧具向下伸的锐角状突起。阳茎基片端部 1/3 正常，基部 2/3 外侧变薄；基片桥细短；基片延短粗。阳茎体略扁，背、腹两面观呈爪子状，阳茎背片较小，基部 2/5 仅两侧骨化程度较高；阳茎鞘背片支片粗短，基部 3/5 愈合，端部 2/5 分离，端部接触，其基部 2/5 处腹面有 1 个向下斜伸的构造；阳茎鞘端半部侧腹面两侧各有 1 个骨化片；阳茎系膜基部背面中央有 1 对骨化的突起；阳茎端囊两侧具较大刺突，中央及大部分区域具许多小刺突。

【生活习性】广布于东亚的一个常见种，其种群数量大，常见于农田、林地、果园中，是一个有潜在开发能力的天敌资源昆虫。

【分布】河南（辉县、新县、许昌、嵩县、栾川、嵩山、商城、桐柏、信阳、鸡公山）、辽宁、北京、陕西、甘肃、山东、江苏、安徽、湖北、浙江、江西、湖南、四川、重庆、贵州、福建、广东、广西、云南；朝鲜，日本，印度。

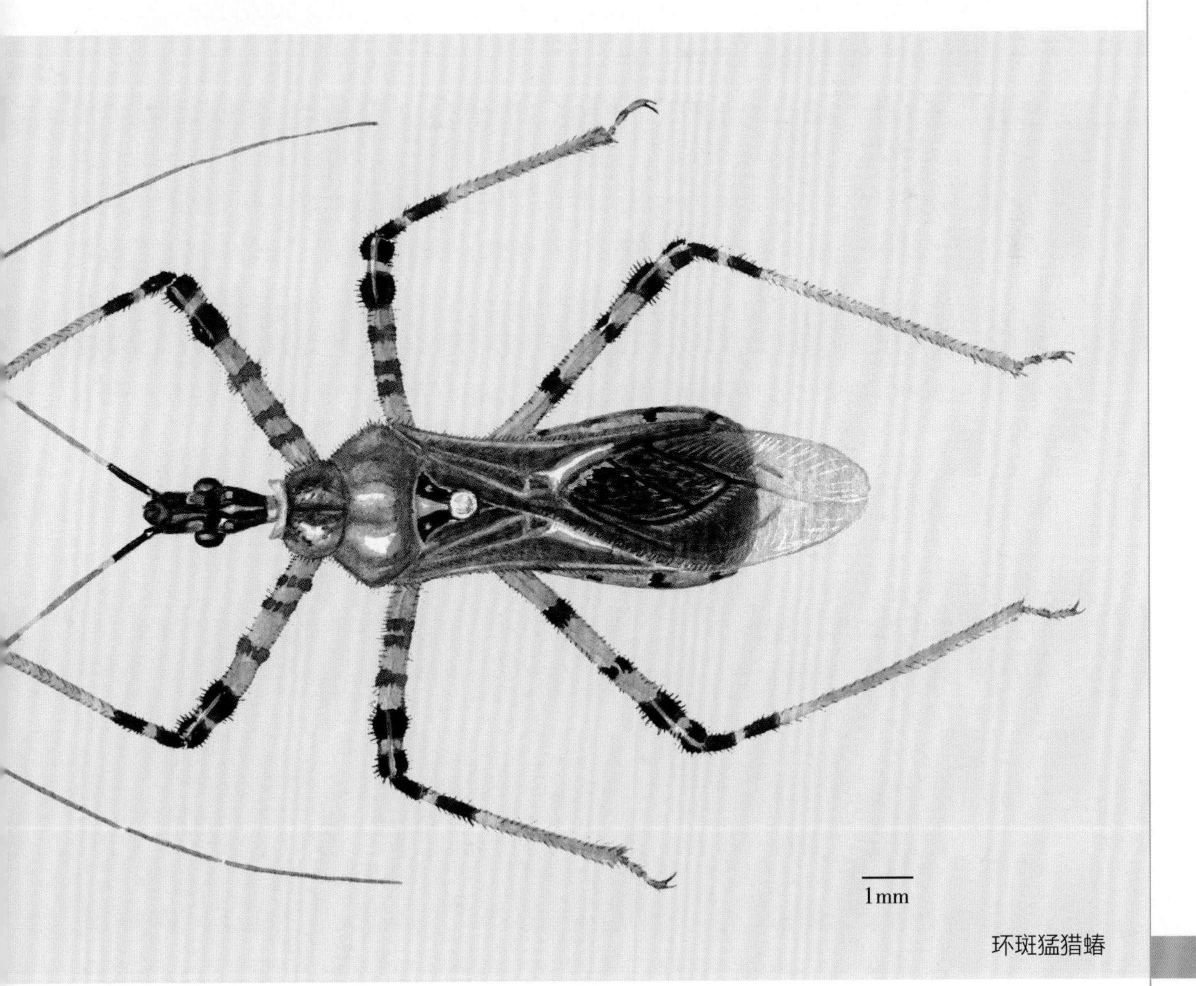

环斑猛猎蝽

黄纹盗猎蝽

【拉丁学名】*Peirates atromaculatus* Stål, 1870

Cleptocoris atromaculatus Stål, 1870: 69; Maldonado-Capriles, 1990: 347.

Pirates (*Cleptocoris*) *atromaculatus*: Stål, 1874: 58; Hoffmann, 1944: 29; Hsiao & Ren, 1981: 443.

Pirates atromaculatus: Lethierry & Severin, 1896: 124; Distant, 1902: 283; Distant, 1904: 301.

Pirates sinensis Walker, 1873: 114.

Pirates (*Cleptocoris*) *brachypterus* Horváth,1879:148; Lee & Kwon, 1991: 20.

Pirates brachypterus: Kanyukova, 1988: 872.

Cleptocoris brachypterus: Maldonado-Capriles, 1990: 348.

Peirates atromaculatus Stål: Putshkov & Putshkov, 1996: 177; Ren, 2009: 82.

【分类地位】半翅目猎蝽科 Redviidae

【形态特征】体长 15.0~16.2mm，腹宽 3.5~4.2mm。成虫黑色，光亮。复眼黄褐色至黑色；前翅革片中部具纵走带纹黄色至红褐色，膜区内室的小斑及外室的大斑均为深黑色；触角第 2~4 节、各足胫节端部及跗节黑褐色。头前部渐缩，向下倾斜；触角第 1 节超过头的前端，第 2 节约与前胸背板前叶等长；喙第 2 节伸过眼的后缘。前胸背板具纵、斜印纹；发音沟长型，雄虫发音沟约由 130 个横纹脊组成。具短翅型，尤其是雌虫居多；雄虫前翅一般超过腹末，雌虫前翅一般不达腹末。抱器阔三角形，末端膨大，左右两个略不对称；尾节突长，顶端钝；阳茎鞘背片第 3 突较钝，第 4 突呈腰刀状向上弯曲。

【生活习性】在山区、丘陵等处地表环境中栖息，捕食地面活动的昆虫等小型节肢动物。

【分布】河南 (辉县、许昌、鄢城)、辽宁、北京、陕西、山东、江苏、湖北、浙江、江西、四川、贵州、福建、广东、广西、云南、海南；俄罗斯，朝鲜，日本，印度，斯里兰卡，缅甸，印度尼西亚，菲律宾，越南。

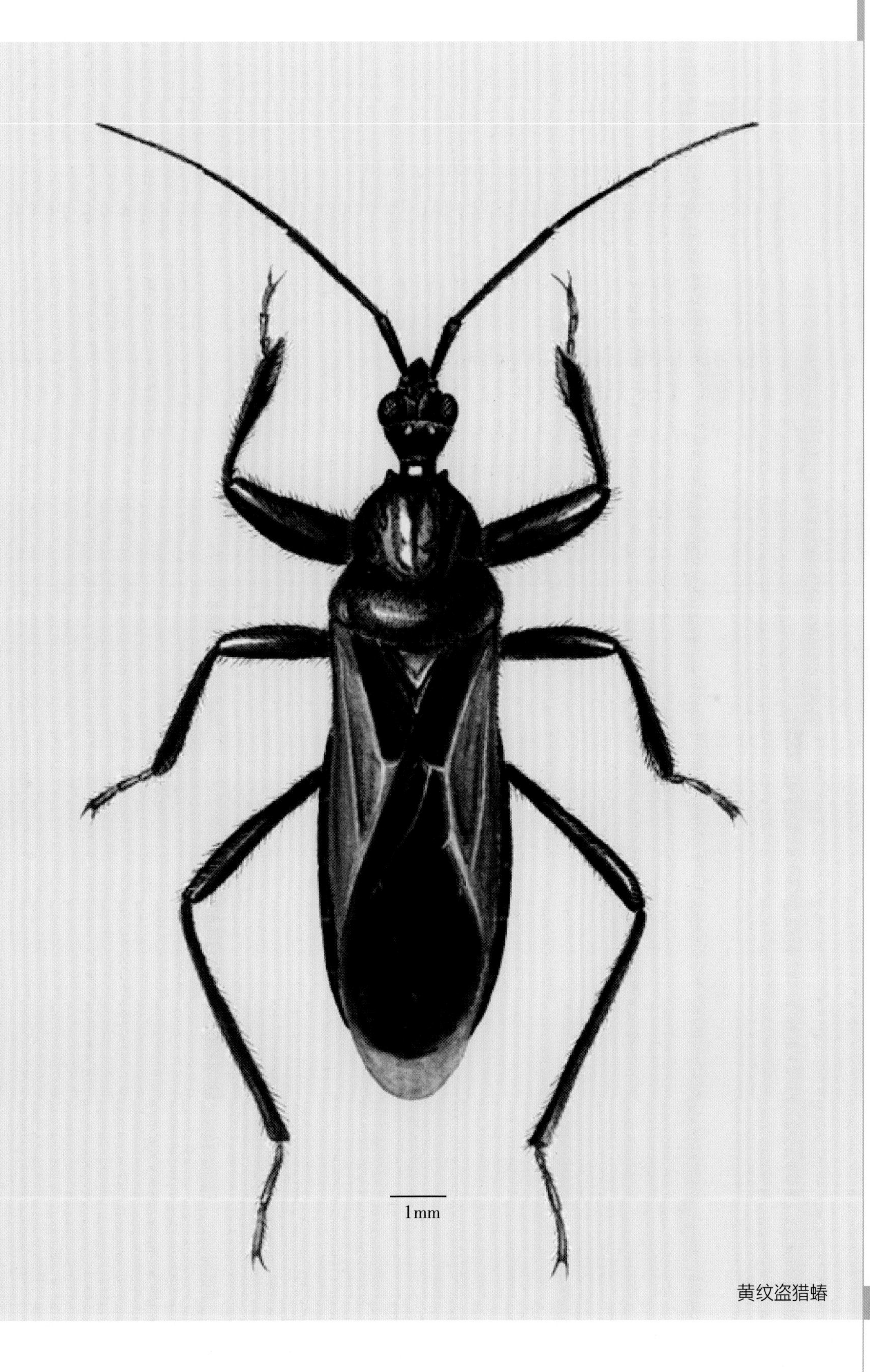

黄纹盗猎蝽

茶褐盗猎蝽

【拉丁学名】*Peirates fulvescens* Lindberg, 1939

Pirates fulvescens Lindberg, 1939: 123; Hoffmann, 1944: 39; Maldonado-Capriles, 1990: 364.

Pirates (Cleptocoris) fulvescens: Hsiao & Ren, 1981: 443.

Peirates fulvescens Lindberg: Putshkov & Putshkov, 1996: 177; Ren, 2009: 83.

【分类地位】半翅目猎蝽科 Reduviidae

【形态特征】体长 14.8~16.5mm，腹宽 3.4~3.7mm。成虫黑色，光亮。喙的第 3 节端半部、前翅革片 (除基部及端角外) 黄褐色；膜片灰色至浅黑色，内室端半部及外室 (除基部外) 深黑色；各足股节端部黑褐色。体被光亮的银白色及黄色短绒毛。触角第 1 节稍过头的前端，第 2~4 节各节几等长；喙基部两节较粗，端节逐渐变细，第 2 节伸达眼的后缘。前胸背板具纵、斜印纹；发音沟长型，约由 150 个横纹脊组成，中央及端部的脊间距较大，基部的脊间距较小。雄虫前翅超过腹末 1~2mm；雌虫长翅型前翅达腹末，短翅型仅达第 6 腹节背板的中部。抱器阔三角形，端部明显扩大，左右两个不对称，左抱器较狭窄；尾节突长，顶端较钝；阳茎鞘背片第 3 突尖、第 4 突呈钩状向上弯曲。

【生活习性】趋光。爬行迅速，喜在地表活动，以昆虫等小型节肢动物为食。

【分布】河南 (辉县、郾城、许昌、信阳)、辽宁、北京、天津、河北、山西、陕西、山东。

茶褐盗猎蝽

乌黑盗猎蝽

【拉丁学名】*Peirates turpis* Walker, 1873

Pirates turpis Wlaker, 1873:120; Lethierry & Severin, 1896: 127; Distant, 1902, 10: 284; Hoffmann, 1944, 10:29; Han & Zhang, 1978: 243.

Pirates (Cleptocoris) turpis: Hsiao & Ren, 1981: 443; Ren, 1987: 210; Lee & Kwon, 1991:20.

Pirates (Pirates) trupis: Wu, 1935: 461.

Pirates concolor Jakovlev, 1881: 213.

Pirates (Cleptocoris) moestus Reuter, 1881: 311.

Cleptocoris turpis: Maldonado-Capriles, 1990: 349.

Peirates turpis Walker: Putshkov & Putshkov, 1996: 178; Ren, 2009: 84.

【分类地位】半翅目猎蝽科 Reduviidae

【形态特征】体长 14.0~15.1mm，腹宽 3.2~3.8mm。成虫黑色，光亮。前翅灰褐色至浅黑色，膜区内室基部及外室大部分深黑色；喙的第 3 节端部、各足胫节端部及跗节黑褐色。头顶及身体的腹面被银白色短毛，触角稀疏生有黑褐色短毛。触角第 1 节超过头的前端，第 2~4 节几等长；喙第 1 节短粗，第 2 节最长，超过眼的后缘。发音沟长型，约由 150 个横纹脊组成，各脊结构简单，无规则突起；雄虫前翅超过腹末 1~2mm，雌虫前翅不达腹末；具短翅型。抱器阔三角形，左、右两个不对称，左抱器稍狭窄；尾节突长，顶端较尖；阳茎鞘背片背突尖锐，腹突向上弯曲。

【生活习性】趋光。猎物以鳞翅目幼虫为主。

【分布】河南（新安、许昌、新乡、焦作、修武、获嘉、安阳、渑池、禹州、平顶山、嵩县、信阳）、黑龙江、吉林、辽宁、北京、河北、山西、陕西、江苏、上海、湖北、浙江、江西、湖南、四川、贵州、福建、广西、海南；朝鲜，日本，越南。

乌黑盗猎蝽

黄足直头猎蝽

【拉丁学名】*Sirthenea flavipes* (Stål, 1855)

Rasahus flavipes Stål, 1855: 187.

Sirthenea flavipes: Stål, 1866: 252. ; Stål, 1872: 105; Stål, 1974: 57; Reuter, 1887: 156; Lethierry & Severin, 1896: 129; Distant, 1902: 286; Distant, 1904: 303; Oshanin, 1908: 540; Horvath, 1909: 358; Oshanin, 1912: 52; Okamoto, 1924: 63; Esaki, 1926: 167; Maruta, 1929: 325; Wu, 1935: 463; Yamada, 1936: 21; Ishihara, 1937: 728; Hoffmann, 1944: 33; Esaki, 1954: 248; Cai, 1956: 343; Miyamoto, 1956: 93; Miyamoto & Lee, 1966: 361; Han & Zhang, 1978: 244; Hsiao & Ren, 1981: 444; Zhang, 1985: 181; Ren, 1987: 211; Chen, 1989: 133; Li, 1990: 20; Cai & Lu, 1990: 87; Maldonado-Capriles, 1990: 372; Putshkov & Putshkov, 1996: 179.

Rasahus cumingi Dohrn, 1860: 407.

Sirthenea cumingi: Lethierry & Severin, 1896: 129.

Pirates strigifer Walker, 1873: 116.

Pirates basiger Walker, 1873: 117; Lethierry & Severin, 1896: 124.

Pharantes geniculatus Matsumura, 1905: 41.

【分类地位】半翅目猎蝽科 Reduviidae

【形态特征】体长 17.3~22.5mm，腹宽 3.1~4.2mm。成虫黑褐色，光亮。头、前胸背板前叶黄色至黄褐色；触角第 1 节、第 2 节基部及第 3 节（除基部外）、喙、革片基部、爪片两端、膜片端部、足、腹部侧接缘斑点、腹部基部及末端的色斑均为土黄色；腹部腹面中央黄褐色到红褐色；单眼周围及其前缘横缢黑色。头平伸，头的眼前部分显著长于眼后部分；触角第 1 节不达头的端部，第 2~4 节几乎等长；喙较细，第 2 节最长，略微超过眼的后缘。前胸背板前缘凹入，中央有纵纹，两侧具斜印纹；发音沟长型，雄虫发音沟约由 170 个横纹脊组成；前翅一般不超过腹部末端，仅个别雄虫的前翅超过腹末。

【生活习性】趋光。常见于稻田、棉田及玉米田，为重要的天敌资源之一。

【分布】河南（辉县、获嘉、延津、焦作、卢氏、漯河、郾城、许昌、汝州、周口、鲁山、平顶山、确山、新安、南召、内乡、桐柏、信阳）、陕西、甘肃、江苏、上海、安徽、湖北、浙江、江西、湖南、四川、贵州、福建、广东、广西、云南、海南；朝鲜，日本，越南，老挝，印度，印度尼西亚，斯里兰卡，菲律宾。

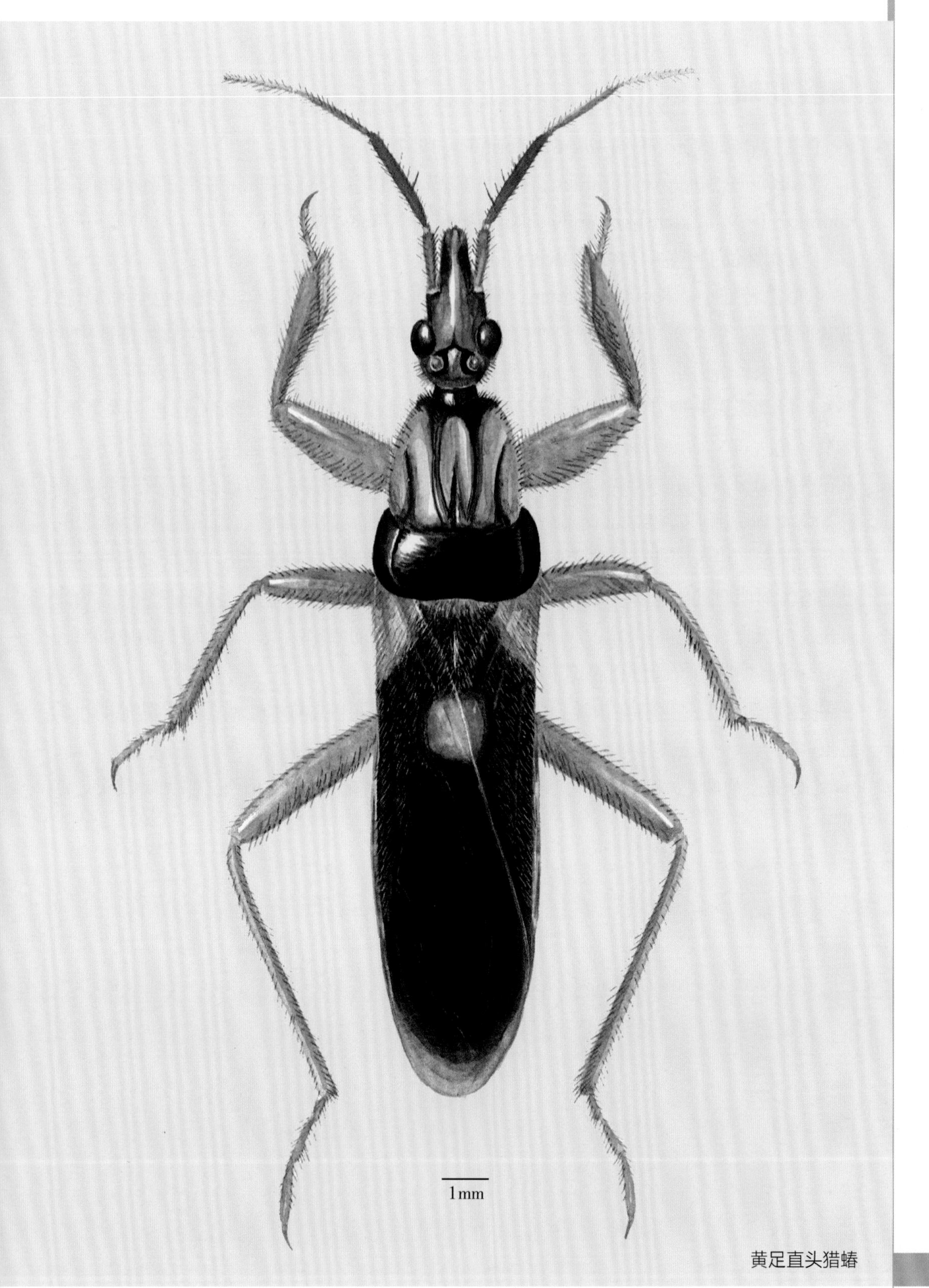

黄足直头猎蝽

华螳瘤蝽

【拉丁学名】*Cnizocoris sinensis* Kormilev, 1957

Cnizocoris sinensis Kormilev，1957: 67; Liu, 1981: 381, 1985: 175; Froeschner & Kormilev, 1989: 22; Putshkov & Putshkov, 1996: 182; Ren, 2009: 98.

【分类地位】半翅目猎蝽科 Reduviidae

【形态特征】体长 8.9~10.6mm，腹宽 3.40~4.90mm。成虫体色黄褐色至棕褐色；头背面两侧、触角第 1 节背面、雄虫第 4 节端半部、前胸背板侧角、小盾片基部中央斑、侧接缘各节后角及第 4 节全部黑褐色至黑色；眼及单眼红色；前胸背板前叶基部中央及后叶两条纵脊通常棕黑色；革片端部、前翅膜片、腹部末端背面暗棕色至褐黑色；雌虫触角大部、前胸背板后叶、革片的纵脉、有时腹部末端棕红色；前翅革片 (特别是在久存的标本中) 前缘灰白色。成虫触角第 1 节圆筒形，第 2 节近柱形，第 3 节棍棒形，第 4 节纺锤形；喙基部两节较粗壮，端节较尖细。前胸背板前角较尖，向前突出，前叶稍凸起，中央深凹，后叶具褐黑色刻点，侧角尖齿状向两侧突出，前叶和后叶的亚侧部有 1 对明显的纵隆；小盾片长三角形，端部钝圆，基部略隆起，中部具刻点，边缘有光滑的纵脊；前翅略微超过腹部末端。腹部具明显的雌雄二型现象，雄性的腹部窄椭圆形，雌性的腹部近圆形；腹部末端中央稍凹入。

【生活习性】多生活在山地丘陵地区，喜欢伏在花上或灌木枝梢上捕食其他弱小的昆虫。

【分布】河南 (灵宝、栾川、辉县)、北京、内蒙古、河北、山西、陕西、甘肃、江苏。

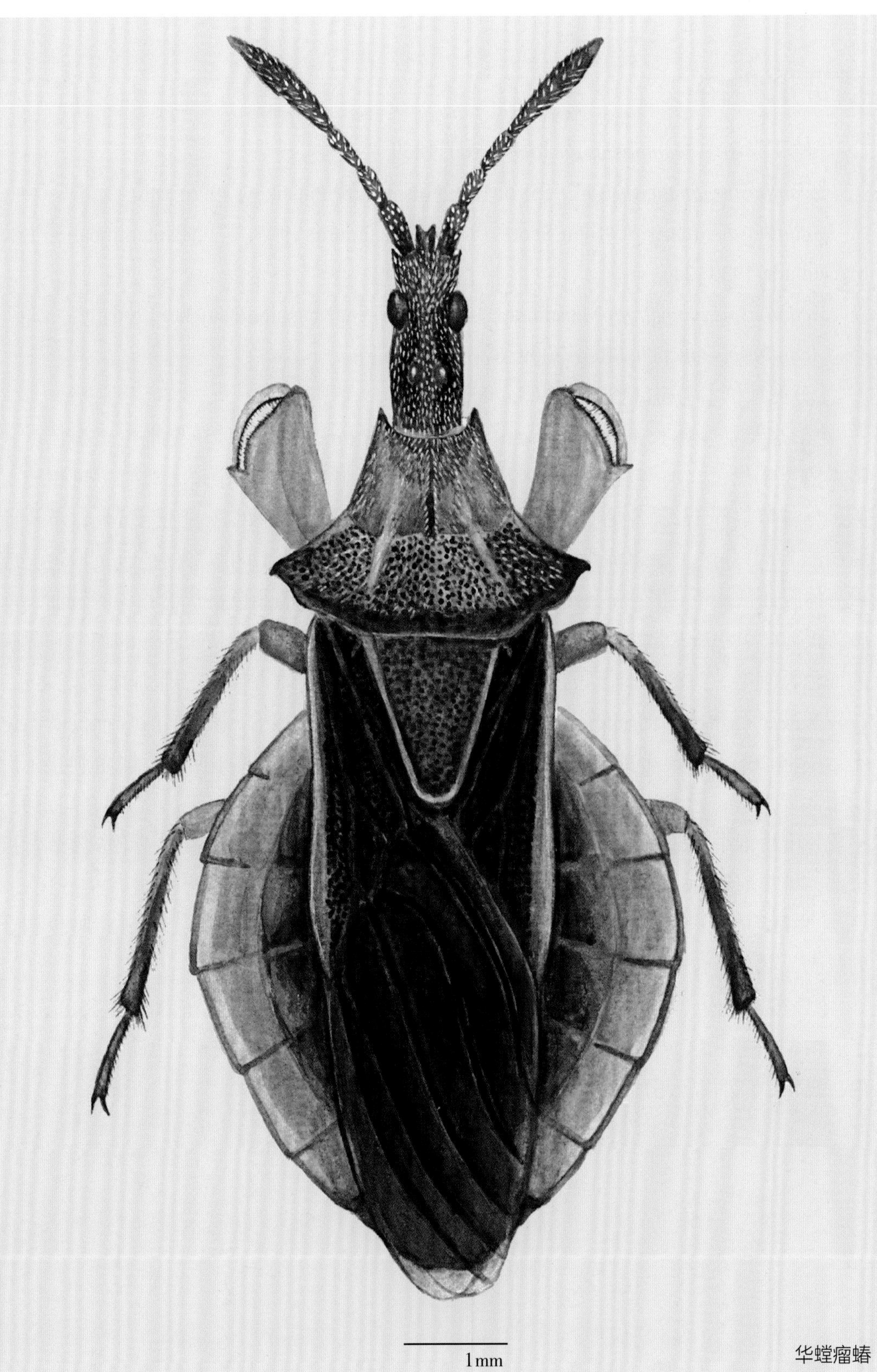

华螳瘤蝽

淡带荆猎蝽

【拉丁学名】*Acanthaspis cincticrus* Stål, 1859

Acanthaspis cincticrus Stål, 1859b: 188; Putshkov & Putshkov, 1996: 186.

Acanthaspis humeralis (non Scott, 1874): Matsumura, 1905: 27. Misidentification (see Matsumura, 1930: 24).

Acanthaspis albovittata Matsumura, 1907: 141 (syn. Matsumura, 1931: 1206).

Acanthaspis cincticus: Ren, 2009: 87[misspelling].

【分类地位】半翅目猎蝽科 Reduviidae

【形态特征】体长 13.0~17.3mm，腹宽 3.5~5.6mm。成虫体色黑褐色至黑色。复眼褐色至褐黑色。前胸背板侧角刺及基部的斑、后叶中部的两个斑（有时 2 斑相连）、侧接缘各节端部 1/2、各足股节及胫节上的环纹、第 3 跗节基部浅黄色至黄色；革片前缘端部 2/3、膜区（除翅脉黑色外）浅褐色至灰黑色；革片上的斜带白色至黄白色。成虫身体腹面被淡色、长短不一的闪光毛；头的背面密被短的淡色平伏毛；头的背面、前胸背板前叶、小盾片散生褐色长刚毛；各足股节腹面密被黄褐色长短不一的细毛和稀疏的褐色长刚毛。头的眼前区短，约与眼后区等长；触角第 1 节约等于眼加眼前区之长；颊较圆鼓；触角瘤前面较隆起；单眼之间隆起。领端突发达，瘤状；前胸背板横缢位于近中部，前叶具显著的瘤状突起；后叶具皱纹，前部中央具 1 凹陷，侧角刺状，后缘中部近平直；发音沟长，约有 120 个横纹脊，沟基部的脊间距小，中后部脊间距大；小盾片中后部中央凹陷，端刺粗；雌虫一般为短翅型，其前翅仅达第 5 或第 6 腹节背板中部；雄虫前翅近达腹部末端。侧接缘第 2 节后角略突出。

【生活习性】若虫喜食蚂蚁，常可在蚁巢附近发现，并且有伪装行为，将吸食剩余的蚁壳、混杂土粒、草梗等黏附于体背。

【分布】河南（辉县、延津、修武、偃师、许昌、新安、南阳、信阳、鸡公山）、辽宁、内蒙古、北京、河北、山西、陕西、甘肃、山东、江苏、安徽、浙江、江西、湖南、贵州、广西、云南；朝鲜，日本，印度，缅甸。

淡带荆猎蝽

黑腹猎蝽

【拉丁学名】*Reduvius fasciatus* Reuter, 1887

Reduvius fasciatus Reuter, 1887: 159; Putshkov & Putshkov, 1996: 197; Ren, 2009: 88.

Reduvius fasciatus var. *limbatus* Lindberg, 1939: 121.

【分类地位】半翅目猎蝽科 Reduviidae

【形态特征】体长 13.5~16.5mm，腹宽 3.0~5.1mm。成虫黑褐色至黑色。复眼灰褐色至黑褐色。前胸背板后叶（除有的个体后叶中部与前叶相连的部分黑褐色外）、前翅革片前缘、膜区基部 1/3 处的横带暗黄色；喙、触角各足暗褐色至黑褐色。身体腹面被长短不一的黄白色闪光毛，头的背面、前胸背板、小盾片、各足股节及胫节被褐色直立长毛；革片上具弯曲的褐色毛。头的眼前区约为眼加眼后区之长；喙第 2 节为第 1 节的 1.5 倍，触角第 1 节略短于眼加眼前区之长；前唇基近基部有一明显的凹陷；横缢中部前方具深凹；单眼间距近 2 倍于单眼直径。领端突较发达，向两侧突出；前胸背板前叶印纹不明显，中央纵沟中后部较宽；后叶略长于前叶，中央及两侧具纵凹，具明显的皱纹；侧角圆，后缘略凹；发音沟长型，约由 110 个横纹脊组成；小盾片中后部凹，端刺上翘；雌虫短翅型前翅仅达第 7 腹节背板中部，雄虫前翅显著超过腹部末端。抱器顶端几呈直角状弯曲；尾节突较长，顶端圆钝。阳茎鞘基片端部膨大，基片桥位于基片近中部，基片延颈较短宽。阳茎鞘仅背面末端较为骨化，腹面中后部具褐色纵线；阳茎鞘支片两片在中部相互靠近；内阳茎体结构较简单。雌性外生殖器：第 8 腹节背板后缘向后凸出，前缘基部两侧有两个小凹陷；第 9 腹节背板中央略隆起，两侧稍凹，后缘向前凹入；第 10 腹节背板相对较大。第 1 载瓣片发达，表面具皱纹，后角圆钝，两片端部分离；第 1 产卵瓣长片状，顶端尖，尾瓣长，向后伸出。

【生活习性】栖息于灌木丛中，取食小型节肢动物。

【分布】河南（济源、鸡公山、信阳）、北京、内蒙古、陕西、甘肃、山东、四川。

黑腹猎蝽

双刺胸猎蝽

【拉丁学名】*Pygolampis bidentata* (Goeze), 1778

Cimex bidentata Goeze, 1778: 243.

Pygolampis bidentata Hsiao,1977: 69; Hsiao et al.,1981: 474; Putshkov & Putshkov, 1996:219; Ren, 2009: 85.

【分类地位】半翅目猎蝽科 Reduviidae

【形态特征】体长 14.1mm，腹宽 2.8mm。成虫体色棕褐色，具有不规则浅色或暗色斑点；触角褐色；头部腹面、单眼外侧斑点和前翅膜片上不规则斑点浅色；头部、前胸背板突起部分和革片被有浓密白毛；头顶、复眼、眼后两侧和小盾片黑色；腹部腹面暗黄色；各足股节端部、前足和中足胫节端部及亚中部环纹、腹部侧接缘各节基部及顶端均具褐色斑块。

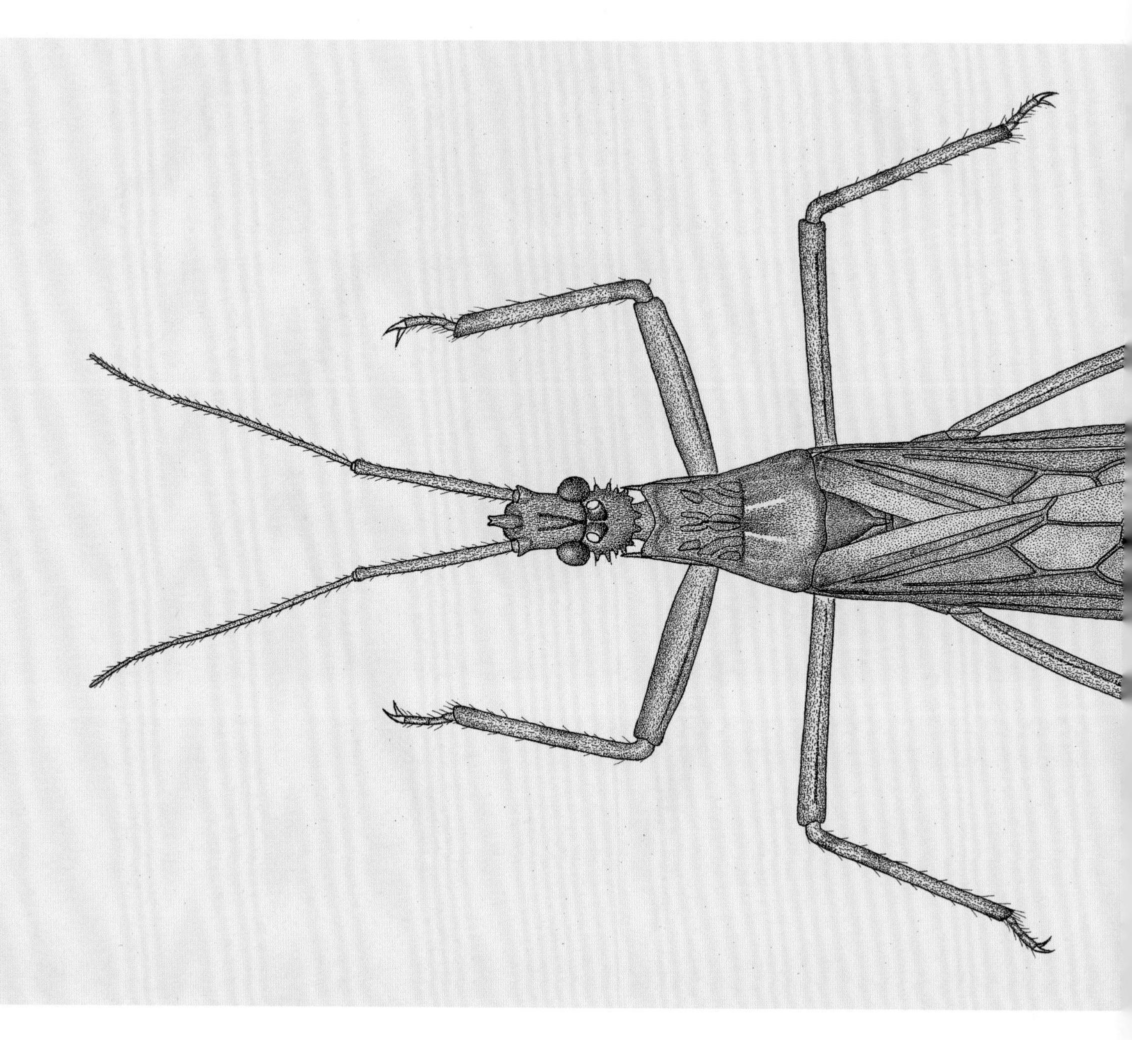

结构中型；身体密被浅色短毛，形成一定的花纹；触角具毛，第 1 节稍粗，内侧具有 1 列长斜毛，第 2 节最长，被有长毛；头部横缢前部长于后部，前部具有呈反箭头状“V”形光滑条纹，后部具有中央纵沟；头的腹面凹陷；复眼前部两侧下方密生顶端具毛的小突起，复眼后部具有分支的棘，棘的顶端具毛；复眼圆形，向两侧突出，单眼突出，位于横缢后部的前缘，两个单眼之间的距离大于各单眼与其相邻的复眼之间的距离；前胸背板前叶和后叶分界不明显，前叶长于后叶，后叶中央凹沟显著，两侧具光滑短纹，后叶后方稍向上翘，侧角呈圆形，向上突起；前翅达第 7 腹节亚后缘，但不超过腹部末端，膜片具有不规则斑点；前中足胫节亚中部及两端具褐色环纹；腹部第 7 背板两侧向后突出，前翅不达腹部末端。

【生活习性】成虫趋光，以小型节肢动物为食。

【分布】河南 (辉县、新乡、焦作、修武、许昌、禹县)、黑龙江、北京、河北、山西、陕西、山东、湖北、广西、四川、新疆；本种广泛分布于欧洲。

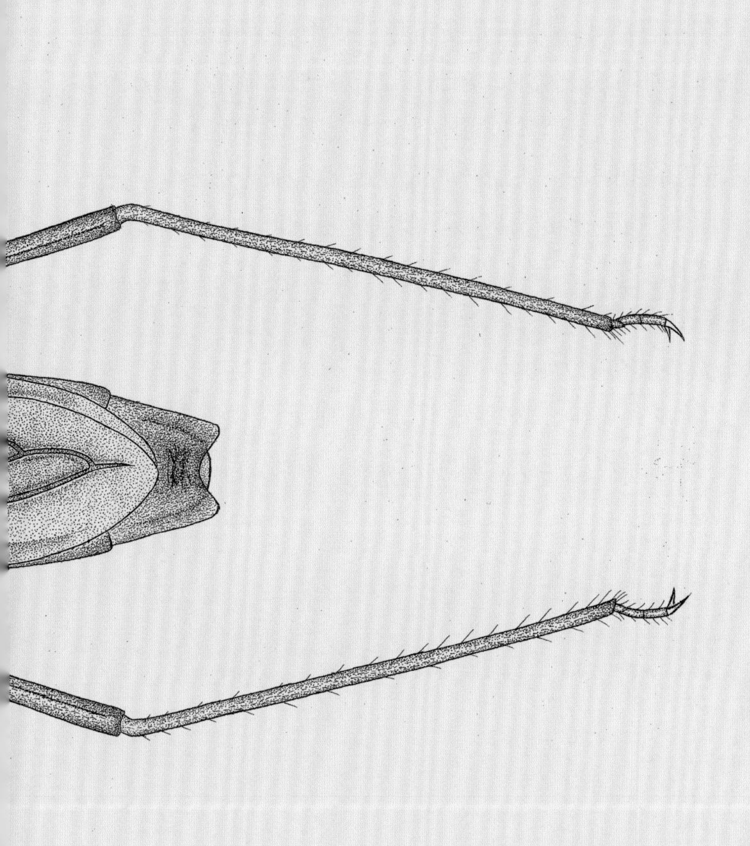

双刺胸猎蝽

污刺胸猎蝽

【拉丁学名】*Pygolampis foeda* Stål, 1859

Pygolampis foeda Stål, 1859: 379; Stål, 1870: 699; Stål, 1874: 85; Lethierry & Severin, 1896: 82; Faun. 1903: 223; Kirk., 1908: 369; Bergr., 1921: 86; China, 1940: 251; Hoffamann, 1944: 4; Hsiao et al., 1981: 475; Ren, 1987: 224; Putshkov & Putshkov, 1996: 220.

【分类地位】半翅目猎蝽科 Reduviidae

【形态特征】体长 16.9mm，腹宽 2.6mm。成虫褐色至暗褐色，有一些不规则浅色斑点。触角第 1 节、各足股节散布大小不一的白色小斑；复眼、喙末节、中胸腹板两侧的光滑纵纹黑色；喙第 1 节端部内侧、第 2 节大部、中足胫节两端及中部、后足胫节两端及中部黑褐色至褐黑色；小盾片、各足股节端部、腹部腹面中部及气门黑褐色；喙第 1 节大部，各足转节及胫节基部，前足、中足胫节上的淡色环淡黄色至黄褐色；前翅膜区外室具有 2 个明显的白色斑；侧接缘第 4~6 节后角灰黄色。体中型，长梭形；密被黄色平伏短毛；触角第 1 节腹面具 1 列刺状长刚毛，触角第 2 节具细长刚毛，第 3、第 4 两节具细短刚毛；喙末节端部、各足胫节端部具短粗刚毛；前足股节腹面及胫节腹面具浓密的短毛；各足跗节腹面具较长的细刚毛。头后叶侧面及后部背面具分叉或不分叉的突，指突顶端具刺；头前叶背面具“Y”形光滑区域。前胸背板前叶中央凹陷较深，两侧具对称的印纹；侧角圆钝并略向上鼓，后缘外凸；前翅不达腹末。第 7 腹板后角突出，后缘弧凹。上生殖片的中突长、内弯。

【生活习性】成虫趋光，以小型节肢动物为食。

【分布】河南（辉县、许昌、新乡、焦作、修武）、辽宁、陕西、上海、江西、湖南、湖北、四川、广东、广西、云南、贵州、江苏、浙江、海南；缅甸，印度，斯里兰卡，印度尼西亚，日本，澳大利亚。

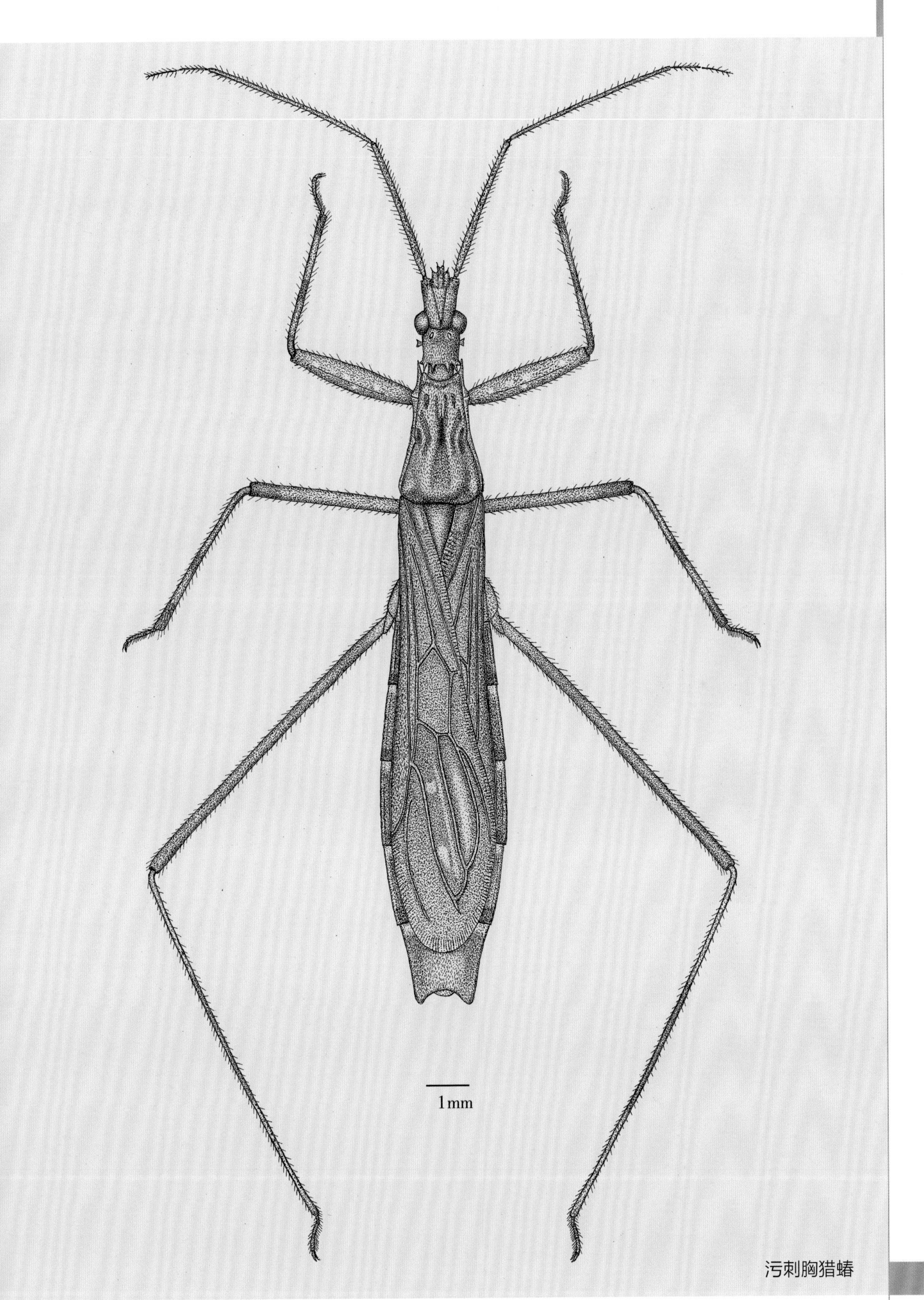

污刺胸猎蝽

瓦绒猎蝽

【拉丁学名】*Tribelocephala walkeri* China, 1940

Tribelocephala walkeri China 1940: 208; Hsiao & Ren 1981: 408; Putshkov & Putshkov, 1996: 226

【分类地位】半翅目猎蝽科 Reduviidae

【形态特征】体长 12.7~14.7mm，腹宽 4.2~4.9mm。成虫体深棕褐色至黑色。触角第 2~8 节、喙端半部及跗节淡黄褐色；前翅外室基横脉、革片顶端、爪片亚顶端处 R 脉斑为浅黄色。体表密被弯曲短棉毛，杂以浓密细长刚毛；前翅仅革区前缘被毛。头部唇基由头顶呈长刺状向前延伸；喙第 1 节达眼中部，第 2 节略短于第 1 节，第 1 节与第 2、第 3 节之和约等长；触角第 1 节粗壮，约等长于头部，第 2 节较细，长度是第 1 节的 2/3，第 3~8 节纤细。前胸背板表面粗糙，较扁平；前叶短于后叶，中纵沟明显，两侧较圆鼓；后叶中纵部略凹，侧角圆，后缘略凹入，后角圆；后侧缘略向上翘折。前翅宽大，前缘骨化强；雄虫前翅近达腹部末端，雌虫前翅不达腹部末端；前翅具 2 个大翅室，翅室翅脉外缘具多个分叉细脉。

【生活习性】栖息于灌木丛中，以小型节肢动物为食。

【分布】河南（新乡）、陕西、贵州、广西、广东、云南。

瓦绒猎蝽

蠋蝽

【拉丁学名】*Arma chinensis* Fallou, 1881

Arma chinensis Fallou, 1881: 340; Zhang et al., 1985: 67; Hsiao, 1977: 86; Yang, 1997: 190; Thomas, 1994: 165; Rider & Zheng, 2002: 108; Rider, 2006: 236.

Arma discors Jakovlev 1902: 64.

Auriga discors: Kir kaldy 1909: 15.

Auriga chinensis: Kirkaldy 1909: 15.

Auriga peipingensis Yang 1933: 21.

【分类地位】半翅目蝽科 Pentatomidae

【形态特征】体长 10.0~14.5mm，宽 5~7mm。成虫体色变异较大，常见为黄褐色或黑褐色，腹面淡黄褐色。复眼红褐，略外突，单眼红褐，位于复眼内下侧；头下方浅黄褐，刻点浅色，触角红褐色略带黄色；喙 4 节，黄褐，各足淡褐色；胸部侧板黄褐，布黑刻点，前胸、中胸侧板中央有 1 小黑斑；触角第 3、第 4 节为黑色或部分黑色，前胸背板前侧缘的白边内侧具黑色刻点，前翅革片侧缘具浓密黑色刻点，节缝处黑色，各节前后端常各有 1 小黑斑，足股节具细小黑点；密被深色刻点。膜片白，透明，具 8~9 条纵脉纹，胸部腹板黄褐，中胸、后胸腹板中央具低的纵脊；足黄褐，布浅色刻点，爪黄褐。腹部腹面淡黄或黄褐，基部中央无突起，各节两侧基部中央有 1 小黑斑；气门黑。侧接缘黄黑相间。成虫椭圆形。密布深色细刻点。头侧叶与中叶等长或稍长于中叶，侧叶顶端钝圆，侧缘凹，靠眼上方略外突，中叶后端稍鼓，具隐约可见的横皱纹；触角 5 节；前胸背板前侧缘常具很狭窄的白边，两侧缘前半部具细齿。前胸背板中部具隐约可见的横缢，纵中线可见，前缘内凹，前侧缘具窄的浅色边，呈细锯齿状，侧角钝圆，上翘，暗色，后缘直，后角尖，达爪片外缘。小颊下缘平直，具 1 列刻点，短于喙第1节；喙伸达后足基节处，小盾片侧缘中部内凹，顶端钝，基角处凹，纵中线清晰；前翅基部窄于前胸背板，顶角长于小盾片末端，端缘直；前胸背板稍鼓，前缘直，中胸、后胸侧板正常；臭腺孔明显，臭腺沟长，顶端上翘，中部具黑斑。

【生活习性】山东、山西、内蒙古一年 1 代，以成虫在杂草根部、石块、土缝下以及向阳面的树皮裂缝内过冬。翌年 5 月上旬、中旬开始活动，在小麦、春玉米等作物上觅食，7 月下旬大多转移到棉花、大豆等作物上，并交配、产卵。8 月初是产卵的高峰季节，8 月下旬孵化，10 月中旬成虫开始向冬麦田、杂草等处转移越冬。成虫羽化后，一般 4~5d 就可交尾，卵一般产于叶片正面，常十几粒排列在一起。初孵若虫，先在卵壳附近叶面上静伏不动，第二天才开始四处爬行，觅食活动。此虫是一种有益的捕食性蝽类，幼龄若虫主要捕食蚜虫，3 龄后则主要捕食鳞翅目幼虫，如棉铃虫、大豆造桥虫等，常将口器刺入幼虫体内，吸尽体液，使寄主只剩一个空壳。

【分布】河南（新乡、延津、安阳、郑州、兰考、偃师、禹县、汝阳、舞阳、新野、信阳、嵩县、栾川）、北京、黑龙江、吉林、辽宁、内蒙古、河北、山西、江苏、浙江、安徽、福建、江西、山东、湖北、湖南、四川、贵州、云南、陕西、甘肃、新疆；俄罗斯（西伯利亚），日本，中亚，欧洲。

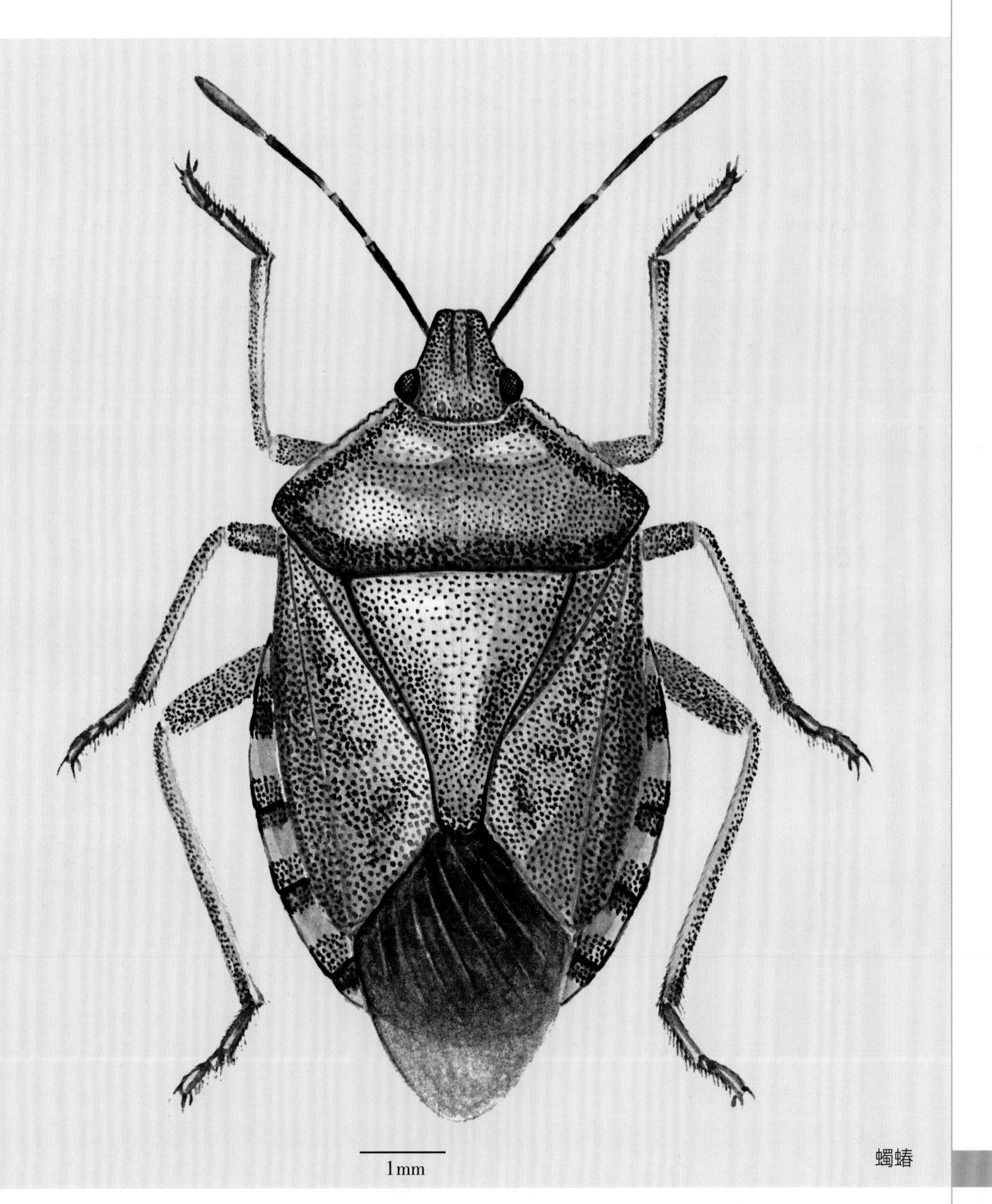

蠋蝽

蓝蝽

【拉丁学名】*Zicrona caerulea* (Linnaeus, 1758)

Cimex caeruleus Linnaeus, 1758: 445; Wolff, 1800: 18.

Zicrona caerulea: Sahlberg, 1848: 19; Fieber, 1861: 346; Douglas et Scott, 1865: 88; Mulsant et Rey, 1866: 360; Stål, 1870: 36; Saunders, 1875: 123; Reuter, 1880: 80; Reuter, 1880: 132; Puton, 1881: 82; Saunders, 1892: 36; Distant, 1902: 255; Oshanin, 1906: 100; Schouteden, 1907: 47; Kirkaldy, 1909: 17; Lefroy, 1909: 677; Kirkaldy, 1910: 105; Kweshaw et Kirkaldy, 1909: 333; Feytaud, 1913: 90; Picard, 1913: 86; Matsumura, 1913: 122; Kolosov, 1914: 81; Bogoyavlenskaya, 1915: 51; Van Duzee, 1917: 81; Feytaud, 1917: 33~42; Hart, 1919: 202; Butler, 1923: 73; Parshley, 1923: 776; Feytaud, 1924: 66~73; Bouclier-Maurin, 1924: 415~416; Blatchley, 1926: 203; Bonnefoy, 1926: 369; Esaki, 1926: 151; Picard, 1926: 177; Horvath, 1929: 329; Garcia Lopez, 1930: 145; Baker, 1931: 210; Hoffmann, 1932: 141; Hoffmann, 1932: 7; Wu, 1933: 225; Yang, 1934: 76; Yang, 1934: 112; Yang, 1962: 58; Zhang et al., 1985: 68; Hsiao, 1977: 87; Rider & Zheng, 2002: 112; Rider, 2006: 246.

Pentatoma coeruleum: Hahn, 1834: 65.

Pentatoma concinna: Westwood, 1837: 39.

Zicrona illustris: Amyot et Serville, 1843: 86.

Entatoma violacea: Westwood, 1837: 39.

Asopus violacea: Kolenati, 1846: 162; Gorski, 1852: 114.

【分类地位】半翅目蝽科 Pentatomidae

【形态特征】体长 6~9mm，宽 4~5mm。成虫体色蓝色、蓝黑或紫蓝色，有光泽，密布同色刻点。触角、喙蓝黑色；前翅膜片棕色；足与体同色。体椭圆形。头略呈梯形，中叶与侧叶等长，触角 5 节。喙 4 节，末端伸达中足基节后缘。前胸背板侧角圆，微外突。小盾片三角形，端部圆。前翅膜片长于腹末。侧接缘几不显露。雌虫腹板粗糙，雄虫则较光滑。

【生活习性】江西南昌一年发生 3~4 代，以成虫在田边、沟边杂草和土隙等处越冬。翌年春 3 月下旬至 4 月上旬外出，5 月上旬开始产卵，5—9 月，田间各态均有，世代重叠。10 月下旬至 11 月上旬仍能采到少量高龄若虫，此后若尚未羽化，则被冻死。在广东中部地区，也以成虫过冬，早稻、晚稻在抽穗灌浆期，虫数较多。此虫捕食菜青虫、眉纹夜蛾、黏虫、斜纹夜蛾、稻纵卷叶螟的幼虫，也见为害稻及其他植物，因此本种在农业上既有益处，也有一些害处。

【分布】河南（辉县、新乡、商水、郸城、郾城、许昌、登封、鲁山、栾川、西平、泌阳、宜阳、嵩县、固始、信阳、鸡公山）、全国其他各省（除西藏、青海外）均有；日本，缅甸，印度，马来西亚，印度尼西亚，欧洲，北美洲。为古北、新北、东洋区系共有种。

蓝蝽

厉蝽

【拉丁学名】*Eocanthecona concinna* (Walker, 1867)

Canthecona concinna Walker, 1867: 131.

Contheconidea concinna: Schouceden, 1907: 45; Kirkaldy 1910: 104; Hoffmann, 1932: 7; Wu, 1933: 216; Yang, 1934: 101; Yang, 1962: 60; Hsiao, 1977: 84; Zhang, et al., 1995: 29.

Eocanthecona concinna: Miyamoto 1965: 229; Thomas, 1994: 175; Rider & Zheng, 2002: 110; Rider, 2006: 240.

【分类地位】半翅目蝽科 Pentatomidae

【形态特征】体长 10.0~14.0mm，宽 5.5~8.0mm。成虫体色黄褐色，具金绿色成分，被粗密黑褐色刻点。复眼、小盾片基角近端部两侧黑褐色，前翅单革片中后部中央具 1 黑褐色斑；触角第 4、第 5 节端半黑色，前翅膜片黑色，第 7 腹节中央具黑色斑；单眼红色；触角、头中部、喙、脸面、胸部及腹部中区、足黄褐色；头下侧缘、小盾片基角外缘金绿色，脸面、胸部及腹部侧区有金绿色斑；前翅侧接缘黄黑相间，黑色部分常带金绿闪光。小盾片基角具 1 光滑黄色斑，小盾片基角端部黄色，前翅近端部两侧具 1 黄白斑。体长椭圆形。头前端宽阔，侧叶与中叶等长，复眼突出；喙伸过后足基节；前胸背板前角状，前缘内凹，前侧缘前半具瘤状突，后半光滑，内凹，侧角伸出，末端呈叉状钝齿，两齿几等长；膜片伸出腹末；前足腹节外侧强烈扩展成叶状。雄虫腹部腹面第 4、第 5 节侧区有长方形的“绒毛区”，宽约为腹一侧的 1/3。卵盖中央具灰色圆圈；卵初产时淡黄色，后渐变黑褐色。短圆筒形，卵盖外缘有 10 余个刺突状的精孔突。卵长 0.8~1.0mm，宽 0.6~0.7mm。1 龄若虫头部、胸部、喙、腹部中央及侧缘横斑黑褐色，其余黄褐色；短椭圆形；长 1.2mm、宽 1.0mm。2 龄若虫形似 1 龄；长 2.4mm，宽 1.3mm。3 龄若虫体色稍深；长 3.5mm，宽 2.4mm。4 龄若虫头前半、触角、中后胸、足及腹部黑色，具金绿成分，其余黄色；翅芽伸达第 1 腹节；长 1.5mm，宽 4.0mm。5 龄若虫前胸背板橙黄色，腹背底色黄，其余为金绿黑色；翅芽伸达第 4 腹节；长 4.5mm，宽 5.5mm。

【生活习性】在广州地区 1 年 7 代，世代重叠，无真正冬眠现象。1 龄若虫只取食植物汁液，2 龄以后捕食各类昆虫的幼虫，也兼食少量植物汁液。此虫是重要的农林害虫天敌昆虫，捕食多种刺蛾、斑蛾、夜蛾、菜粉蝶、毒蛾、枯叶蛾等鳞翅目幼虫和樟叶蜂的幼虫，也捕食蚜虫。

【分布】河南（辉县、汝州）、广西、四川、贵州、福建、台湾、云南、广东、海南；越南。属东洋区系。

厉蝽

黑厉蝽

【拉丁学名】*Eocanthecona thomsoni* (Distant, 1911)

Cantheconidea thomsoni Distant, 1911: 351; Yang, 1962: 61; Yang, 1997: 190; Zhang et al., 1995: 30.

Eocanthecona thomsoni: Thomas, 1994: 178; Rider & Zheng, 2002: 110; Rider, 2006: 240.

【分类地位】半翅目蝽科 Pentatomidae

【形态特征】体长 12.5~15mm，宽 6~7mm。成虫体色较深，常为黑褐色。头、前胸背板前部、侧角、小盾片周缘及身体下方的一些斑点常具金绿色光泽。小盾片侧角有 1 小黄斑，小盾片末端宽阔地黄白色。前足股节背侧及胫节黑褐，胫节中段无淡色环；中足、后足股节末端及胫节基部黑褐，胫节中段淡色。体较狭，前胸背板侧角较尖，前侧缘颗粒状。前足胫节外侧叶状扩展部分较宽，其边缘弧度较大。

【生活习性】以小型节肢动物为食。

【分布】河南（林州、内乡）、黑龙江、河北、浙江、湖北、江西、福建、四川、贵州。

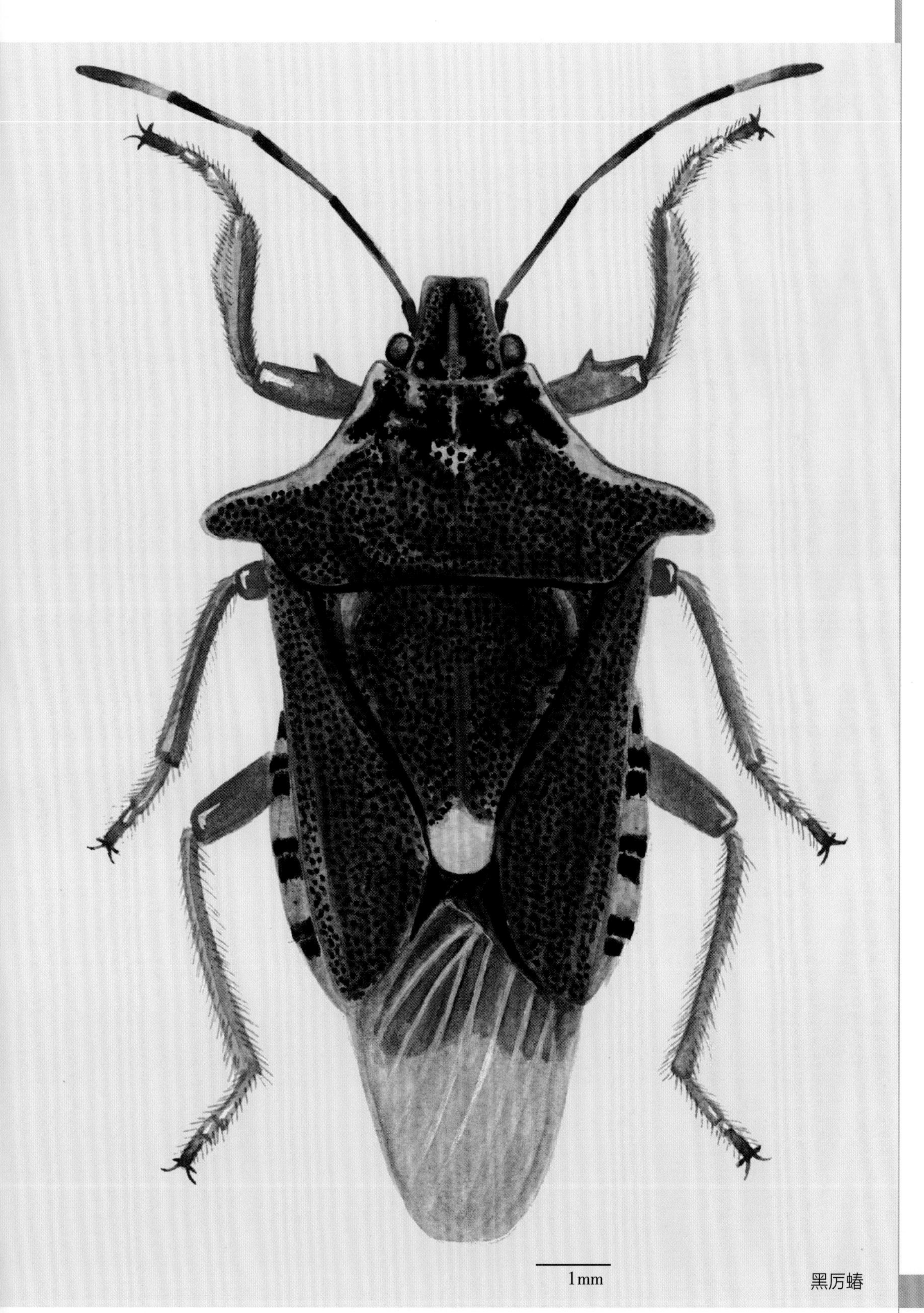

黑厉蝽

益蝽

【拉丁学名】*Picromerus lewisi* Scott, 1874

Picromerus lewisi Scott, 1874: 293; Oshanin, 1906: 155; Schouuteden, 1907: 25; Hoffmann, 1932: 7; Yang, 1934: 103; Yang, 1962: 62; Zhang et al., 1985: 66; Hsiao, 1977: 84; Yang, 1997: 191; Rider & Zheng, 2002: 111; Rider, 2006: 243.

Cimex lewisi: Kirkaldy, 1909: 5.

【分类地位】半翅目蝽科 Pentatomidae

【形态特征】体长 11.0~16.0mm，腹宽 6.9mm。成虫体色多灰褐色，具粗密棕或黑色刻点。触角褐色，第 3~5 节端半部常暗棕红色，单眼周围有显著黑色斑。喙 4 节，浅褐色，第 1 节粗壮，端节色暗，小盾片长三角形，基角具深刻斑，内侧常有 1 浅色斑，端角光滑，橘黄色或黄白色。前翅略超过腹端，膜片淡棕色，几透明，翅脉较凸突，色暗。胸侧板具显著粗黑刻点。足有暗棕色斑，前足股节近端部内侧，有一明显刺突，胫节外侧不扩展，近中央内侧生有一束密长毛。腹部侧缘光滑，侧接缘中部褐色，有时甚窄，其基部和端部均黑色。第 7 腹节腹板有 1 黑色大斑。本种外形接近于黑益蝽（黑缘蝽）（*P. griseus*），但后者前胸背板侧角明显呈二叉形，其末端不尖锐，且侧接缘均为暗棕色，可以区别。体椭圆形，雌虫腹部较宽圆，雄虫腹部稍窄缩。头几长方形，侧叶与中叶等长，侧缘中央明显向内弯曲。喙伸达后足基节后端。前胸背板侧缘粗锯齿状，其外边似有淡色窄缘，侧角延伸呈角或刺形，其长度常有较大变异，但边缘尚光滑，偶有其后缘近末端呈 1 小突起者，然而决不为二分叉状。

【生活习性】多捕食鳞翅目幼虫。

【分布】河南（许昌、嵩山、信阳、鸡公山）、北京、河北、山西、山东、辽宁、吉林、黑龙江、江苏、浙江、安徽、福建、江西、湖北、湖南、四川、贵州、广东、广西、陕西、新疆、云南、西藏；朝鲜，日本。属古北区系。

益蝽

华姬蝽

【拉丁学名】*Nabis (Nabis) sinoferus* Hsiao, 1964

Nabis sinoferus Hsiao, 1964: 234; Hsiao & Ren, 1981: 558; Yu et al., 1993: 106; Shen et al., 1993: 36.

Nabis (*Nabis*) *sinoferus*: Kerzhner, 1981: 271; Kerzhner, 1996:104; Ren, 1998: 49; Ren & Wu, 2009: 300.

【分类地位】半翅目姬蝽科 Nabidae

【形态特征】体长 6.95~9.2mm，腹宽 1.78~2.23mm。成虫体色草黄色。头顶中央色斑甚小，有时不显著或消失。前胸背板领及后叶的纵纹不明显；小盾片中央及前翅爪片顶端黑色；革片端半部的 3 个斑点通常不清楚，膜片翅脉浅褐色；中胸及后胸腹板中部黑色；腹部腹面淡黄色，有的个体腹部中央具暗色纵条纹；各足股节具不明显的斑点及横纹。触角第 1 节略短于头长，喙第 3 节最长。雄虫抱器宽阔，内缘近直，中部近外缘具 1 小突起，抱器前端的叶突显著。阳茎膨胀时可见基半部的囊突，其中 2 个囊突内各具 1 骨化刺。雌虫第 7 腹节腹板前缘中突似粗棒状；雌虫生殖腔近圆形，两侧各具 1 骨化环。1 龄若虫体色淡；复眼大，红色至红色；体长 1.8~1.9mm。2 龄若虫乳黄色，胸部背面中央纵纹红色，具翅芽；体长 2.0~3.0mm。3 龄若虫淡黄褐色，体两侧的纵纹灰褐色，翅芽达第 2 腹节；体长 3.2~4.0mm。4 龄若虫草黄色，翅芽达第 4 腹节；体长 4.0~5.6mm。5 龄若虫翅芽达第 5 腹节；体长 6.0~7.0mm。

【生活习性】在安阳地区一年发生 5 代。第 1 代主要栖息于小麦、苜蓿、油菜等作物上捕食蚜虫等。第 1 代成虫于 6 月上旬转移到棉田中产卵繁殖，捕食棉铃虫 (卵和幼虫) 及棉蚜等，捕食能力强。在棉田繁殖 3~4 代，到第 4 代时有部分成虫迁至玉米、高粱、豇豆、黄瓜、白菜和萝卜等作物间繁殖第 5 代。11 月以成虫越冬。成虫及若虫常栖息于农田、果园、林区、灌木丛及杂草间。捕食蚜虫、飞虱、盲蝽、多种鳞翅目昆虫卵和幼虫。华姬蝽在棉田中，第 1~3 代的发生盛期与棉铃虫在这些作物上 1~3 代的发生盛期相吻合，即第 1 代棉铃虫幼虫达到高峰时，也是华姬蝽的若虫盛期。所以对保护、利用天敌来控制棉铃虫为害起了一定作用。

【分布】河南全省、黑龙江、吉林、内蒙古、河北、北京、天津、新疆、宁夏、青海、陕西、甘肃、山西、山东、湖北、广西；阿富汗，蒙古，乌兹别克斯坦，吉尔吉斯斯坦，塔吉克斯坦。

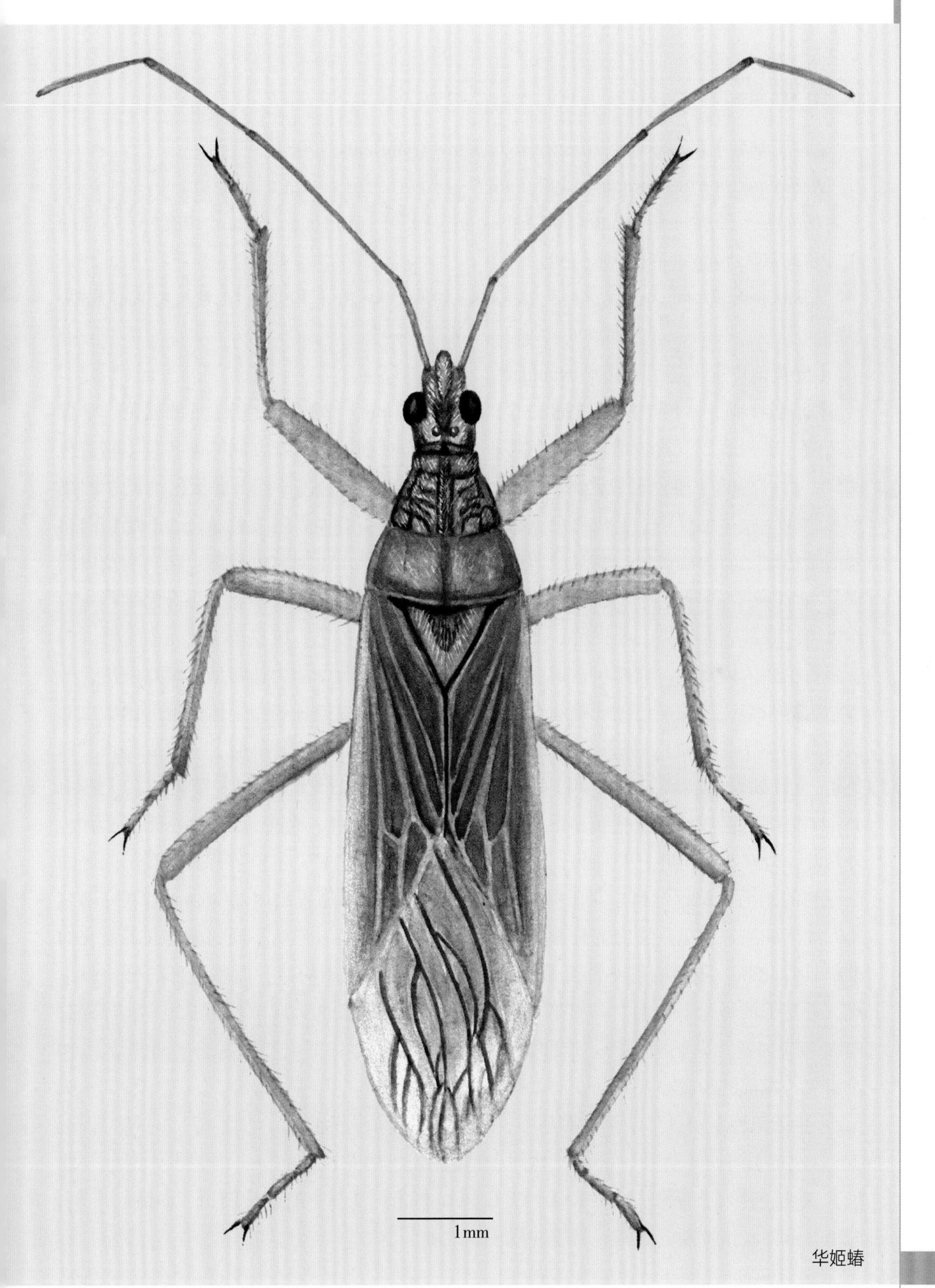

华姬蝽

泛希姬蝽

【拉丁学名】*Himacerus (Himacerus) apterus* (Fabricius, 1798)

Reduvius apterus Fabricius, 1798: 546.

Himacerus apterus：Southwood & Leston，1959: 165; Hsiao & Ren, 1981: 555; Yu et al., 1993: 107; Yang et al., 1996: 154.

Himacerus (Himacerus) apterus: Kerzhner, 1996: 94; Ren, 1998: 110; Ren & Wu, 2009: 282.

【分类地位】半翅目姬蝽科 Nabidae

【形态特征】体长 7.8~11.3mm，腹宽 2.8~3.7mm。成虫暗赭色，具淡黄色、暗黄色斑纹。触角第 2 节及各足胫节淡色环斑；前胸背板前叶与后叶之间两侧各具 1 暗黄色圆斑，后叶色暗，淡色斑纹隐约；小盾片黑色，仅两侧中部各具 1 橘黄色小斑；前翅革片色淡，膜片色较暗，具浅褐色点状晕斑。前足股节背面具暗黄色晕斑，外侧斜向排列的暗色斑之间为淡黄色，前足胫节亚端部及基部各具 1 个淡黄色环斑（除两端及中部褐色），内侧有两列小刺黑褐色；中足胫节色斑同前足，而后足胫节中部褐色域具 4 个淡色斑。腹部腹面光亮，黑褐色；侧接缘各节端部为淡黄色。成虫被淡色光亮短毛。成虫多数个体为短翅型，前翅仅达第 3 或第 4 腹背板；少数个体为长翅型，膜片发达，一般达腹部末端，或几乎达到或略超过腹部末端，通常雌虫的长翅型个体显著的比雄虫的长翅型个体多（4∶1）；另外，随海拔升高短翅型比例增大。触角第 1 节与头等长。领显著，前胸背板前叶拱起，后叶平，侧角微隆起，后缘近直。后足胫节上的艾氏器由 45~47 根刚毛组成。雄虫生殖节端部平截，抱握器棕褐色、光亮，由近中部处分为内、外两叶，外叶小于内叶，顶端尖，内叶外缘近中部呈角状突，生殖节背面亚端部两侧的刚毛列的刚毛呈单行排列（艾氏器），阳茎休止状态，不易看出内部构造，当剥开阳茎鞘，逐渐膨胀，而呈具囊突的长囊状，近中部具 2 个长短、形状不同的囊突，各囊突的端部具骨化刺；阳茎的端半部及基半部均各具 2 列骨化刺构造，而基半部的骨化刺细小，近端部的骨化刺短粗。雌虫第 4 腹节腹板前缘中突长为该腹节长的 1/3，基半部细，向端部渐加宽，呈长椭圆形。产卵器短于腹部长的 1/2；第 1 产卵瓣端半部侧缘具 10 个齿突，端部的齿突小。

【生活习性】栖息于杂草、灌丛中，以小型节肢动物为食。

【分布】河南（辉县、济源、林州、鸡公山）、黑龙江、辽宁、内蒙古、河北、北京、宁夏、甘肃、青海、山西、陕西、山东、湖北、江苏、浙江、四川、西藏、广东、海南、云南；俄罗斯，朝鲜，日本，欧洲，北非。

泛希姬蝽

暗色姬蝽

【拉丁学名】*Nabis (Nabis) stenoferus* Hsiao, 1964

Nabis stenoferus Hsiao, 1964: 234, 237, 239; Hsiao & Ren, 1981: 550; Yu et al., 1993: 106; Shen et al., 1993: 36.

Nabis mandschuricus Remane, 1964: 263.

Nabis (*Nabis*) *stenoferus*: Kerzhner, 1981: 261; Ren, 1992: 170; Kerzhner, 1996: 104; Ren, 1998 : 205; Ren & Wu, 2009: 302.

【分类地位】半翅目姬蝽科 Nabidae

【形态特征】体长 6.7~8.9mm，腹宽 1.55~1.87mm。成虫灰黄色，具褐色及黑色纹斑。头顶中央纵带、眼前部及后部两侧、触角第 1 节内侧及第 2 节基部和顶端、前胸背板中央纵带、背板前叶两侧的云形斑纹、小盾片基部及中央、前翅革片端部 2 个斑点和膜片基部的 1 个斑点、胸腹板中部及胸侧板中央纵纹、腹部腹面中央及两侧纵纹黑色，或伴有红色泽；各足股节深色斑褐色至黑色。触角第 1 节短于头的长度，喙达中胸腹板中部。雄虫抱器前半部略弯，内缘近中部具刚毛，前端的舌突甚小，外缘表面有短毛。生殖节背面亚端部的艾氏器每列由 38~39 根刚毛组成。阳茎前端细，向后显著膨胀，大而宽阔，近基部各侧具 1 囊突，其中部有 2 大小及形状相似的骨化刺，呈赭棕色，光亮；阳茎布满稀疏微小刺；当阳茎呈外翻状态时，这些小微刺及两个骨化刺明显暴露在表面上。雌虫腹部第 7 节腹板前端的中突细长，顶端尖锐；生殖腔前部具 2 骨化环。

【生活习性】成虫在向阳的植物根际处及土缝或枯枝落叶下越冬。翌年春越冬代成虫在早春植物上捕食蚜虫等小虫；通常将卵产在早春植物近基部茎组织中，卵成纵行排列，卵与卵之间有一定的间隔；卵体嵌埋在茎的组织内，而卵前极外露于植物组织表面，雌虫将卵亦常产在麦茎的基部及棉花嫩枝梢处。一头雌虫每次产卵 14~30 粒不等，一生可产卵 100 多粒。通常栖息在农田、菜园、果园、森林中，捕食能力强、繁殖速度较快，成虫及若虫均喜欢捕食蚜虫、红蜘蛛、长蝽、盲蝽、蓟马及多种鳞翅目幼虫和卵等，对害虫具有一定的自然控制作用。

【分布】河南（安阳、辉县、新乡、封丘、永城、沈丘、项城、夏邑、郸城、中牟、栾川、确山、信阳、鸡公山）、黑龙江、吉林、辽宁、河北、北京、天津、新疆、宁夏、陕西、甘肃、山东、安徽、湖北、上海、江西、浙江、福建、四川、云南；日本，朝鲜，俄罗斯。

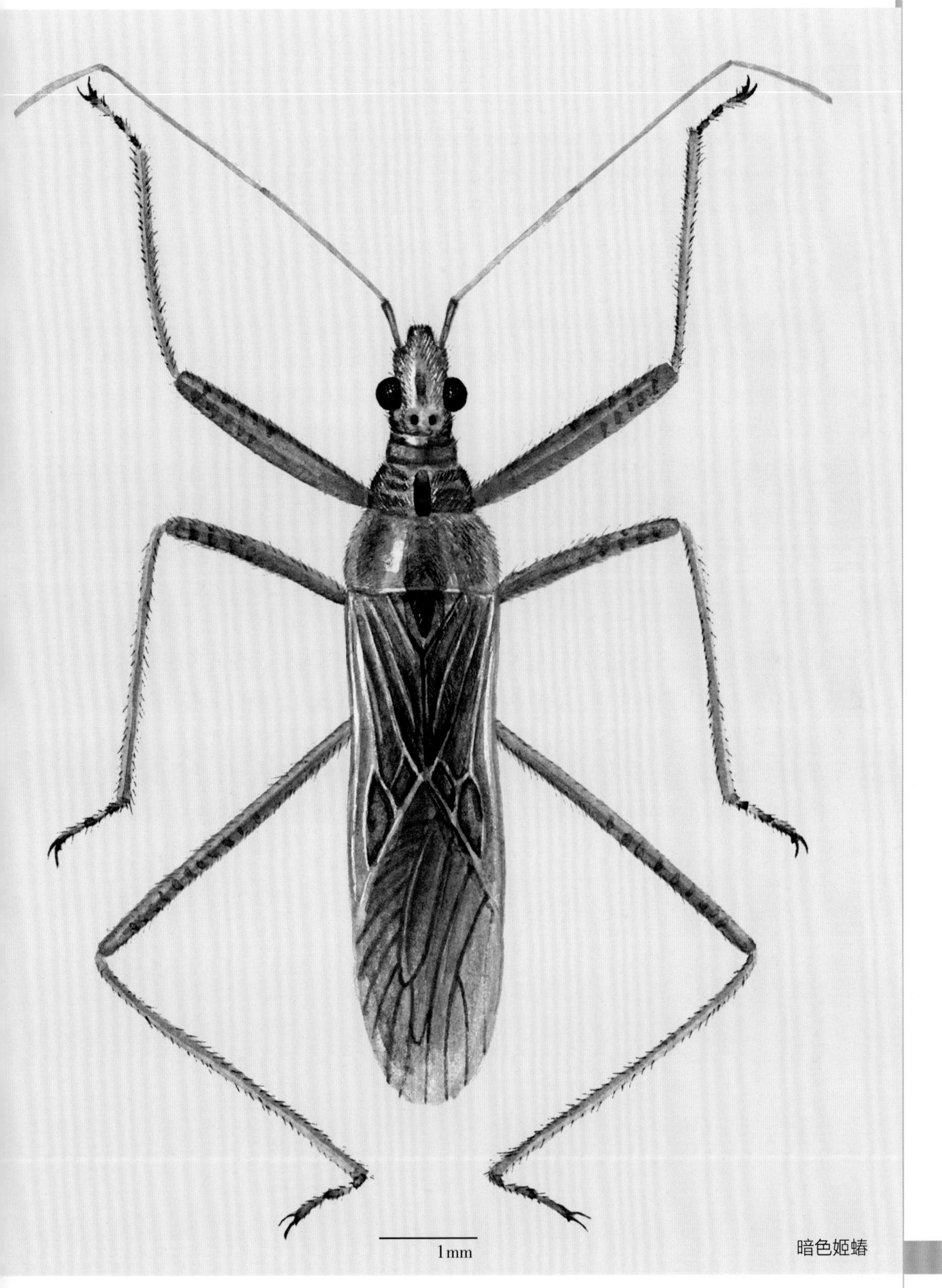

暗色姬蝽

日本高姬蝽

【拉丁学名】*Gorpis (Gorpis) japonicus* Kerzhner, 1968

Gorpis japonicus Kerzhner, 1968: 849.

Gorpis japonicas: Hsiao & Ren, 1981: 550; Shen et al., 1993: 36.

Gorpis (*Gorpis*) *japonicas*: Kerzhner, 1981: 128; Kerzhner, 1996: 91; Ren, 1998: 80; Ren & Wu, 2009: 279.

【分类地位】半翅目姬蝽科 Nabidae

【形态特征】体长 11.2~14.8mm，腹部宽 2.1~3.0mm。成虫浅黄色，具红色、橘黄色、淡褐色斑纹。触角第 1、第 2 两节，各足股节顶端及胫节基部红色；前胸背板前叶光亮，两侧及前翅膜片翅脉淡褐色；前胸背板后叶两侧橘黄色，前翅爪片外缘、革片内缘、前足股节外侧有 2 个斑点、内侧中部的斑红色；革片中部斑常由红色变暗；但多数干标本前足上的斑非常不明显或无。身体的红色色斑不稳定，老化的个体或干标本中前翅上的红色斑，常变为淡褐色或暗灰黄色，或此斑的周围呈红色，而中部为褐色；爪片及革片内侧的红色纵纹渐变为淡褐色；仅前翅革片端角的红色不易退色。成虫被有稀疏淡色亮毛。前胸背板前叶长于后叶，前叶圆隆，后叶刻点浓密而明显。雄虫腹部第 4 腹板前缘中央具长突，顶端略弯。抱握器中部宽阔，外叶顶端钝，内叶顶端尖锐；阳茎基部有 3 个形状各异的骨化刺，表面基半部的小刺浓密而显著。雌虫生殖节构造复杂。

【生活习性】主要栖息在乔木、灌木丛中及作物、蔬菜等田中捕食小虫。1 年 1 代，以卵在树皮缝中越冬。翌年 5 月下旬卵开始孵化，出现第 1 龄若虫，7 月中下旬出现第 5 龄若虫，7 月上旬陆续变为成虫，7 月中下旬为成虫盛期。8 月雌虫体内的卵开始成熟。

【分布】河南（新乡、栾川、嵩县、许昌、信阳）、北京、河北、陕西、山东、浙江、四川、贵州、福建、海南；日本，朝鲜，俄罗斯。

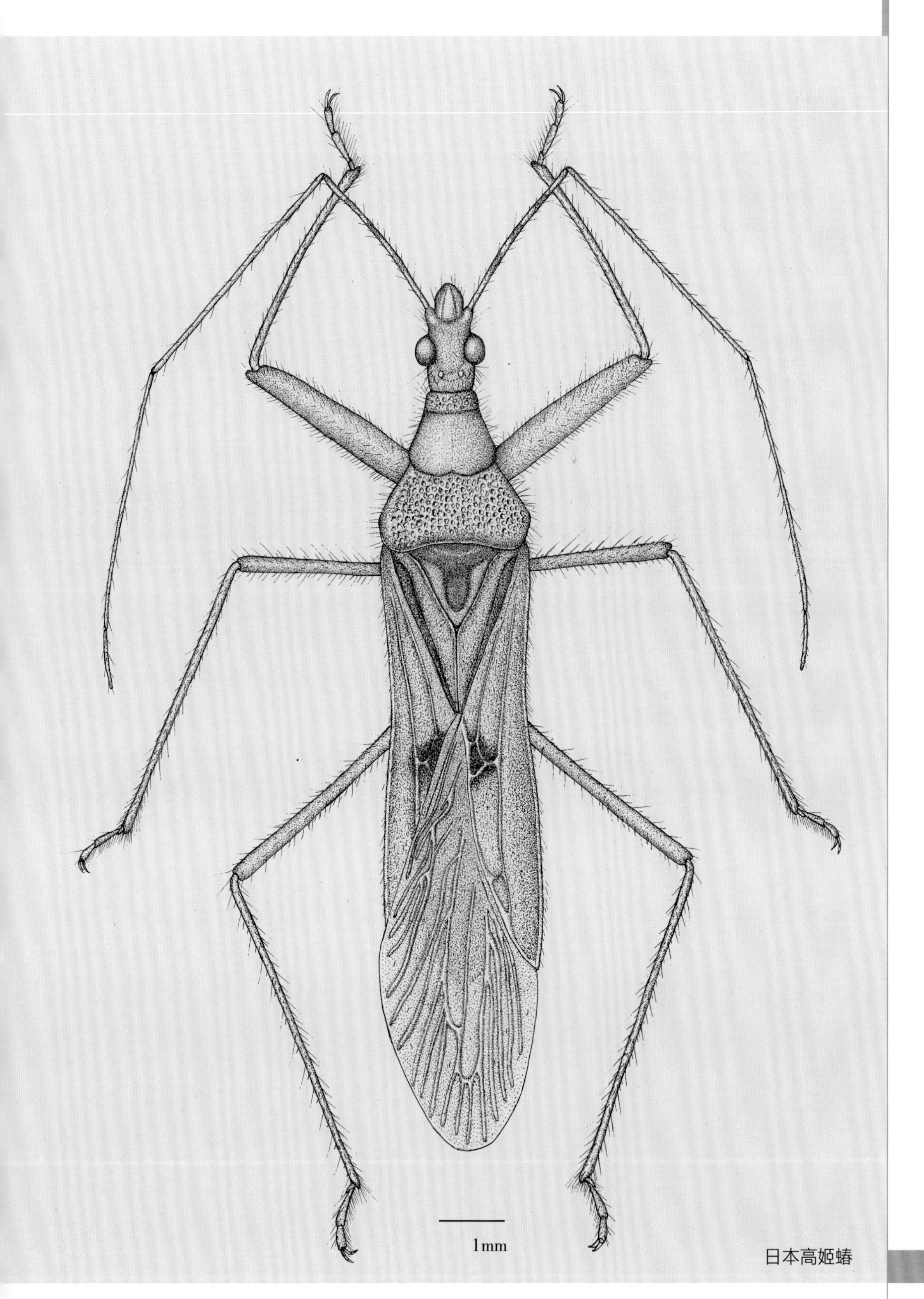

日本高姬蝽

北姬蝽

【拉丁学名】*Nabis reuteri* Jakovlev, 1876

Nabis reuteri Jakovlev,1876：230; Remane，1964：292; Hsiao & Ren, 1981：558; Yu et al., 1993: 106.

Reuteronabis reuteri: Kerzhner, 1981: 173.

Nabis (Milu) reuteri: Kerzhner, 1996: 99; Kerzhner, 1988: 767; Ren, 1998: 167; Ren & Wu, 2009: 296.

【分类地位】半翅目姬蝽科 Nabidae

【形态特征】体长 5.6~7.2mm，腹宽 1.54~2.56mm。体灰黄色。头背面眼之间中央纵纹、前胸背板前叶中央纵带纹、小盾片中央、头腹面及头两侧眼前部和后部、胸部腹面及两侧均为黑色；腹部侧接缘暗黄色；各足股节花斑、前翅革片端半部散生的小点斑、侧接缘各节外侧前部腹面褐色；膜片翅脉棕褐色。体之间深色花斑常有变化，前胸背板后叶褐色纵纹显著或隐约不清，腹部侧接缘通常一色暗黄，并着红色纵纹，侧接缘深色斑有或无。触角第 1 节最短。前翅的长短不一，前翅几乎达到或刚达腹部末端或超过腹部末端。雄虫抱器外缘直；阳茎具稀疏小刺，基半部粗于端半部，近端部具 2 列强度骨化构造，每列由 6 个小齿突组成。腹部第 7 腹节腹板前端中突呈粗棒状，短于第 7 腹板的长度，前端缘圆。

【生活习性】主要栖息在乔木、灌木丛中及作物、蔬菜等田中捕食小型昆虫。

【分布】河南中部、黑龙江、吉林、内蒙古、河北、北京、天津、陕西、甘肃 (麦积山)、山东；朝鲜，日本，俄罗斯。

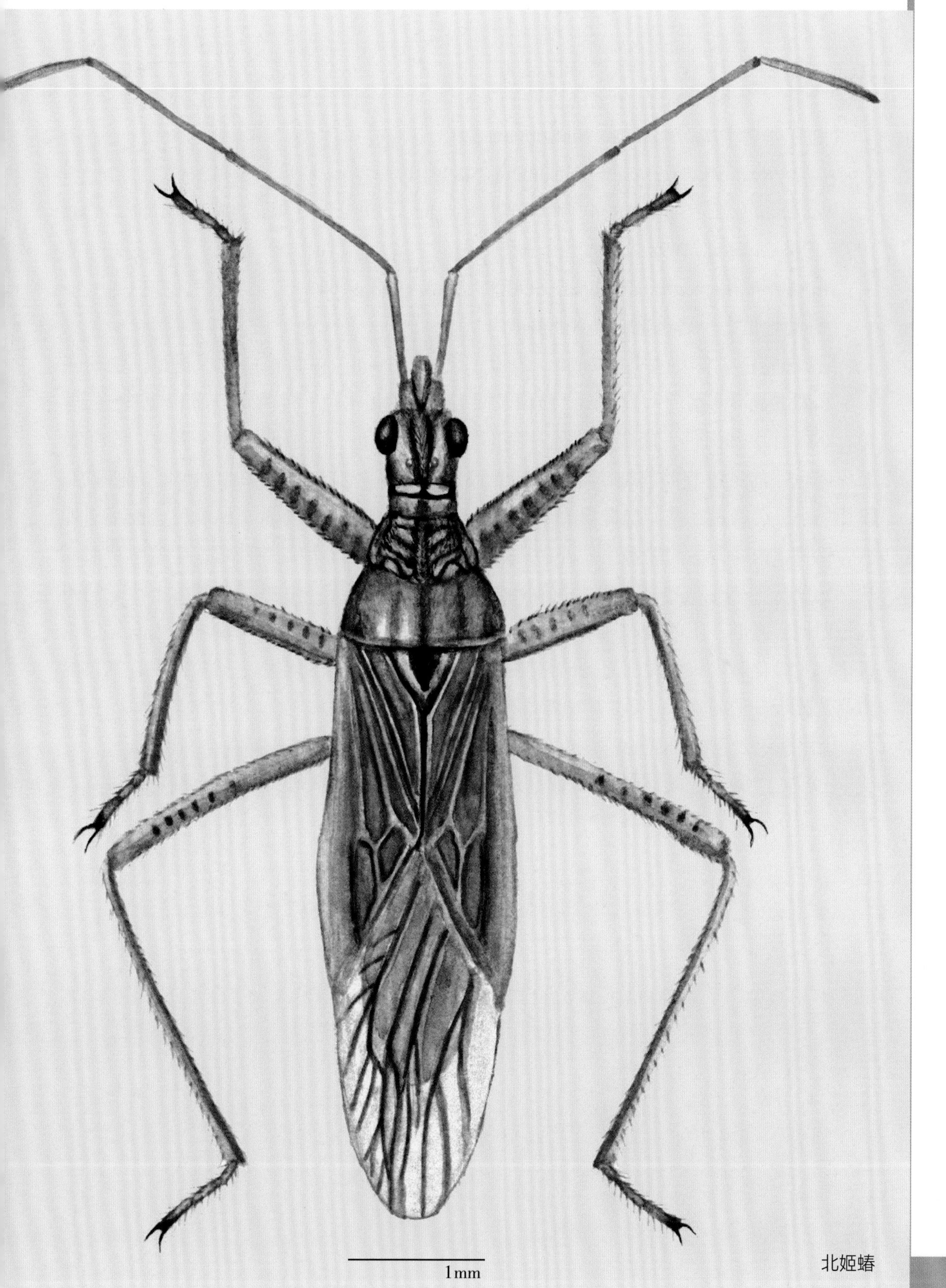

北姬蝽

小翅姬蝽

【拉丁学名】*Nabis apicalis* Matsumura, 1913

Nabis (Reduviolus) apicalis Matsumura，1913: 177.

Nabis apicalis: Hsiao & Ren, 1981: 557; Kerzhner, 1981: 179; Ren, 1992: 167; Yu et al., 1993: 106; Cai et al., 1998: 235.

Nabis (Milu) apicalis: Kerzhner, 1996: 99; Ren, 1998 ：163.

【分类地位】半翅目姬蝽科 Nabidae

【形态特征】体长 4.9~6.2mm，腹宽 1.65~2.43mm。体黄褐色至深褐色。触角淡黄色，第 2 节端部褐色；头背面、腹面及眼后部两侧黑褐色；前胸背板前叶具深色云形斑；小盾片中部褐色，两侧浅黄色；腹部侧接缘暗黄色，各节前端外缘褐色；腹部腹面棕褐色；前足股节褐色斑较中足、后足股节斑显著。体表被光亮淡色短毛。前翅短，膜片甚小，后缘近平截。抱握器前半部外缘宽于基半部，外缘中部成锥状突，前半部外缘为弧状，内缘弯，前端舌突显著，从另一侧面观察，抱器前端狭而弯；生殖节背面亚端部的艾氏器刚毛成单行排列，每列由 29~30 根刚毛组成。由背面观察休止状态的阳茎外形似长方形；阳茎表面被小刺突，中域的小刺突似螺纹状排列，端半部内有锯齿缘骨化片及骨化刺。雌虫腹部显著向两侧扩展，第 7 腹节腹板前端中突呈短棒状，其长度为第 7 腹板长的 1 / 2 ；第 2 产卵瓣端半部侧缘齿突显著。

【生活习性】主要栖息在乔木、灌木丛中及作物、蔬菜等田中捕食小型昆虫。

【分布】河南大部、湖北、江西、浙江、福建、四川、贵州、广西；朝鲜，日本。

小翅姬蝽

角带花姬蝽

【拉丁学名】*Prostemma hilgendorffi* Stein, 1878

Prostemma hilendorffi Stein,1878：378; Kerzhner，1981：96; Hsiao & Ren，1981: 544; Yu et al., 1993: 107; Shen et al., 1993: 36; Kerzhner, 1996: 87; Ren, 1998: 61. Ren & Wu, 2009: 276.

【分类地位】半翅目姬蝽科 Nabidae

【形态特征】体长 5.8~7.3mm，腹宽 2.1~3.4mm。体黑色。触角及足黄褐色；前胸背板后叶、小盾片（除基部黑色外）端部 2/3 及前翅基半部浅红棕色或橘红色；前翅中部具呈三角状淡色斑，端半部黄色或淡黄色斑块；后胸侧板及臭腺域暗黄色。体表密被有黑褐色刚毛及浅色亮长毛。臭腺沟缘光亮、较宽、中部弯几呈直角状，各足股节及胫节具刺列。前胸背板前叶光亮、圆隆，显著长于后叶，前胸背板后缘近直。前足股节显著加粗，明显粗于中、后足股节，腹面部具刺列（除两端外）；前足胫节略弯，基部狭，向端部渐显著加宽，腹面具 2 列粗刺，胫节的前端背面侧具栉刺，腹面具发达的海绵窝。雄虫抱握器宽镰刀状。雌虫第 7 腹节腹板前缘中突粗杆状，前端圆钝。

【生活习性】角带花姬蝽多栖息于农田，以成虫在向阳土缝、植物根际处下或枯枝落叶、石块下等处越冬；雌虫将卵散产于植物茎、叶或土表层内，卵体埋入植物的组织中或土内，仅卵前极外露；卵期 5~7d。

【分布】河南大部、吉林、辽宁、北京、天津、上海、浙江、江西、四川；日本，朝鲜，俄罗斯。

角带花姬蝽

东亚小花蝽

【拉丁学名】*Orius sauteri* (Poppius, 1909)

Triphleps sauteri Poppius, 1909: 35.

Orius sauteri (Poppius): Zheng, 1982: 191, fig.9; Zhang, 1985: 193, pl.LVIII-268; Ke, Tian & Bu, 2009: 319.

Triphleps proximus Poppius, 1909: 36.

【分类地位】半翅目花蝽科 Anthocoridae

【形态特征】体长 1.9~2.3mm。成虫头黑褐色，长 0.26mm，宽 0.37mm，头顶中部有纵列毛，呈“Y”形分布，两单眼间有一横列毛；触角第 1、第 2 节污黄褐，第 3、第 4 节黑褐，第 3、第 4 节毛长者可等于或稍长于该节直径；各节长 0.12 ：0.27 ：0.19 ：0.21（mm）。前胸背板黑褐，长 0.27mm，领宽 0.30mm，后缘宽 0.70mm ；四角无直立长毛；雄虫的侧缘微凹，雌虫的侧缘直，全部或大部分呈薄边状；胝区隆出较弱，中线处具刻点及毛，胝后下陷清楚，胝区之前及之后刻点较深，呈横皱状；雄虫前胸背板较小。前翅爪片和革片淡色，楔片大部黑褐或仅末端色深，膜片灰褐色或灰白色；外革片长 0.66mm，楔片长 0.35mm。足淡黄褐色，股节外侧色较深；胫节毛长不超过该节直径。雄虫阳基侧突叶部较狭细，弯曲约成一直角，有一细小的齿，紧贴叶中部前缘，易被忽略；鞭部短，几不伸过或稍伸过叶的末端，基部呈狭叶状扩展，扩展部分长占整个鞭长的 2/3，其末端有一向上翘起的小突起。雌虫交配管基段弯曲成直角状，端段细长，直径为基段的 1/2，比基段长。

【生活习性】本种为我国中部和北部最常见的小花蝽之一。栖息于杂草、灌丛、农作物等中，取食蓟马、蚜虫等小型昆虫。

【分布】河南（林州、辉县、新乡、偃师）、黑龙江、吉林、辽宁、北京、天津、河北、山西、甘肃、湖北、湖南、四川；日本，朝鲜，俄罗斯。

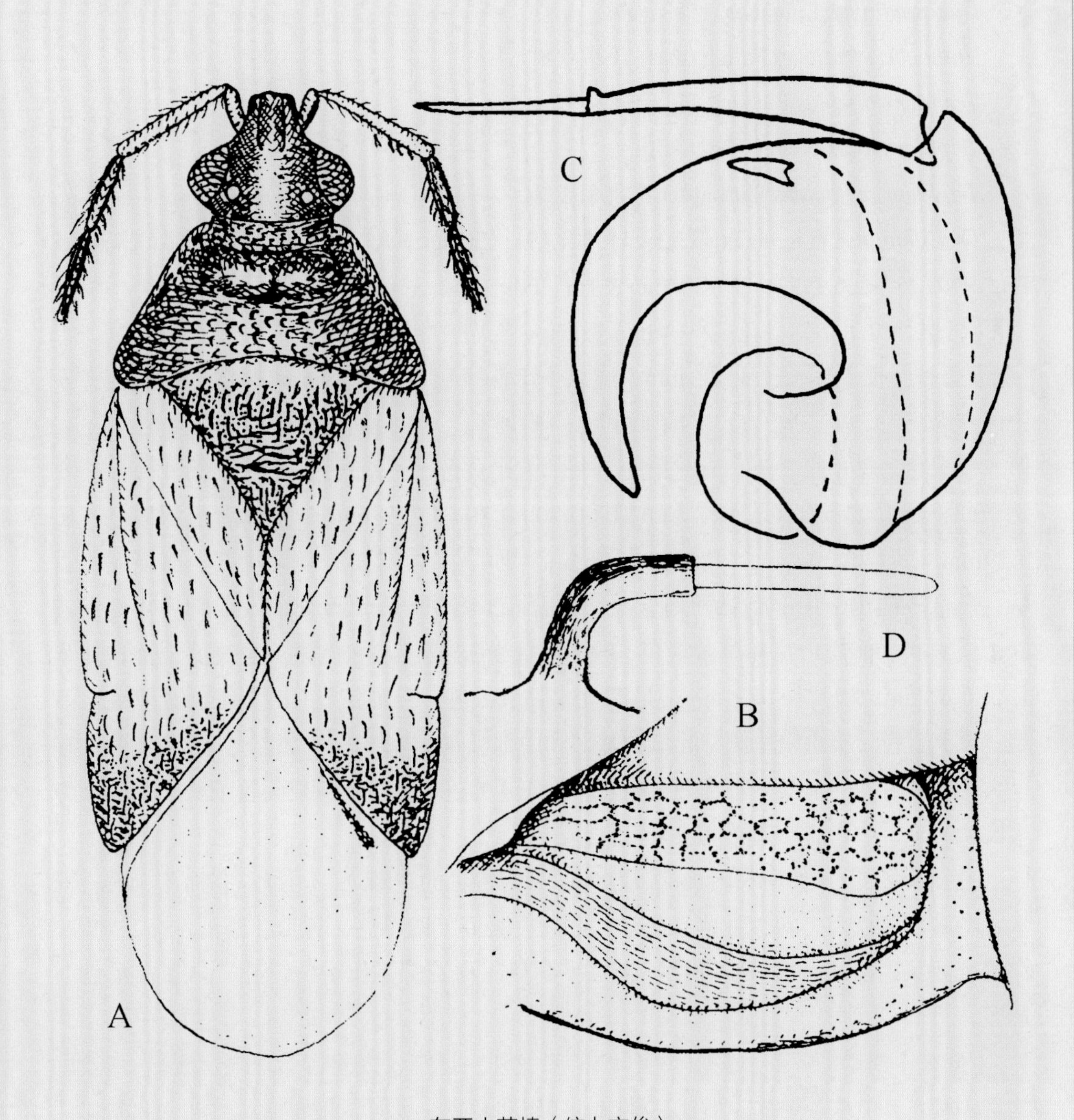

东亚小花蝽（仿卜文俊）

A. 体背面；B. 臭腺沟及蒸发域；C. 雄虫阳基侧突；D. 雌虫交配管（腹部腹面第 7、第 8 节节间膜上）

微小花蝽

【拉丁学名】*Orius minutus* (Linnaeus, 1758)

Cimex minutus Linnaeus, 1758: 446.

Anthocoris fruticum Fallén (part) 1829: 68.

Triphleps luteolus Fieber 1860: 271.

Triphleps latus Fieber 1861: 140.

Triphleps pellucidus Garbiglietti 1869: 123.

Orius minutus (Linnaeus): Zheng, 1982: 191; Zhang, 1985: 193, pl.LVIII-266; Zheng & Bu, 1990: 25; Ren, 1992: 89; Ke, Tian & Bu, 2009: 318.

【分类地位】半翅目花蝽科 Anthocoridae

【形态特征】体长 1.9~2.3mm。成虫头部深褐色，长 0.28mm，宽 0.38mm，头顶中部有纵列毛，呈"Y"形，两单眼间有一横列毛，雄虫触角第 1、第 2 节黄色，第 3、第 4 节褐色，雌虫第 2 节，有时第 3 节基部大半黄色，其余褐色；第 3、第 4 节毛长者达于或稍超过该节直径；各节长 0.10 : 0.30 : 0.20 : 0.22（mm）。前胸背板深褐色，长 0.29mm，领宽 0.30mm，后缘宽 0.72mm；四角无直立长毛；侧缘微凹，前半成薄边状；胝区较隆出，中部有纵列刻点毛，其后缘下陷明显，胝区之前及前胸后叶刻点较深，横皱状。前翅爪片和革片淡色，楔片大部赤褐或仅末端色深；毛被稍长密；外革片长 0.66mm，楔片长 0.34mm。足淡黄或股节深色，后足胫节有时黑褐，胫节毛长不超过该节直径。雄虫阳基侧突叶部的基部和中部极宽，端部迅速变细，接近鞭部着生有一大齿，贴近叶的前缘，鞭部细长略弯，约 1/4 伸过叶端。雌虫交配管细长，基段长为端段长的 1.5~2.0 倍，基段直径为长的 1/5。

【生活习性】本种为我国长江以北地区最为常见的花蝽之一。寄主有棉花、稻、玉米、高粱、黄豆、芝麻、甘薯、蓖麻、蚕豆、豌豆、四季豆、黄瓜、西瓜、茄、辣椒、洋葱、菠菜、番茄、扁豆、芥菜、南瓜、葫芦、马铃薯等作物及绿肥，早春在蚕豆上最多。

【分布】河南（新乡、安阳、偃师）、黑龙江、辽宁、内蒙古、甘肃、新疆、天津、北京、河北、山东、湖北、浙江、湖南、四川；蒙古，朝鲜，俄罗斯，欧洲，北非。

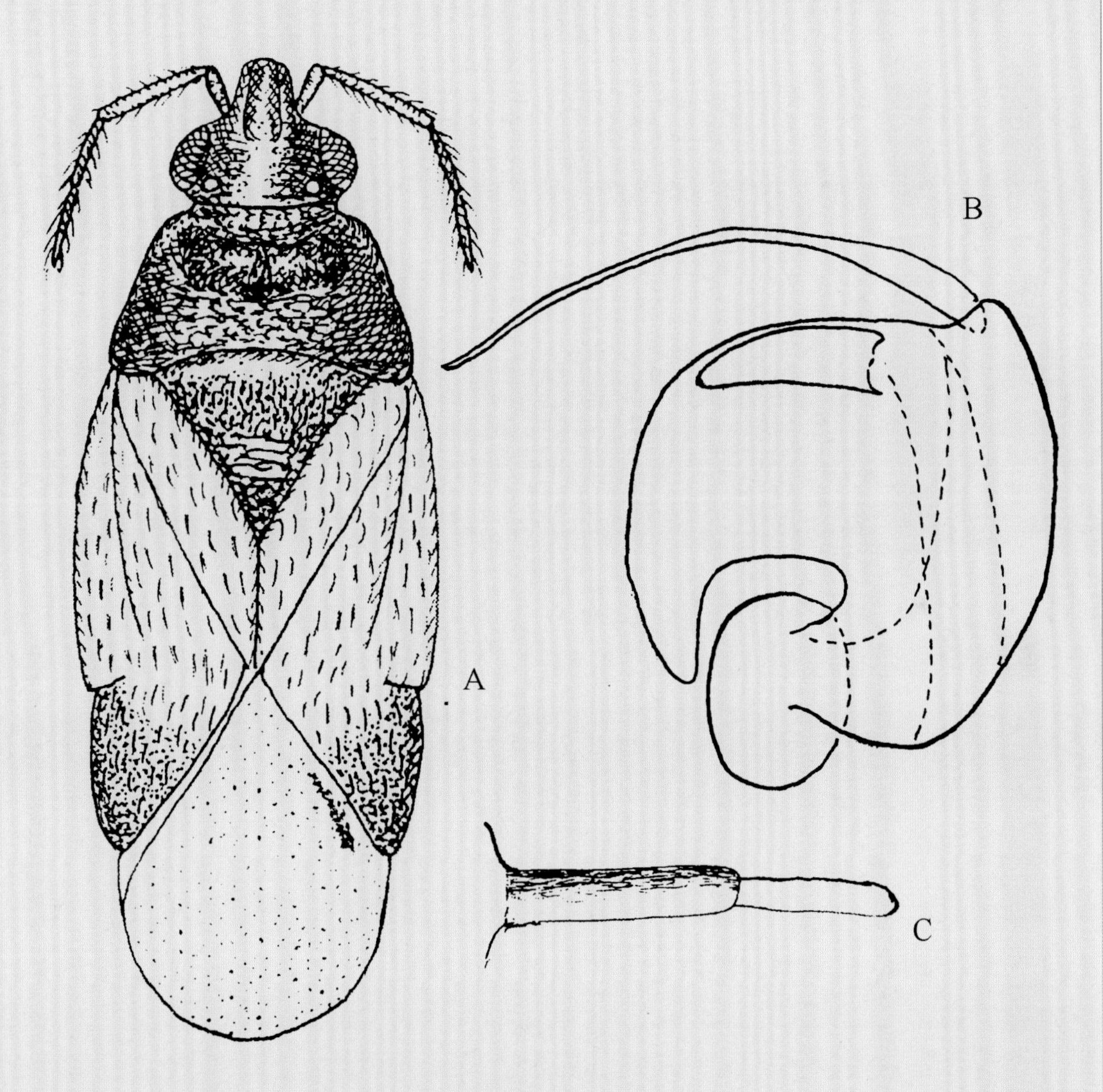

微小花蝽（仿卜文俊）

A. 体背面；B. 雄虫阳基侧突；C. 雌虫交配管（腹部腹面第 7、第 8 节节间膜上）

第二篇

完全变态类天敌

脉翅目

中华草蛉

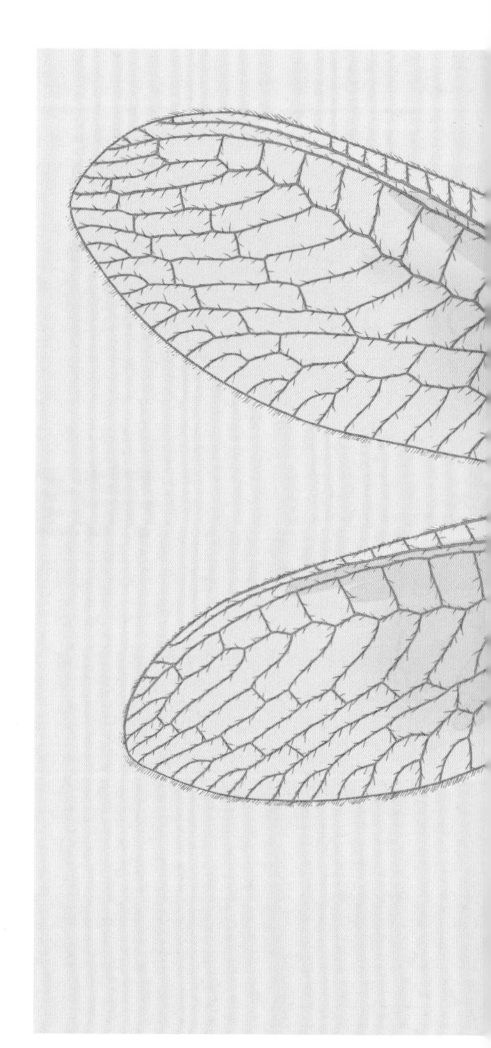

【拉丁学名】*Chrysoperla nipponensis* (Okamoto, 1914)

Chrysopa nipponensis Okamoto, 1941, J. Coll. Agri., 6(3): 65.

Chrysopa sinica Tjeder, 1936, Ark. Zool., 29A(8): 29. 吴福帧等, 1982, 宁夏农业昆虫志, Vol. 2: 234.

Chrysoperla nipponensis Tsukaguchi, 1985, Kontyu, 53(3): 504; 杨等, 2005, 中国动物志脉翅目 : 111.

【分类地位】脉翅目草蛉科 Chrysopidae

【形态特征】成虫体长 9.6mm，体宽 1.4mm；展翅 29mm。成虫体黄绿色。触角黄褐色，头部淡黄色，颊斑和唇基斑黑色各 1 对。复眼红铜色，光亮。下颚和下唇须暗褐色。触角呈灰黄色，基部两节与头部同色。胸部和腹部背面两侧淡绿色，中央有黄色纵带，延伸至腹端。但大部分个体每侧的颊斑与唇基斑连接呈条状。翅脉黄绿色，基部两节与头部同色，前缘横脉的下端，径分脉和径横脉的基部、内阶脉和外阶脉均为黑色，翅基部的横脉也多为黑色，翅末端各具一绿色大斑，翅脉上有黑色短毛。足黄绿色，各足胫节及跗节黄褐色。成虫头部较胸部略窄；上颚微隆，前缘具细绒毛，后缘近弧形；触角比前翅短，长度略等于体长；两触角窝之间隆起，触角基部柄节毛稀疏，梗节、鞭节细绒毛密度依次增加；复眼大，占头的大部分。前胸背板中部隆起，前缘近平直，后缘呈弧形；侧缘具毛。中胸背板微隆，中部被膨大的翅基中线隔开，具中纵线；后胸背板微隆，中上部被膨大的翅基隔开。翅基膨大；翅窄长，端部较尖；翅缘密布短绒毛，翅室具刺。腹部可见 9 节，各节均具细绒毛；中部几节膨大，两端较细短。后足较前、中足略长；胸足可分为基节、转节、腿节、胫节、跗节、爪。

中华草蛉

各节具细绒毛，跗节 5 节，其第 5 分节端部具一对爪。

【生活习性】在我国以成虫越冬。其越冬场所和栖息植物较为广泛；10 月下旬即可看到越冬成虫。越冬时，体色由绿色变为黄绿色再变为褐色，最后变为土黄色。体色由绿变黄为越冬的标志。成虫一般在植物的叶背、根隙或杂草丛内越冬。捕食多种农、林害虫，不少地区利用它防治棉田、果园及温室害虫，皆取得了一定效果。

【分布】河南、黑龙江、吉林、辽宁、河北、陕西、山西、山东、江苏、湖北、湖南、四川、浙江、江西、安徽、广东、云南。

大草蛉

【拉丁学名】*Chrysopa pallens* (Rambur, 1838)

Hemerobius pallens Rambur, 1838, Faune Ent. And. 2, pl. 9.

Chrysopa septempunctata Wesmael, 1841, Bull. Acad. Brux., 8: 210. 吴福帧等, 1982, 宁夏农业昆虫志, Vol. 2: 235.

Chrysopa punctulata Navas, 1916, Bull. Ins. Cata. Hist. Natur., 16: 155.

Chrysopa pallens: 杨等, 2005, 中国动物志脉翅目 : 90.

【分类地位】脉翅目草蛉科 Chrysopidae

【形态特征】成虫体长 10mm，体宽 1.8mm。成虫体黄绿色，颅顶部有 2 个黑斑纹；复眼棕色；触角除基部 1、2 节黄绿色外，其余均为黄褐色；下颚须和下唇须均为黄褐色。胸部黄绿色，背中有 1 条黄色纵带，仅达后胸部后缘；腹部全绿，密生黄毛。4 翅透明，翅脉大部黄绿色，但前翅前缘横脉列和翅后缘基半的脉多呈黑色；两组阶形排列的阶脉只是每段脉的中央黑色，而两端仍为绿色；后翅仅前缘横脉和径横脉大半段为黑色，阶脉则同前翅；翅脉上多黑毛，翅缘的毛多为黄色。足黄绿色，跗节黄褐色。头部触角 1 对，细长，丝状；复眼很大，光亮，呈半球状，突出于头部两侧；头上有 2~7 个斑，触角下边的 2 个较大，两颊和唇基两侧各 1 个，头中央还有 2 个，常见的多为 4 斑或 5 斑，但均属同种；口器发达。头宽与胸宽近似相等，头胸宽度比为 1.7 : 1.8（mm）。前胸背板胸部背面隆起，光滑，两侧基密布细毛，前缘近平直，后缘呈弧形，中部有纵沟；中、后胸背板翅基发达，中部有纵沟；被发达的翅基从中部截开；腹部

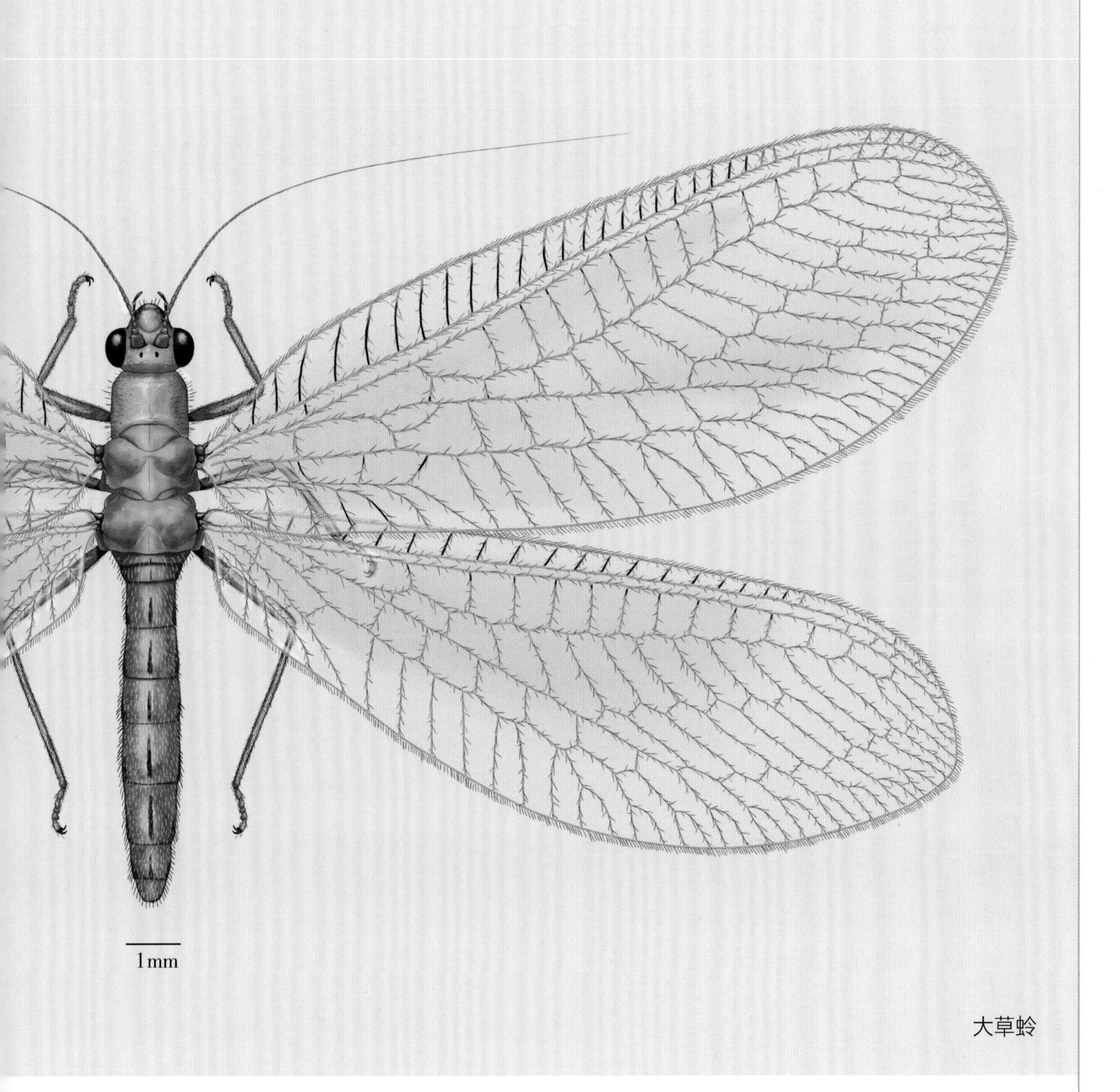

大草蛉

可见9节，第1、第2腹节较小，各腹节都具1条纵线，密被细毛。胸足可分为6节，自基部向端部分为基节，转节，腿节，胫节，跗节和前跗节；各节密被细毛。

【生活习性】大草蛉成虫有较强的趋光性，在夏季的夜晚可以经常在室内外灯光处见有大量成虫。大草蛉的成虫在遇到敌害时，可以放出恶臭的气味。成虫寿命的长短与温度关系密切。一般低温寿命长，高温寿命短。雌虫寿命长于雄虫。是蚜虫、叶螨、鳞翅目卵及低龄幼虫等多种农林害虫的重要天敌，是害虫生物防治中极具应用价值的一种天敌昆虫。

【分布】河南(新乡)、宁夏；日本，朝鲜，独联体国家和欧洲。

丽草蛉

【拉丁学名】*Chrysopa formosa* Brauer, 1850

Chrysopa japana Okamoto, 1919, Hokk. Agri. Exp. Stat. Rep., 9: 42.

Chrysopa foedata Navas, 1919, Bolt. Soc. Ent. Espana, 2: 54.

Chrysopa boguniana Navas, 1919, Bolt. Soc. Ent. Espana, 2: 54.

Cintameva pyreaea Navas, 1930, Bull. Inst. Catal. Hist. Nat., 10: 161.

Chrysopa yuanensis Navas, 1932, Broteria (Naturais), 28: 113.

Cintameva sobradielina Navas, 1932, Rev. Acad. Ci. Ex. Fisico-Qui. Natur. Zaragoza, 16: 15.

Cintameva tetuanensis Navas, 1934, Mus. Ci. Natur. Barcelona, 11 (8): 6.

Chrysopa bicristata Tjeder, 1936, Ark. Zool., 29 (A) (8): 28.

【分类地位】脉翅目草蛉科 Chrysopidae

【形态特征】成虫体长 10.2mm；前翅翅展 14.3mm，后翅翅展 12.4mm。成虫体绿色；头部绿色，具黑斑；上唇须、下颚须黑褐色；触角柄节绿色，梗节黑褐色，鞭节褐色。前胸背板绿色，侧缘具褐色斑；中、后胸背板绿色。前翅前缘横脉黑褐色，翅痣浅绿色；后翅前缘横脉黑褐色，阶脉绿色。腹部绿褐色，背面具灰色毛。足绿色，胫节端部、跗节及爪褐色。头部复眼大，卵圆形；两触角中部隆起；额部微隆起。前胸背板隆起，中纵沟明显，中下部具凹坑；中、后胸两端膨大，中上部 1 条横带隔开。前

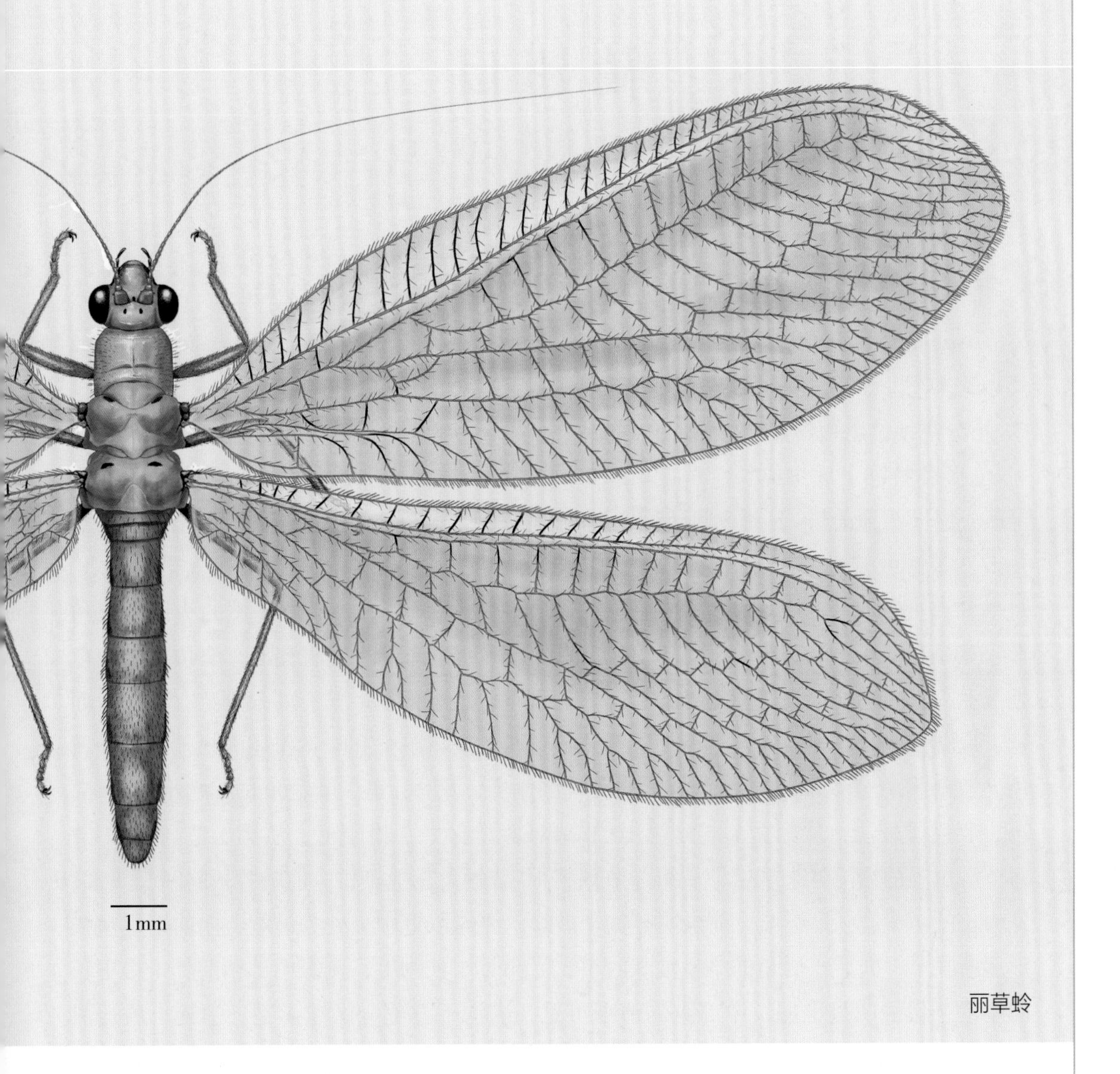

丽草蛉

翅前缘横脉 19 条，翅痣内无脉，径横脉 11 条，Rs 分枝 12 条，内中室三角形，r-m 位于其上；内阶脉 5 条，外阶脉 7 条；后翅前缘横脉 15 条，径横脉 10 条，内阶脉 4 条，外阶脉 6 条。腹部可见 9 节，第 1、2 腹节较窄。足各节具细绒毛。

【生活习性】华北地区一年发生 4 代；成虫一般与幼虫同为肉食性，成虫除捕食外，还可取食各足花粉、花蜜和昆虫分泌的蜜露。成虫白天与晚上均有活动行为；春、秋季节多在早、晚较温暖时活动旺盛，中午阳光强烈时静伏于阴凉的地方或叶背面。

【分布】河南、黑龙江、吉林、辽宁、内蒙古、河北、宁夏、甘肃、青海、新疆、陕西、山西、山东、江苏、安徽、浙江、湖北、江西、湖南、福建、广东、四川、贵州、云南、西藏；俄罗斯、蒙古、朝鲜、日本、欧洲。

鞘翅目

半亮虎步甲

【拉丁学名】*Asaphidion semilucidum* (Motschulsky, 1862)

Asaphidion semilucidum Hua, 2002, List Chin. Ins., 8. Lafer, 2005, Far Eastern Entom., 151: 3. 冀等 , 2008, 昆虫学报 , 51(9): 659.

【分类地位】鞘翅目步甲科 Carabidae

【形态特征】成虫体长 3.0~5.0mm，体宽 1.3~1.7mm。体背面、腹面黑褐色，具金属光泽。头为前口式，唇基两侧不超过触角基部，触角位于上颚基部与触角之间，触角 2~3 节颜色较浅，呈黄褐色，体表密布粗刻点及毛，以前胸背板刻点最大鞘翅次之，每个刻点上都有一根短毛，中胸小盾片三角形，表面光洁。半亮虎步甲的头部呈三角形，宽是长的 1.5 倍，后部微背拱 , 有细刻纹，颈明显光洁。复眼突出，头顶密被白色细绒毛，复眼端部与头壳相连处各有一根长刚毛，上唇横生，具有 6 根刚毛，上颚短而宽，近端部变窄，细而尖，下唇、下颚须各具两条具有触觉和味觉作用的触须，呈棕黄色。触角共 11 节，基节端部具有一根很长的刚毛，第 2、第 3 节触角长度之比为 4 : 5，第 3 节色泽较淡，从第 2 节起到第 10 节端部各具有 1~2 根刚毛，从第 1 节到第 11 节每节触角上的细毛越来越密，从第 3 节到第 10 节触角几乎等长。前胸背板略窄于头部，宽为长的 1.3 倍，呈心形。前缘明显宽于后缘，侧缘以近中央处为最宽，向前平缓呈弧形逐渐收窄，向后于后角前略呈波状收窄，后角具 1 长刚毛，侧缘中部稍前具 1 根更长的刚毛，后缘明显上翘，中部纵沟清晰可见，纵沟下方部分区域无毛。中胸小盾片黑色、呈三角形。鞘翅长卵形，隆起，肩角圆，两侧于中部近平行，不明显膨出，以中部附近为最宽，翅沟颇深，刻点明晰可辨，鞘翅上有多个大小不同的黑斑，除了黑斑以外，鞘翅上密布刻点及毛，后翅退化折叠在鞘翅内。前胸侧板与前胸腹板相连接，完全包围基节窝，为闭式基节窝，胸足可分为 6 节。前足基节较短粗，呈圆锥形，腿节与胫节长度比为 1 : 1，跗节长度比为 10 : 5 : 5 : 4 : 9，胫节末端呈弧形凹陷，上面着生许多细毛，可以清理触角，前跗节为一对爪。雄性半亮虎步甲第 2，3 跗节上着生紧密的毛，而雌性着生的毛较少。中足在雌性成虫腿节与胫节长度比为 6 : 5，在雄性腿节与胫节之比为 11 : 10；跗节长度比为 16 : 6 : 5 : 4 : 10。后足比前足、中足明显要长，腿节与胫节长度比为 1 : 1，跗节长度比为 10 : 5 : 4 : 3 : 5。腹部为黑色，具有金属光泽，近卵圆形。可见 5 节，第一节被后足基节分为 3 部分，第 2、3 节不完全愈合，第 3、4 节近中央各有一对刚毛，第 5 节近中部有 2 对刚毛。雌虫授精囊管细长，端部膨大呈球状。阳茎基骨化褐色；阳茎鞘骨化不明显，月牙形。

【生活习性】栖息于杂草丛地表，成虫越冬，以地表小型节肢动物为食。

【分布】河南（新乡）、山西、江苏、上海；日本，朝鲜，俄罗斯（符拉迪沃斯托克）。

半亮虎步甲

中华婪步甲

【拉丁学名】*Harpalus (Pseudoophonus) sinicus sinicus* Hope, 1845

Harpalus sinicus Hope, 1845: 黄, 1985, 西南农学院学报: 83. 祝等, 1999, 河南昆虫志鞘翅目(一), 48. Hua, 2002, List Chin. Ins., 24.

【分类地位】鞘翅目步甲科 Carabidae

【形态特征】成虫体长 14.3mm，宽 5.4mm。体黑色，有光泽；上唇周缘、上颚部分、口须、触角、复眼、足上各刺及前跗节棕红色；体腹面黑褐色。头部光洁无刻点。触角短，不达前胸后缘。上唇前缘两端各具 3 根棕红色细刚毛，侧缘两端上部具细毛；上颚中部凹陷，前缘两端各具 1 根细刚毛；复眼大，内侧各具 1 根细长刚毛。前胸背板近方形，宽略大于长，长宽比为 3.3∶4.9（mm），最宽处在中部；前缘微后凹，具 1 横排细毛；后缘近平直，侧缘弧形，侧缘两端各具刚毛 1 根，位于中上部；盘区隆起，具刻点，前部刻点稀小，基缘密布大刻点，基凹中的刻点常彼此相连；中纵沟细，不达两端；基凹浅，后侧角近于直角。小盾片三角形，有光亮。每鞘翅有 9 条纵沟，行距稍隆起，刻点不明显，仅在第 8、第 9 行距密布极微的细刻点，第 7 条沟端部有 1 个毛穴，第 9 行距有 1 列毛穴。足为步行足；前足胫节外侧端部有刺 4~5 根，端距基部宽，两侧齿突显著。跗节为 5-5-5 式，雄虫前跗节稍膨大，前、中足跗节 1~4 节腹面有黏毛。

【生活习性】捕食红蜘蛛、蚜虫等昆虫，但也能取食小麦、大麦、燕麦及黍类作物的种子。成虫出现于 6—9 月，是农区较常见种类。

【分布】河南（新乡、洛宁、郑州、中牟、许昌、信阳）、河北、安徽、江苏、四川、湖北、湖南、江西、贵州、广西、福建、台湾；朝鲜，日本，俄罗斯。

中华婪步甲

铜绿婪步甲

【拉丁学名】*Harpalus*（*Harpalus*) *chalcentus* Bates, 1873

Harpalus（*Harpalus*) *chalcentus* Bates, 1873: 黄 , 1985, 西南农学院学报 , (1): 78. 祝等 , 1999, 河南昆虫志鞘翅目 (一), 49.

【分类地位】鞘翅目步甲科 Carabidae

【形态特征】成虫体长 10.2mm，宽 3.6mm。体背、腹面、复眼中部黑色，有铜绿色光泽，雌虫鞘翅稍带铜色，微纹清晰，近于等距，而雄虫更为明亮；口器、触角及前胸背板侧缘棕黄色，足为黄褐色。头部光洁无刻点或有极微细刻点。上唇前缘有 6 个毛穴，各着生 1 根细刚毛，唇基常有纵皱。上颚微隆，前缘各有一根细长绒毛；触角长度仅达鞘翅肩角，雄虫稍长于雌虫，基部 2 节光滑，有少量细毛。复眼大。前胸背板宽大于长，长宽比为 2.4∶3.3（mm）；前缘微凹，后缘近平直，侧缘前部微拱出，背板最宽处在中部，侧缘弧形而后部收直；侧缘中部之前具毛，在两侧缘及基部具刻点，在基凹中及后角处密布刻点，沿中沟具 1 行稀疏刻点。小盾片三角形。每鞘翅有 9 条纵沟；鞘翅自肩后略外扩，肩角有小齿，行距平坦；鞘翅具小盾片行，在第 2 条沟后部有 1 个毛穴。腹面第 2、第 3 节中央有细毛，第 3、第 5 节两侧有毛。足为步行足，基节膨大，各节具刺突。

【生活习性】取食谷类作物种子，亦捕食鳞翅目昆虫的幼虫。成虫出现于 5—10 月。

【分布】河南 (许昌、新乡、信阳)、吉林、宁夏、河北、湖北、江苏、四川、贵州、湖南、江西、浙江、广西、广东、福建；朝鲜，日本。

铜绿婪步甲

大劫步甲

【拉丁学名】*Lesticus magnus* Motschulsky, 1860

Lesticus magnus Motschulsky: 祝等 , 1999, 河南昆虫志鞘翅目 (一), 57.

【分类地位】鞘翅目步甲科 Carabidae

【形态特征】成虫体长 24.0mm，宽 9.3mm。成虫体黑色，有光泽，复眼灰褐色；头部光洁 , 两端各被少量灰黄色短毛，额中部微隆起，额沟宽深而长，眉毛 2 根。颏齿宽而短，前端微凹或平截；上唇前部近弧形隆起，上颚短粗，颚须 3 节，内缘直，颚沟短而宽；口须端节扁而末端平截。成虫触角基部 4 节光洁和被 1~2 根灰黄色短毛，5 节后密布细刻点和被多数灰黄色短毛，每节近端部着生一轮长毛，末节端部有长毛。触角第 1 节短于后 2 节之和，触角全长不达前胸背板基缘，腹面略内凹。前胸背板宽略大于长，长宽比为 5.3 : 6.9（mm），在基部每侧有一个凹坑 ，侧缘弧形，后部收狭，背面最宽处在中部前方，前缘弧形内陷，后缘近平直；背板光洁，中部隆起，后部低平且具微小刻点和细横纹；两侧基凹陷大并具皱状刻点，凹陷底部有 2 条纵沟；中纵沟细。背板侧面具灰黄色短毛；背板腹面微凸并具大量刻点。每鞘翅有 9 条具细刻点的纵条沟，并有少量灰黄色短毛，有小盾片刻点行；行距平，鞘翅第 3 行距有 3~4 个毛穴，第 9 行距有 1 行毛穴；鞘翅侧面近弧形。体腹面胸部侧面有刻点，腹侧有皱褶；雄虫前足跗节基部 3 节扩大。中、后足第 1 跗节长度约为第 2、第 3 跗节长度之和。

【生活习性】成虫出现于 6—8 月，发生量少，捕食鳞翅目昆虫的幼虫。重要的储粮害虫的天敌，捕食一些鞘翅目的幼虫和蛹，常见于米厂、面粉厂、干果食杂仓库等场所。

【分布】河南（林州、郑州、新乡、中牟、西华、息县、信阳、商城）、辽宁、内蒙古、河北、陕西、北京、安徽、湖北、甘肃、山西、四川、山东、江苏、贵州、湖南、江西、浙江、广西、台湾；朝鲜，日本。

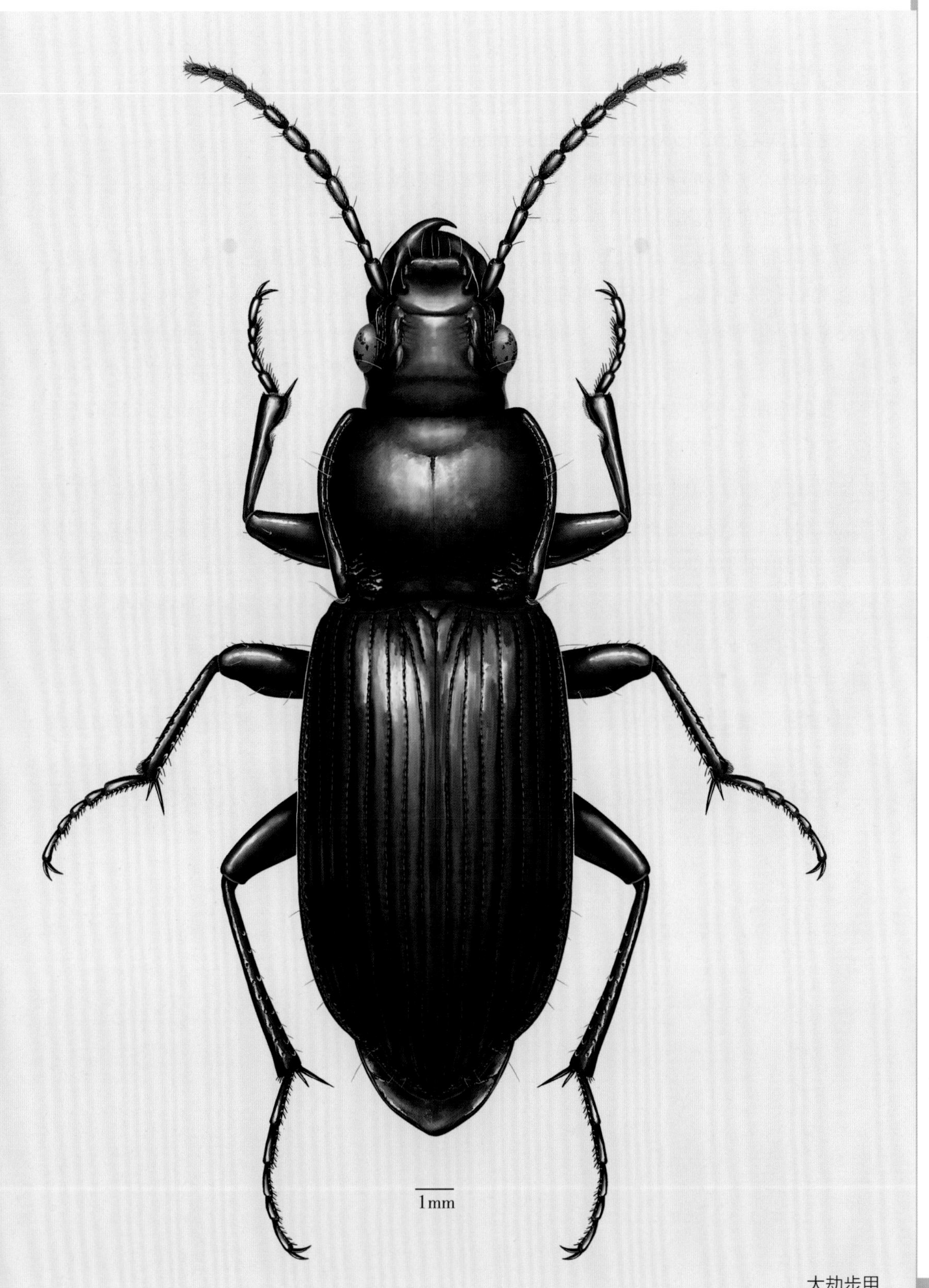

大劫步甲

麻步甲

【拉丁学名】*Carabus brandti* Faldermann, 1835

Carabus brandti Faldermann: 祝等 , 1999, 河南昆虫志鞘翅目 (一), 36.

【分类地位】鞘翅目步甲科 Carabidae

【形态特征】成虫体长 25.0mm，宽 9.9mm。体、鞘翅全黑色，仅复眼呈棕黄色，有金属光泽，光泽弱。头部密布细刻点和粗皱纹，点间有细纹相连；其侧有纵皱纹，额沟较宽浅。上颚较短宽而直，上颚沟无毛；内缘中央有 1 个粗大的齿，上颚表面光洁，齿基的颚面鼓突，颚沟有横皱纹。上唇完全下陷于两上颚基部之间；前半部中央下凹，唇基弧形弯曲，口须末节端部扩大成斧状。触角第 3 节长度接近于第 1 节，基部 4 节光亮无毛，第 5 节后密被棕黄色细毛；头部腹面有弧形凹陷。前胸背板宽略大于长，背板的长宽比为 4.6∶7.0（mm）；背面最宽处在中部之前，盘区密具刻点，前缘弧形深内凹，后缘有 1 列较长的黄色毛，覆盖小盾片；侧缘弧形，缘边上翻，后缘中部直，两端后弯，后角钝圆略微向后突，基凹深圆。有小盾片宽，呈三角形，表面光滑，无凹陷。鞘翅卵圆形，基缘无脊边，后翅退化，翅面密具大小瘤突，瘤突表面密布微细刻点，及无粒突之处也有微细刻点密布，缝角刺突不明显。体腹面、胸腹侧均具细刻点，腹节横沟仅中央明显。足基节膨大，雄虫足的前跗节基部 3 节扩大，腹面黏毛棕黄色。

【生活习性】成虫出现于 5—8 月，多发生于丘陵山区，捕食鳞翅目昆虫的幼虫及蜗牛。

【分布】河南（林州、灵宝、许昌、新乡、南召、邓州、信阳）、黑龙江、辽宁、吉林、内蒙古、河北。

麻步甲

拉步甲

【拉丁学名】*Carabus lafossei* Feisthamel, 1845

Carabus lafossei Feisthamel: 祝等 , 1999, 河南昆虫志鞘翅目 (一), 35.

【分类地位】鞘翅目步甲科 Carabidae

【形态特征】成虫体长 29.5mm，宽 10.2mm。体色鲜艳，头部和前胸背板红铜色，有金属光泽，头前部具绿色；鞘翅绿色或暗铜色，微带蓝绿色光泽，外缘及缘折金绿色而微带铜色，瘤突黑色；触角为黑色，口器为黑色，小盾片及体腹面、足均黑色，带紫蓝色光泽；前胸背板侧面红铜色，带金绿色光泽。头较长，在复眼后方延伸，具粗皱纹和细刻点；额沟长、宽度大；上颚表面光滑，腹面被褐色绒毛；上唇前部宽而后部狭长，中间部下凹，唇基前部中央不下陷；口须末节呈斧状。触角基部前 4 节光亮，两侧各具少量褐色绒毛；5 节后密被褐色绒毛。前胸背板略似心形，长宽约相等，前胸背板的长宽比为 6.1∶6.9（mm）；最宽处在中部稍后；前缘微内凹，侧缘弧状，后缘近于平直，中部膨出，后部收直至两侧近于平行；后侧角钝圆向后下方倾斜显著，侧缘上下弯曲较大；前胸背板后角向后突出显著，超过后缘较多；后缘两端内侧有圆形鼓凸；两侧基凹深而明显。小盾片宽，呈三角形。鞘翅长，似卵圆形，前胸基缘宽与基部宽度接近，向后渐膨大，后端收狭，缝角瘤突较尖长，上翘；每鞘翅有 6 行大小各异瘤突（第 7 行瘤突两端不完整），偶数行瘤突较长大，奇数行瘤突短小，瘤突较尖；沿翅缘有 1 行大刻点。体侧面鞘翅边缘为流线型，体腹面两侧具明显刻点，前胸背板侧面的刻点较大。腹节横沟明显，末节端部有纵皱纹。跗节为 5-5-5 式，雄虫前跗节基部 3 节膨大，腹面黏毛棕色，排列紧密。

【生活习性】一般 1 年 2 代，以成虫在土室中越冬。成虫出现于 5—10 月，一般夜晚捕食，白天潜藏于枯枝落叶、松土或杂草丛中。成虫将卵产在 2~3cm 深的土壤中，每次产卵 6~10 粒。卵经 9d 孵化为幼虫，幼虫大部分时间潜藏于浅土层中，一般在夜晚捕食蜗牛、蛞蝓等软体动物。老熟幼虫在 3~4cm 深的土中做圆形土室化蛹，化蛹 8d 后羽化为成虫；捕食鳞翅目昆虫的幼虫。

【分布】河南 (济源、洛宁、中牟、新乡、信阳)、浙江。

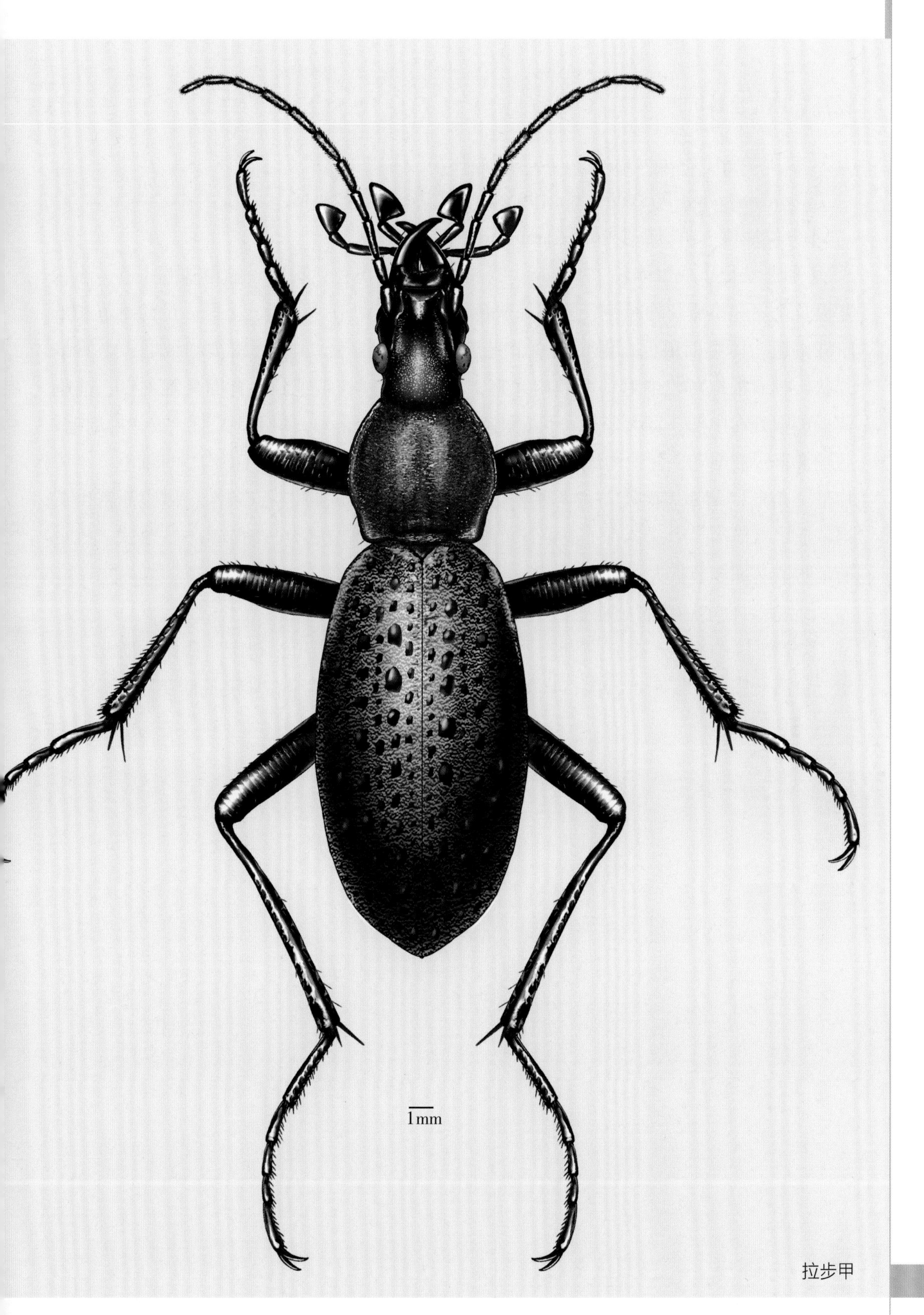

拉步甲

诺氏青步甲

【拉丁学名】*Chalenius noguchii* Bates, 1873

Chalenius noguchii Bates: 邱 , 1996, 南京农专学报 , (2): 15.

【分类地位】鞘翅目步甲科 Carabidae

【形态特征】成虫体长 17.6mm，宽 5.9mm。体黑色，头部、触角基部 3 节、前胸背板及鞘翅和小盾片均黑色，复眼棕灰色，触角 4~11 节、上唇、上颚、足的跗节和爪暗红褐色，体腹面黑色；触角前 3 节光滑，具少量细毛，4 节后密被细绒毛；上唇呈斧状，具 6 根棕黄色细毛；上颚内缘直，具凹；口须棕黄色，头背面具细刻点；前胸背板最宽处在中部，宽大于长，长宽比为 4.0∶5.0（mm）；前缘呈弧形，被一排细毛；后缘平直，被细毛，背中沟细；侧面两侧具细长毛，腹面凸起，有横沟，具细毛。小盾片呈三角形；鞘翅表面及条沟两侧密被细毛，每翅有 9 条具刻点条沟；体腹面密生黄褐色毛，有横沟，中部各有 1 根棕黄色细长毛；足的基节膨大，跗节为 5-5-5 式，雄虫前足跗节基部 3 节扩大。

【生活习性】杂草灌丛地表活动，以小型节肢动物为食。

【分布】河南（全省）、湖北、江苏、贵州、安徽、四川、湖南、江西、浙江、福建、台湾、广西、广东、云南；日本，朝鲜，印度，斯里兰卡，印度尼西亚。

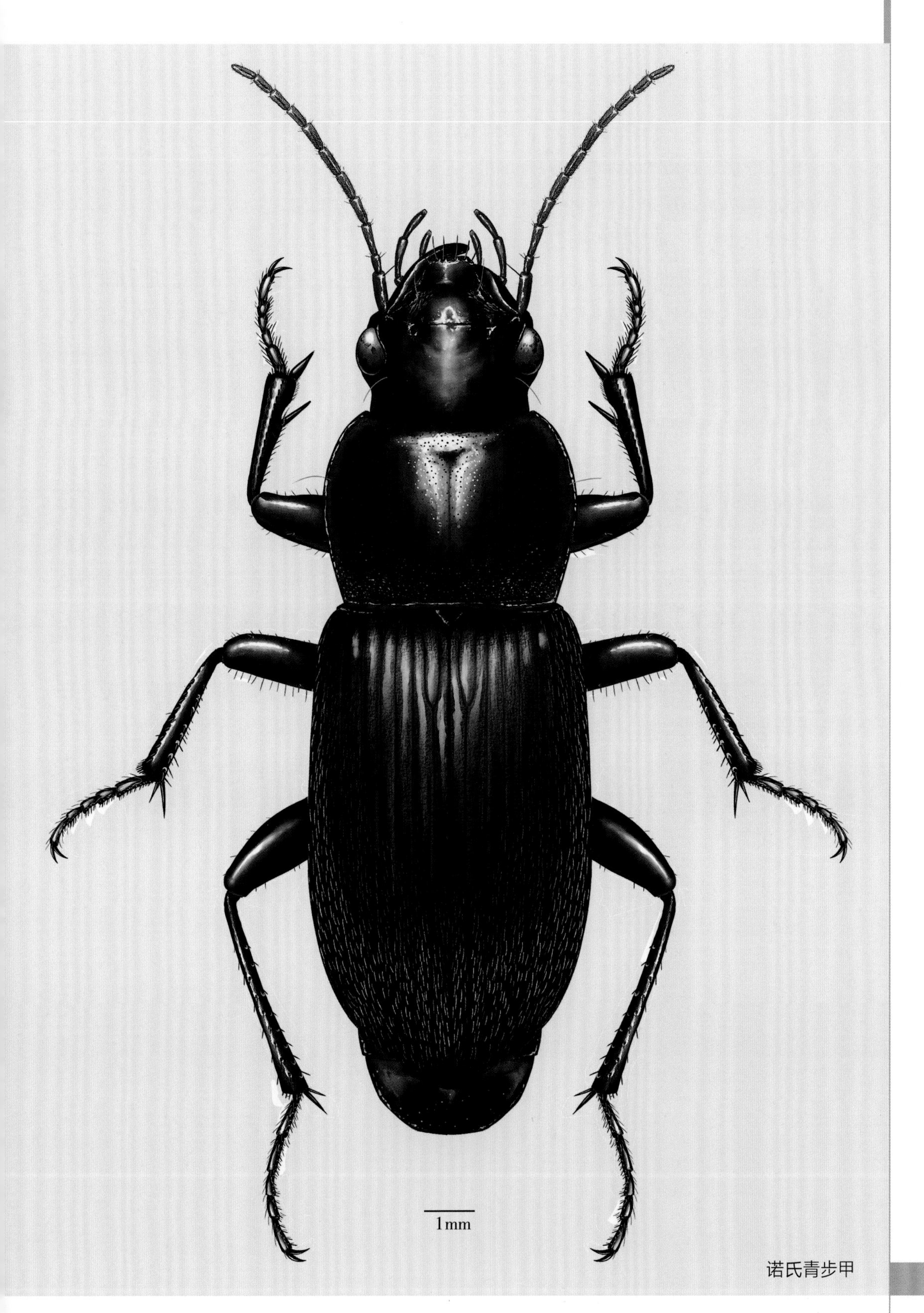

诺氏青步甲

蠋步甲

【拉丁学名】*Dolichus halensis* (Schaller, 1783)

Dolichus halensis: 祝等 , 1999, 河南昆虫志鞘翅目 (一), 58.

【分类地位】鞘翅目步甲科 Carabidae

【形态特征】成虫体长 17.0mm，宽 5.6mm。体黑色；触角基部 3 节、足的腿节及胫节黄褐色；触角大部、复眼间、口须具 2 个圆形斑，前胸侧板、鞘翅背面的大斑纹，以及足的跗节和爪均为棕红色。额部较平坦，额沟浅，沟中有皱褶，头部光亮无刻点；眉毛 2 根。上唇长方形，上颚宽粗，端部尖锐，口须末端平截。触角细长，基部 3 节光亮无毛，4 节后密被灰黄色细毛。前胸背板长宽约等，长宽比为 3.7:4.0（mm），近于方形，中部略拱起，光亮无刻点；前缘横凹明显，中纵沟细，不达两端，侧缘沟深，两侧基凹深而圆；前缘横凹前、两侧、基部及基凹处具细密的刻点和皱褶。小盾片呈三角形，表面光亮。鞘翅狭长而末端窄缩，中部具长形斑，两翅色斑合成长舌形大斑；每鞘翅有 9 条纵沟，具刻点，有小盾片刻点行，行距平，第 3 行距有 2 个毛穴，第 8 条沟具多数毛穴。前足胫节端部斜纵沟明显。跗节为 5-5-5 式，雄虫前足跗节基部 3 节扩大，其第 2、第 3 节腹面有鳞毛 2 排，爪具小齿。

【生活习性】捕食黏虫、螟蛾、夜蛾、蛴螬、隐翅虫、蝼蛄等。此虫性喜潮湿，在作物覆盖度较大的麦地、甘薯地发生较多。成虫出现于 4—9 月。

【分布】河南各地、黑龙江、辽宁、内蒙古、新疆、甘肃、陕西、山西、河北、青海、四川、湖北、安徽、江苏、贵州、湖南、江西、云南、广西、福建；朝鲜，日本，俄罗斯；欧洲。

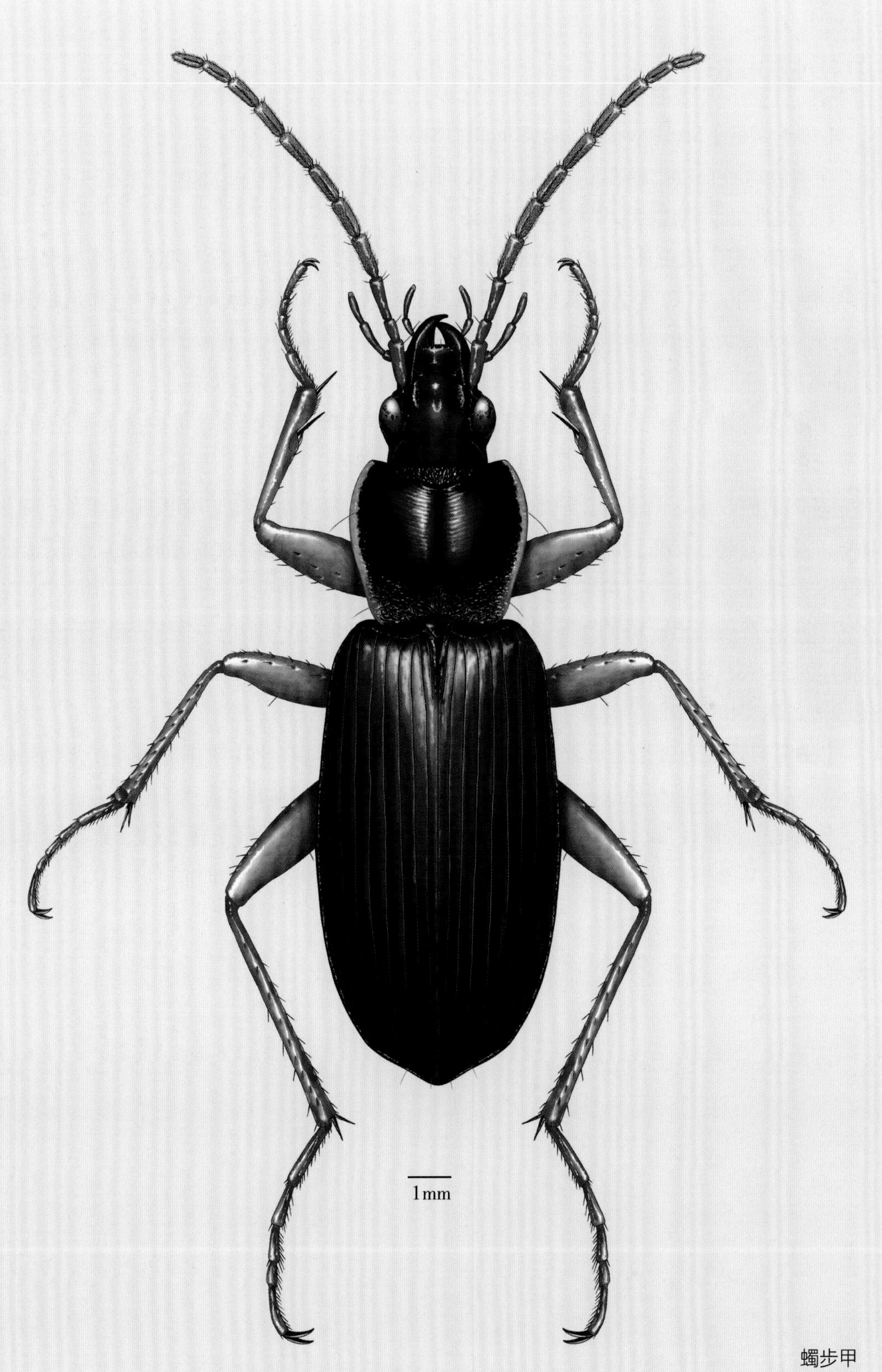

蠋步甲

单齿蝼步甲

【拉丁学名】*Scarites terricola* Bonelli, 1813

Scarites terricola Bonelli: 祝等 , 1999, 河南昆虫志鞘翅目 (一), 40.

【分类地位】鞘翅目步甲科 Carabidae

【形态特征】成虫体长 19.3mm，宽 5.0mm。体黑色，有光泽（亦有全体为棕褐色的）。触角、下唇、下颚为红褐色，复眼为深棕褐色，体腹面为黑色；口须和足跗节带红褐色。头宽大，近于方形，额沟浅，额中部微隆。复眼小，其内侧具纵向的浅皱纹。上唇短狭，下凹于两上额基部之间，上颚内缘有 2 个齿，颚沟及表面有皱纹。触角短细，形状为念珠状，向后不达前胸背板基缘，触角基部 4 节光亮，被少量黄褐色短毛。5 节后密被黄褐色短毛。前胸背板宽大于长，长宽比为 3.9∶4.9（mm），最宽处在中上部，基部两侧收狭，侧缘具 2 根细毛，分别位于前角后及后角上；背板前横沟及中纵沟明显，中部隆起，光亮，两侧基凹内有少量粒突和皱纹；背板腹面中部凸起，光亮，具瘤突，被细毛。小盾片三角形，鞘翅狭长，背部光亮，两侧近于平行，肩后稍膨出，肩甲近方形，肩齿突出；每鞘翅有 7 条纵沟具刻点，沟底刻点细小，翅基两端具瘤突，翅缘的刻点租大，具细横纹，行距较平，第 3 行距有 2 个毛穴。足胫节宽扁，前胫节较其他胫节宽扁突出，中胫节外缘近端部有 1~2 根刺突。

【生活习性】为害小麦、粟、高粱的种子，成虫还能在土中挖掘隧道，使作物幼苗根外露或脱离土壤而枯死。亦捕食地老虎的幼虫等害虫。成虫出现于 5—10 月。

【分布】河南（三门峡、中牟、新乡、许昌、西华、邓州）、黑龙江、辽宁、内蒙古、新疆、甘肃、宁夏、河北、江苏、台湾；日本；欧洲南部、北非。

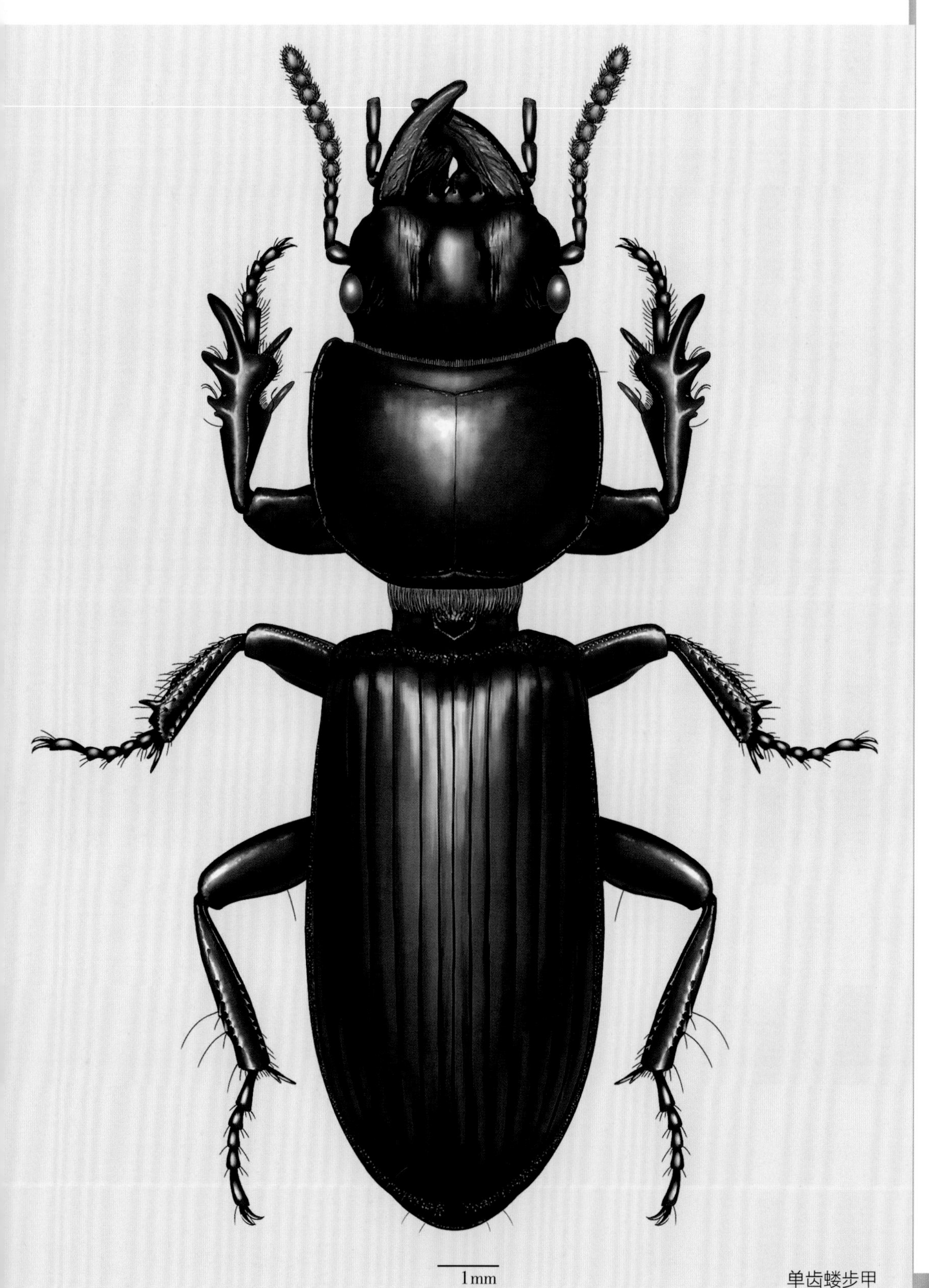

单齿蝼步甲

后斑青步甲

【拉丁学名】*Chlaenius posticalis* Motschulsky, 1854

Chlaenius posticalis Motschulsky: 祝等 , 1999, 河南昆虫志鞘翅目 (一), 54; 邱 , 1996, 南京农专学报 , (2): 7.

【分类地位】鞘翅目步甲科 Carabidae

【形态特征】成虫体长 15.9 mm，宽 5.4 mm。头部及前胸背板绿色，有亮红铜色光泽；触角基部 3 节、口须、足的腿节和胫节黄褐色；上唇、上颚、足的跗节和爪棕褐色；小盾片红铜色；鞘翅墨绿色，后缘两端各有一黄色斑纹；体腹面及足基节黑色，而腹部端节周缘黄色。头额沟浅而长，密布粗细刻点。触角基部 3 节光亮被少量褐色短毛，4 节后密被褐色短毛。上颚短粗、颚沟无毛，内缘直，端部尖而角状内弯，口须末端钝圆；眉毛 1 根。前胸背板宽略大于长，最宽处在中部，长宽比为 3.3 : 4.0 (mm), 盘区无毛，混生粗细刻点，中部及两侧具短横皱纹；中纵沟深细，两侧基凹深，底部沟状。前缘弧形内凹，侧缘弧形，有侧缘毛，后缘近于平直，前角尖锐，后角近于直角；背板密被细毛。小盾片三角形，表面光亮。每鞘翅有 9 条具刻点细纵沟，沟底有细刻点，有小盾片刻点行；行距平坦，密被金黄色短毛，具细刻点，横皱纹显著；翅端纹略呈长方形，位于两翅 4~8 行距上。体腹面胸部具刻点，腹侧密布粗刻点。前足胫节腹端斜纵沟不甚明显。跗节为 5-5-5 式，雄虫前足附节基部 3 节扩大。

【生活习性】捕食鳞翅目昆虫的幼虫等，与黄斑青步甲混合发生，数量少，成虫 6—9 月出现。

【分布】河南 (林州、新乡、灵宝、洛宁、洛阳、偃师、郑州、许昌、邓州)、黑龙江、吉林、辽宁、内蒙古、宁夏、山西、河北、山东、四川、江苏、云南、广西、广东；朝鲜，日本，俄罗斯。

后斑青步甲

星斑虎甲

【拉丁学名】*Cicindela kaleea* Bates, 1866

Cicindela kaleea Bates, 1866: 曾 & 高 , 1986, 华中农业大学学报 , 8(1): 20; 祝等 , 1999, 河南昆虫志鞘翅目 (一), 26; 陈 , 2009, 华东昆虫学报 , 18(3): 237.

【分类地位】鞘翅目虎甲科 Cicindelidae

【形态特征】成虫体长 8.6mm，宽 2.4mm。体较小而狭长。体及足墨绿色；头、胸部具铜绿色光泽；颊部具青绿色光泽；口须末节亮绿色，触角基部 4 节为金属绿色，后者并具铜色光泽；上唇内缘黄白色，边缘黑褐色。上颚雄虫除尖端和齿黑色外，大部分黄色，雌虫基部外侧黄色，其余黑色；鞘翅斑纹黄白色，体腹面胸部具金绿色光泽，腹部具紫蓝色金属光泽。额部复眼大，复眼间平坦，具纵皱纹，顶部具横皱纹；触角基部 4 节光亮，被少量细毛，自第 5 节后密被灰色微毛，前胸背板长宽约相等，长宽比为 1.4 : 1.6（mm），表面密具横皱纹；背板中部微隆起，中纵沟不明显，前缘近平直，后缘近弧形，背板侧缘各具一纵灰白色短毛。小盾片三角形，有亮光。鞘翅由前向后逐渐展宽，至翅端前又急收狭，翅末端尖突，翅面散布青蓝色的刻点。每鞘翅有 4 个大小各异的黄白色斑纹，肩斑、中部前斑小；前斑与后斑紧邻，中部后斑沿翅缘向后延伸呈短条状，其前端向内方延伸，形似倒钩状；其端部有 1 分离的长形点，后斑沿翅缘伸到翅端，成弧状短条纹。鞘翅斑纹常有变化，肩斑和中前斑有变小或消失的，中后斑多向后方延伸呈稍弯曲的斜带。后足基节膨大，为跳跃足；雌虫第 6 腹板后缘中部凹陷；雄虫第 6 腹板后缘中部凹入深。

【生活习性】灌丛杂草等环境地表活动，多爬行或短距离低飞，行动迅速，捕食多种昆虫及小型节肢动物，成虫 7—8 月出现，幼虫生活在土穴中。

【分布】河南 (林州、修武、延津、新乡、郑州、中牟、尉氏、许昌)、甘肃、北京、河北、山东、湖北、四川、江苏、浙江、江西、贵州、云南、台湾；印度。

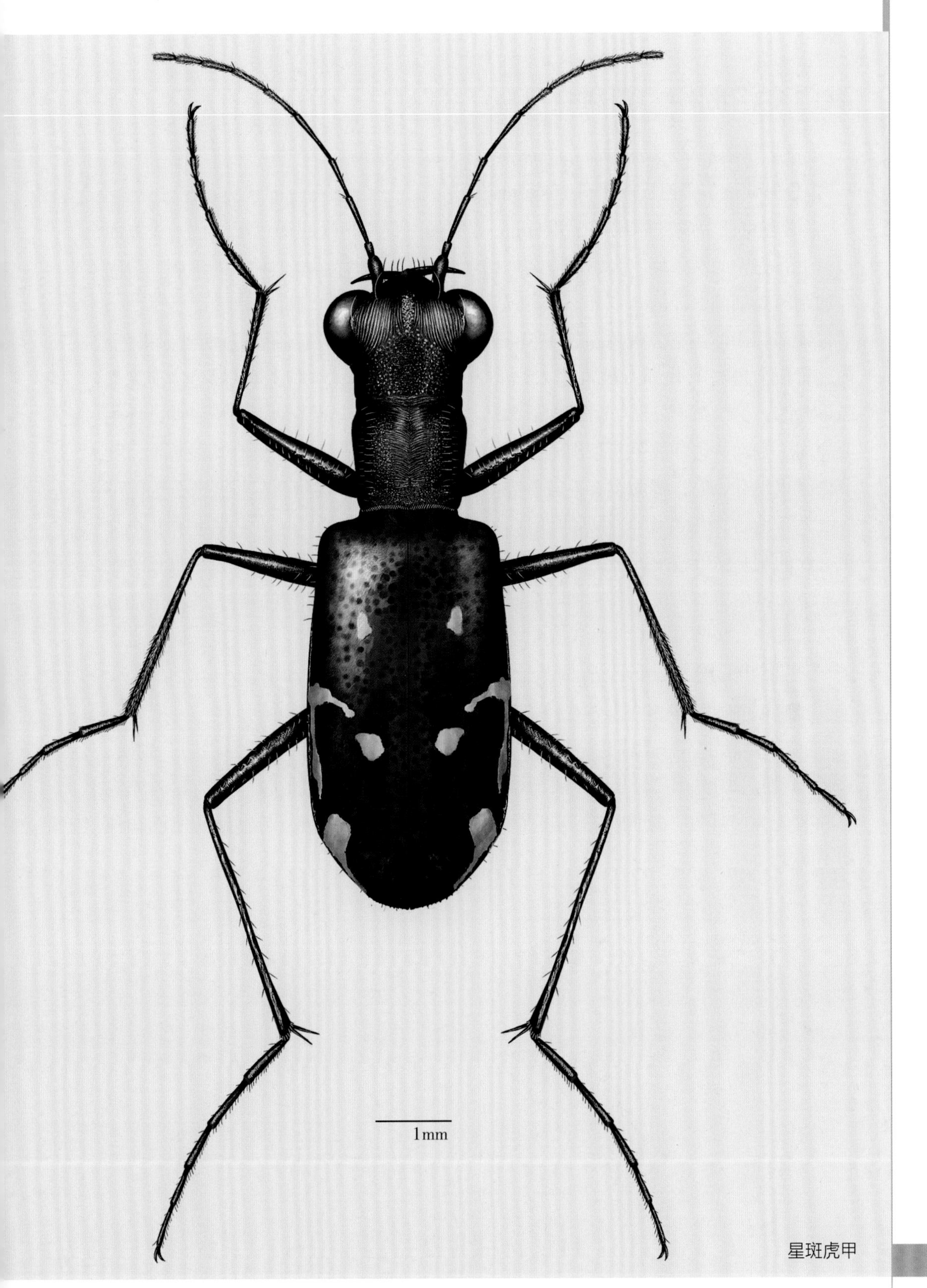

星斑虎甲

洪门全沟阎甲（新种）

【拉丁学名】*Margarinotus hongmenensis* Cui, sp. nov.

【分类地位】鞘翅目阎甲科 Histeridae

【形态特征】成虫体长 4.0~4.5mm, 宽卵形，背方稍隆起褐色至黑色。头宽而短，上有完整的额条痕。头两侧有横向的触角沟。头的背面披上稀疏的细刺，分隔开的距离是细刺直径的 5~7 倍。整个头部呈亮黑色，光滑。触角柄节粗大，索节 5 节，锤部长卵形。整个触角 1.2~1.5mm，从柄节黑色，向锤部逐渐过渡到赤褐色。前胸背板前角宽 1.4mm，侧角宽 2.8mm，长 1.2~1.7mm，梯形，亮黑色。前缘呈弧形内凹，侧缘弧形外凸，后缘向后微凸。鞘翅上有纵沟数条从上到下延伸，外侧亚肩沟（侧面从边际数第三条沟）完整。前足基节短，转节内缘生有几根短毛，腿节内缘也生有短毛，背面也有毛较整齐。胫节背面有 1 个棱状凸起将胫节分为上下 5∶2 两部分，内缘有 3 个明显的深沟，外缘生有较长的毛，胫节末端生有 2 个又粗又长的刺。跗节较短 5 节，末端有刺突。中足胫节外缘生有刺突，较粗且长。跗节 5 节，其中 1 节易被胫节遮挡。后足胫节内缘和外缘上部生有细毛，外缘下部有刺突粗且长。胫节末端有两根长且粗的刺较胫节上生长的粗长。跗节生长同前足。

【生活习性】成虫越冬，在灌丛地表活动，捕食小型节肢动物。

【分布】河南（新乡）。

【模式信息】本种正模，1 雄，2013-III-15，崔建新采于河南新乡洪门；副模，1 雄，1 雌，2014-III-22, 王贝贝采于河南新乡洪门。本种前足胫节上凸起的纵沟将胫节分为两部分，外侧部分宽度为内侧部分宽度的 2.5 倍，与本属其他已知种均不同。

洪门全沟阎甲

花绒寄甲

【拉丁学名】*Dastarcus helophoroides* (Fairmaire, 1881)

Dastarcus helophoroides: 王等，西北农业学报，1996, 5(2): 76; 魏等，2007, 中国森林病虫，26(3): 23; 唐等，2007, 动物分类学报，32(2): 652.

【分类地位】鞘翅目寄甲科 Bothrideridae

【形态特征】成虫体长 5.2~10.0mm，宽 2.1~3.8mm，体鞘坚硬，深褐色。头凹入胸内，复眼黑色，卵圆形。触角短小，11 节，端部膨大呈扁球形，基节膨大。头和前胸密布小刻点。腹板 7 节，基部 2 节愈合。鞘翅上有 1 个椭圆形深褐色斑纹，尾部沿中缝有 1 个粗"十"字斑，每翅表面有纵沟 4 条，沟脊由粗刺组成。足附节 4 节，有爪 1 对。卵乳白色，近孵化时黄褐色，长 0.8~1.0mm，宽 0.2mm，中央稍弯曲。幼虫初孵幼虫头、胸、腹明显，胸足 3 对，腹节 10 节，每节两侧都生有 1 根长毛，尾节的 2 根最长。老熟幼虫胸足退化，腹部变得特别肥大，头、胸部很小，呈蛆形。茧蛹茧长卵形，长 6.3~14.6mm，宽 2.6~5.4mm，刚结茧时为白色，后变成深褐色，丝质。蛹为裸蛹，蛹体黄白色，足、翅折于胸部腹面，羽化前颜色变深。

【生活习性】1 年发生 1~2 代，以成虫越冬，翌年 4 月越冬成虫开始取食，并交尾产卵。5 月上旬第 1 代幼虫开始寄生，6 月中旬为寄生高峰期。7 月中、下旬为第 2 代寄生高峰期。白天隐蔽在树洞、虫道或树皮裂缝处，黄昏时爬出，在树干上爬行、取食和交尾，黎明前又回到隐蔽场所。成虫以枯枝、落叶和树干的老表皮为食，取食时常几个或十几个群集一起。善爬行，不喜飞翔，有假死性。秋后以成虫在老树洞、旧虫孔和树根周围松土下、枯叶中越冬。成虫的寿命很长，自 7 月到次年 7 月都可见到越冬代成虫。卵产在虫道壁或粪屑中，产在虫道壁上的常几粒乃至上百粒排成一片。1 头雌虫可孕卵 33~419 粒，卵期 9~11d。幼虫孵化后便寻找并取食寄主。一般情况下都在寄主体外取食，直至完成各阶段的发育。花绒寄甲的扩散能力不强，因此其发生也因地区而异。

【分布】河南(新乡)、辽宁、内蒙古、甘肃、山西、河北、北京、陕西、山东、江苏、安徽、湖北、上海、宁夏、广东。

花绒寄甲

红窗萤

【拉丁学名】*Pyrocoelia rufa* (Oliverier, 1886)

Lychnuris rufa Oliver, 1886: ?.

Pyrocoelia rufa: Kobayashi et al., 2006: 47; Kim et al., 2003: 70.

【分类地位】鞘翅目萤科 Lampyridae

【形态特征】体长 16~18mm。鞘翅黑色，前胸背板大部黄棕色，中域及其后方红棕色，前缘中部后方左右各 1 透明大斑，左右对称，右侧的呈“、”形。小盾片黄棕色，中部有不规则红棕色斑纹。头黑色，触角、下颚须、下唇须、复眼均为黑色。前胸背板腹面大部分黄棕色，内侧竖立部分红棕色。胸部各节侧板具不规则红棕色大斑块，腹板黄棕色。腹部各节黄棕色，各节中域为 1 大型红棕色横斑（第 7 腹节除外，横斑黄白色）。各足基节、转节、股节基半部黄褐色，各足其余部分黑色。头小，缩入前胸背板。触角侧扁，约为前胸背板长度的 2 倍，第 3~10 节呈瘦长梯形，基部窄，端部宽，使得各节端部两侧角明显突出；第 2 节，最短，三角形，长度约为第 3 节长度的 1/3；第 1 节触角也为三角形，长度约为第 1 节长度的 2.5 倍；第 4~7 节，长度略相等。第 8 节以后各节宽度逐渐变细；末节匕形。前胸背板半圆形，密布细刻点（边缘部分除外），显著超过头端，端缘圆弧形，明显上翘；中后方中脊明显，宽大，中央又有 1 细脊较弱且后半不明显，前端几乎伸达前缘；中部宽脊前方两透明斑及其内侧区域平坦；前胸背板后方侧域宽大，约为中部宽脊宽度 1/2，上翘，程度不如前缘显著。前胸背板后缘较平直，中域明显内收；后角圆形。小盾片三角形，中部略隆起，端部圆钝。鞘翅较平，密布细刻点，前缘弧形，肩角和后角均圆形；除前缘脉外，翅面上有 2~3 条弱的纵脉遗迹。各足基节左右紧靠，中后基节间距约为前中基节间距的 2 倍。各足股节和胫节侧扁；跗节 5 节，第 4 跗分节心瓣形。爪简单，腹面基部略膨突。腹部扁平，6~8 节背板后侧角显著向后方延伸，呈锐角，端部钝形，第 5 节背板后侧角针突形，超过腹板侧角部分约为本节长度的 1/3。2~5 节腹部侧后角呈锐角；6~8 节各节腹板后侧角近直角，端部圆钝；末节背板山字形，中部隆突宽大，顶角和侧角均圆钝；腹板弧形，末端略隆出。

【生活习性】成虫栖息于山区丘陵灌丛、树木上，夜出性。

【分布】河南（辉县）、浙江；朝鲜。

红窗萤

七星瓢虫

【拉丁学名】*Coccinella septempunctata* Linnaeus, 1758

Coccinella septempunctata Linnaeus, 1758: 365.

七星瓢虫 *Coccinella septempunctata*: 刘崇乐, 1963: 37; 虞国跃, 2010: 106; 虞国跃, 2011: 45; 胡胜昌等, 2013: 66; 王宗舜等, 1977: 397; 奇晓阳等, 2016: 238; 郭在彬等, 2016: 1.

【分类地位】鞘翅目瓢虫科 Coccinellidae

【形态特征】成虫体长 5.9mm，宽 5.0mm。体卵圆形，背面拱起明显，头部、复眼及口器黑色。额部具 2 个白色小斑，额与复眼相连处各有 1 个圆形浅黄色斑，复眼内侧凹入处有 1 个浅黄色小点。触角褐色。前胸背板黑色，两前角上各有 1 个近于四边形白斑，并伸展到缘折上形成窄条。鞘翅黄色、橙红色至红色，两鞘翅上共有 7 个黑斑，除位于小盾片下方的小盾斑外，每翅各有 3 个黑色斑。小盾片黑色。鞘翅基部小盾片两侧还各有 1 个近于三角形白色小斑。鞘翅上的黑斑可缩小，部分斑点消失，或斑纹扩大，有时所有斑纹相连、扩大，仅侧缘红色。前胸背板缘仅前缘白色；中胸后侧片白色，而后胸后侧片黑色。背面光滑无毛。体腹面及足黑色。前胸背板宽大于长，长宽比为 1.6∶3.0（mm）；背板具细密刻点；腹板密布细绒毛；前胸腹板纵隆线止于腹板中部。后基线分 2 支，外支伸达外前角，内支伸至腹板后缘。第 5 腹板后缘雄虫微内凹，呈弧形；雌虫则齐平；第 6 腹板后缘雄虫平截，近平直；中部有 1 个横凹陷，雌虫则凸出。鞘翅背面具细密刻点；翅两端侧缘有 1 条凸起线。足的胫节末端有 2 根距刺，爪具基齿。

【生活习性】捕食麦蚜、棉蚜等多种蚜虫和桑木虱、螨类、小菜蛾幼虫。1 年发生 4~5 代，以成虫在小麦、油菜田及落叶下等处越冬。2 月中旬出蛰活动繁殖，麦收前后大量迁入棉田，可控制棉苗期蚜害，夏季高温期成虫处于夏眠状态，秋季又转入麦田、油菜田等处。春夏季完成 1 个世代约 24d。产卵量大。有自残性。

【分布】河南各地、黑龙江、吉林、辽宁、新疆、陕西、山西、北京、河北、山东、江苏、浙江、江西、湖北、湖南、四川、贵州、广西、云南、西藏、广东、福建；蒙古，朝鲜，印度，日本，欧洲，东南亚，新西兰，北美。

七星瓢虫

黑缘红瓢虫

【拉丁学名】*Chilocorus rubidus* Hope, 1831

Chilocorus rubidus Hope, 1831: 31; Mulsant, 1850: 453; Crotch, 1874: 183. Korschefsky, 1932: 241. Kapur, 1956: 262; Nagaraja & Hussainy, 1967: 253; Miyatake, 1970: 318; Booth & Pope, 1989: 362. 刘等, 1963, 中国经济昆虫志 Vol. 5, 瓢虫科, 75. 胡等, 2013, 青藏高原瓢虫, 38.

Coccinella tristis Faldermann, 1835: 452.

Chilocorus tristis: Mulsant, 1850: 452; Crotch, 1874: 183; Weise, 1885: 51(syn.).

【分类地位】鞘翅目瓢虫科 Coccinellidae

【形态特征】成虫体长 4.4~5.5mm；体宽 4.1~5.0mm。成虫体型近圆形，呈半球形拱起，背面光滑无毛。头红褐色，无斑纹。复眼黑色，触角口器浅红褐色。前胸背板红褐色，但基部红色成分增加。鞘翅基本白色，外缘和后缘黑色，向内逐渐变浅，分界不明显。小盾片与鞘翅同色，但颜色较深，腹面红褐色。胸部中央较深。鞘翅缘折黑色，但前部向内靠中、后胸部分红褐色。刻点在头部最深最密、鞘翅侧缘附近刻点较大。刻点之间无网眼细纹。复眼内缘平直，前缘斜直，小眼面细，不被细毛。触角 9 节。唇基前缘中部半圆形内凹，具明显隆线，两侧向复眼前伸延，形成较宽的横片，触角着生在此片下侧。前胸背板前缘深内凹，两前突部分较宽齐平，侧缘前段平直，后部弧形斜缩至小盾片前平截。小盾片三角形，两基角钝圆。鞘翅在肩胛前面有一凹陷，使得肩胛十分显著。鞘翅肩角较宽，形成直角，外缘无隆线。鞘翅缘折完整，直至端末，具两深凹陷，以承受中、后足的“膝”。前胸腹板中央不具纵隆线。中胸腹板前缘基本平齐，在中央浅微下凹。后基线宽圆弧形，紧沿腹板后缘向外伸延，但与侧缘还稍有距离。雄虫第 5 腹板不完全盖住第 6 腹板，且后缘宽圆外凸，第 6 腹板自第 5 腹板后缘中部露出稍许，其后缘平截。雌虫第 5 腹板长两倍于第 4 腹板，后缘弧形外凸，几完全遮盖住第 6 腹板，第 6 腹板后缘亦弧形外凸。胸部与腹部腹板有深凹陷以承纳足。足股节短，此节与胫节各具深纵槽以承纳其后的一节，爪不分裂，基齿大，方形，爪与齿几平行。

【生活习性】取食朝鲜球坚蚧 *Didesmococcus koreanus*，沙里院蚧 *Rhodococcus sariuoni*，白蜡虫 *Ericerus pela*，黍缢管蚜 *Rhopalosiphum padi* 等。

【分布】河南全省、黑龙江、吉林、辽宁、青海、北京、河北、山东、江苏、湖南、西藏、浙江、云南；蒙古，俄罗斯，日本，印度，澳洲。

黑缘红瓢虫

异色瓢虫

【拉丁学名】*Harmonia axyridis* (Pallas, 1773)

Coccinella axyridis Pallas, 1773: 715.

Leis axyridis: Mulsant, 1850: 266; Mader, 1934: 309; 刘, 1963, 中国经济昆虫志 Vol. 5, 瓢虫科, 59;

Ptychannatis axyridis: Crotch, 1874: 123;

Harmonia axyridis; Jacobson, 1916: 984; Timberlake, 1943: 17; Chapin, 1965; Sasaji, 1971: 278; 虞, 2010, 中国瓢虫亚科图志, 118; 虞, 2011, 台湾瓢虫图鉴, 46; 胡等, 2013, 西藏高原瓢虫, 80.

【分类地位】鞘翅目瓢虫科 Coccinellidae

【形态特征】成虫体长 5.4~8.0mm，体宽 3.8~5.2mm。体卵圆形，体背强烈拱起。体色和斑纹变异很大。头部雄性白色，常常头顶具 2 个黑斑或相连，或额的前端具 1 黑斑，唇基白色，雌性黑色区通常较大，斑扩大，额中呈三角形白斑，或全黑，唇基亦为黑色。前胸背板斑纹多变，或白色，有 4~5 个黑斑，或相连的形成“八”字形或“M”形斑，或黑斑扩大，仅侧缘具 1 个大白斑，或白斑缩小，仅外缘白色，或仅前角的两侧缘浅色。鞘翅可分为浅色型和深色型两类，浅色型小盾片棕色或黑色，每一鞘翅上最多 9 个黑斑和合在一起的小盾斑，这些斑点部分或全部可消失，出现无斑、2 斑、4 斑、6 斑、9~19 个斑等，或扩大相连等；深色型鞘翅黑色，通常每一鞘翅具 1、2 或 6 个红斑，红斑可大可小，有时在红斑中出现黑点等。大多数个体在鞘翅末端 7/8 处具 1 个明显的横脊。

【生活习性】以小型昆虫为食，包括菜缢管蚜、豆蚜、棉蚜、高粱蚜、甘蔗蚜、橘蚜、木虱、粉虱、瘤蚜。

【分布】河南全省、中国广泛分布；日本，朝鲜，俄罗斯，蒙古，越南，引入或扩散到欧洲、北美和南美。

异色瓢虫

龟纹瓢虫

【拉丁学名】*Propylea japonica* (Thunberg)

Coccinella japonica Thunberg, 1781: 12.

Coccinella tetraspilota Hope, 1843: 64.

Proylaea japonica: Mader, 1933: 262; Kamiya, 1965: 45; 刘, 1963, 中国经济昆虫志 Vol. 5, 瓢虫科, 48; 孙 & 任, 2000: 山东农业天敌昆虫, 34.

Propylea japonica: Lewis, 1896: 30; Poorani, 2002: 34; 虞, 2010, 中国瓢虫亚科图志, 39; 虞, 2011, 台湾瓢虫图鉴, 7; 胡等, 2013, 西藏高原瓢虫, 98.

【分类地位】鞘翅目瓢虫科 Coccinellidae

【形态特征】成虫体长 3.5~4.7mm, 体宽 2.5~3.2mm。体卵形，背面拱起较弱。头白色或黄白色，头顶黑色，雌雄额中部具 1 个黑斑，有时较大而与黑色的头顶相连，雄性无此黑斑。前胸背板白色或黄白色，中基部具 1 个大型黑斑，黑斑的两侧中央常向外突出，有时黑斑扩大，侧缘及前缘浅色，通常雌雄的黑斑较大，但有时黑斑缩小。小盾片黑色。鞘翅黄色、黄白色或橙红色，侧缘半透明，鞘缝黑色，在距鞘缝基部 1/3、2/3 及 5/6 处各有向外侧延伸的方形或齿形黑斑，另在鞘翅的肩部具斜置的近三角形或长形黑斑，中部有 1 斜置的方形斑，独立或下端与距鞘缝 2/3 处伸出的黑色部分相连。鞘翅斑纹多变，黑斑扩大相连，甚至鞘翅大部黑色，仅小盾片外侧具 1 或大或小的黄白斑和浅色的外缘，或黑斑缩小，鞘翅只剩前后 2 个小黑斑，或只有肩角处具 1 小黑斑，或无斑纹，只有黑色的鞘缝。腹面前胸背板和鞘翅缘折黄褐色，中后胸后侧片白色，腹板黑色，但两侧黄褐色，腹板 VI 节（有时腹板 V 节后缘）黄褐色。但雄性色浅，前胸背板白色，中胸腹板中央和后胸腹板中前部有一对近“V”字形白斑。

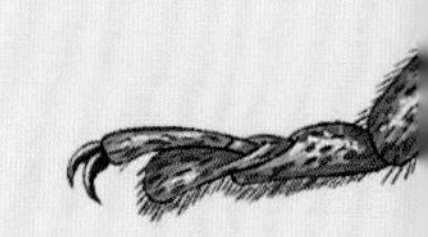

【生活习性】华北地区一年发生 4~5 代。以成虫群集于石缝或土坑中越冬，3—11 月可见。取食菜、豆、棉等各类作物上的蚜虫。

【分布】河南全省、黑龙江、吉林、辽宁、新疆、甘肃、宁夏、内蒙古、北京、河北、陕西、山东、湖北、江苏、上海、浙江、湖南、湖北、江西、四川、台湾、福建、广东、广西、贵州、云南；俄罗斯，朝鲜，日本，越南，不丹，印度。

龟纹瓢虫

膜翅目

金环胡蜂

【拉丁学名】*Vespa mandarinia* Smith, 1805

Vespa mandarinia Smith, 1852: 45；Liu, 1937: 219；Wu, 1941: 223.

Vespa mandarinia mandarinia Li, 1982: 53；Li, 1985: 31; 1987: 472; Li et Ma, 1992:1330.

【分类地位】膜翅目胡蜂科 Vespidae

【形态特征】成虫体长 39.5mm，体宽 10mm。体黄棕色与黑色相间；头部棕黄色，复眼棕黑色；单眼棕色。触角支角突深棕色，柄节棕黄色，鞭节黑色，唯基部数节的腹面及端部数节呈锈色。唇基全呈橘黄色，上颚橘黄色；中胸背板、并胸腹节全呈黑褐色；小盾片全呈棕色或黑褐色；前、中、后足之各节均呈黑褐色，仅膝部及前足胫节背面呈棕色。腹部除第 6 节背、腹板全呈橙黄色外，其余各节背板均为棕黄色与黑褐色相间。第 1 节腹板全呈黑褐色，第 2~5 节腹板均为黑褐色，仅于端部有 1 棕黄色窄带。第 1 节背板与第 2 节背板两端橙色，中间黑褐色。第 3~5 节背板仅于端部边缘为橙色，基部为黑褐色，两色横带相间之宽窄，个体间常略有差异。各节均较光滑，仅能略见浅细的刻点，均布有棕色毛。头部宽较胸部窄，头胸宽度比为 8 : 10（mm），但略宽于前胸背板前缘。两触角窝之间三角状平面隆起，中部有纵沟，隆起端部伸达唇基基部，额沟明显，额部及颊部较稀的布有浅刻点，仅沿后头边缘布有棕色毛，颊部宽，单眼呈倒三角形排列于两复眼顶部之间。唇基略隆起，宽大于高，密布刻点，沿端部布有明显细毛，基部中央凹陷，端部两侧齿状突起。上颚基部宽，近三角形，端部下半部有 3 个齿，上半部刃状，最上端有 1 短齿，上颚布有刻点和极短的毛。颊部明显超过复眼宽。前胸背板前缘中央略隆起，被中胸背板端部分开，肩角明显，刻点几无，但

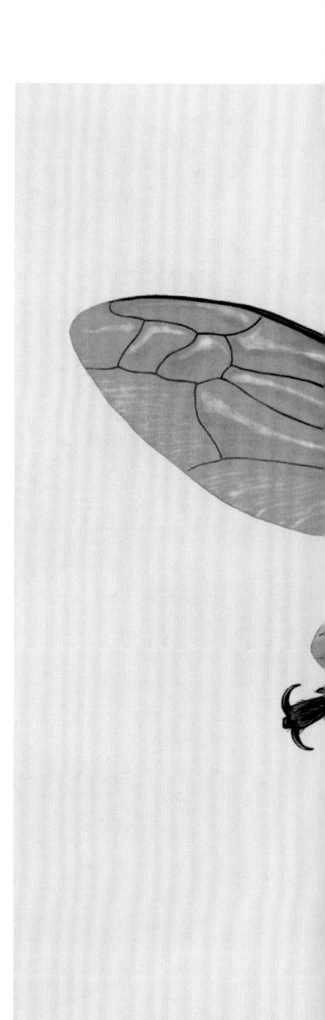

布有显著细毛。中胸背板略隆起，中央有细纵隆线，刻点细浅而稀，布有稀细毛。小盾片矩形，略隆起，光滑，稀布细毛。后小盾片向下垂直，五边形，端部突出，光滑、无刻点，稀布细毛。并胸腹节稀布浅刻点，布有细毛，中央有浅沟，背面平。中胸侧板布有浅刻点及细毛。后胸侧板光滑，无毛及刻点。翅基片内缘色暗，光滑，后缘稀布短毛。

【生活习性】捕食性昆虫，捕食各种昆虫和小型节肢动物，为自然界重要的天敌昆虫。

【分布】河南(新乡)、辽宁、湖北、江苏、浙江、湖南、四川、江西、福建、云南、广西；日本，法国。

金环胡蜂

墨胸胡蜂

【拉丁学名】*Vespa velutina* Lepeletier, 1836

Vespa auraria var. *nigrithrox* Buysson, 1905: 533; Liu, 1937: 224; Wu, 1941: 225.

Vespa velutina nigrithorax Li, 1982: 52; Li, 1985: 26; Li, 1987: 472; Li et Ma, 1992: 1330; Zheng et al., 1995: 274.

【分类地位】膜翅目胡蜂科 Vespidae

【形态特征】成虫体长 24.0mm，体宽 6.9mm；前翅翅展 47.0mm，后翅翅展 35.8mm。体黑色；两触角窝之间棕色，两复眼内缘间呈暗棕色，其余额部及颅顶部均为黑色，刻点细浅，布有较长的黑色毛，颊部上部黑棕色。触角支角突暗棕色，柄节背面黑色，腹面棕色，鞭节背面黑色，腹面锈色。唇基红棕色，刻点细浅，端部边缘略呈黑色。上颚红棕色，端部齿呈黑色。胸片均呈黑色。翅基片外缘棕色。翅呈棕色，前翅前缘色略深。腹部第 1~3 节背板均为黑色，仅于端部边缘有 1 黄棕色窄带，第 4 节背板沿端部边缘为 1 中央有凹陷的棕色宽带，仅基部中央为黑色，第 5、6 节背板均呈暗棕色；各节背板光滑，覆棕色毛。前足基节前缘内侧棕色，余呈黑色，转节黑色，股节内侧除基部外略显棕色，余为黑色，胫节棕色，外侧有 1 黑纵斑，跗节棕色。中、后足基节、转节、股节、胫节均呈黑色，仅转节端部边缘略呈棕色，胫节端部外侧略呈棕色，跗节均为棕色；爪端部黑色，基部棕色。头部宽略窄于胸部，头胸宽度比为 5.7 : 6.6（mm）。头部两复眼逗形，单眼呈倒三角形排列于颅顶部，周缘凹陷；两触角窝之间三角形面隆起，额沟可见；上颚粗壮，具浅刻点；前胸背板前缘中央前隆，中部较窄，两肩角明显，刻点细浅，覆较长的细绒毛。中胸背板中部有纵隆线，端部两侧各有 1 纵向隆起线，达到盾片中部，刻点细浅，覆黑色较长的毛。小盾片略隆起，中央有 1 纵沟，刻点细浅，覆较长的毛。后小盾片向下垂直，横带状，中央有 1 浅沟，端部中央突出呈角状，刻点细浅，覆黑色较长的毛。并胸腹节向下垂直，背部平直，中央有 1 纵沟，几无刻点，覆较长的黑色毛。中胸侧板刻点细浅，覆较长的细绒毛。后胸侧板窄而较光滑。腹部肥大，可见 6 节，第 2 腹节较大，近方形；各节腹板刻点近无，各节具横带。各足胫节端部具长刺，跗节具 1 对爪，无爪垫；各足爪无齿。

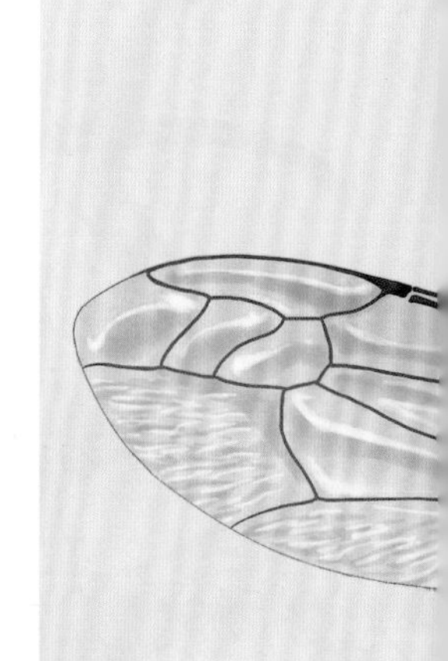

【生活习性】成年的墨胸胡蜂嗜食甜性物质，主要采食瓜果、花蜜和含糖的汁液，捕食的蚊、蝇、虻、蜂小昆虫及其他农林业害虫经过咀嚼成肉泥，用以喂养自己的幼虫。墨胸胡蜂体大，飞翔力强，捕食凶狠。气温在 10℃以上便可出巢寻食，春秋气温低时，出巢较晚，一般每天在 8：00—16：00 时出巢活动；夏季和气温较高时可整日出巢，在 6—8 月繁殖盛期和食物缺乏时，刮风和小雨都要出巢。进入冬季停止繁殖和采食活动。每年 11 月底到翌年 3 月初越冬，一般在墙缝、树洞、灌木丛中，几十个数目不等的挤在一起不食度过严寒的冬天。

【分布】河南、浙江、四川、江西、广东、广西、福建、云南、贵州、西藏；印度，锡金，印度尼西亚。

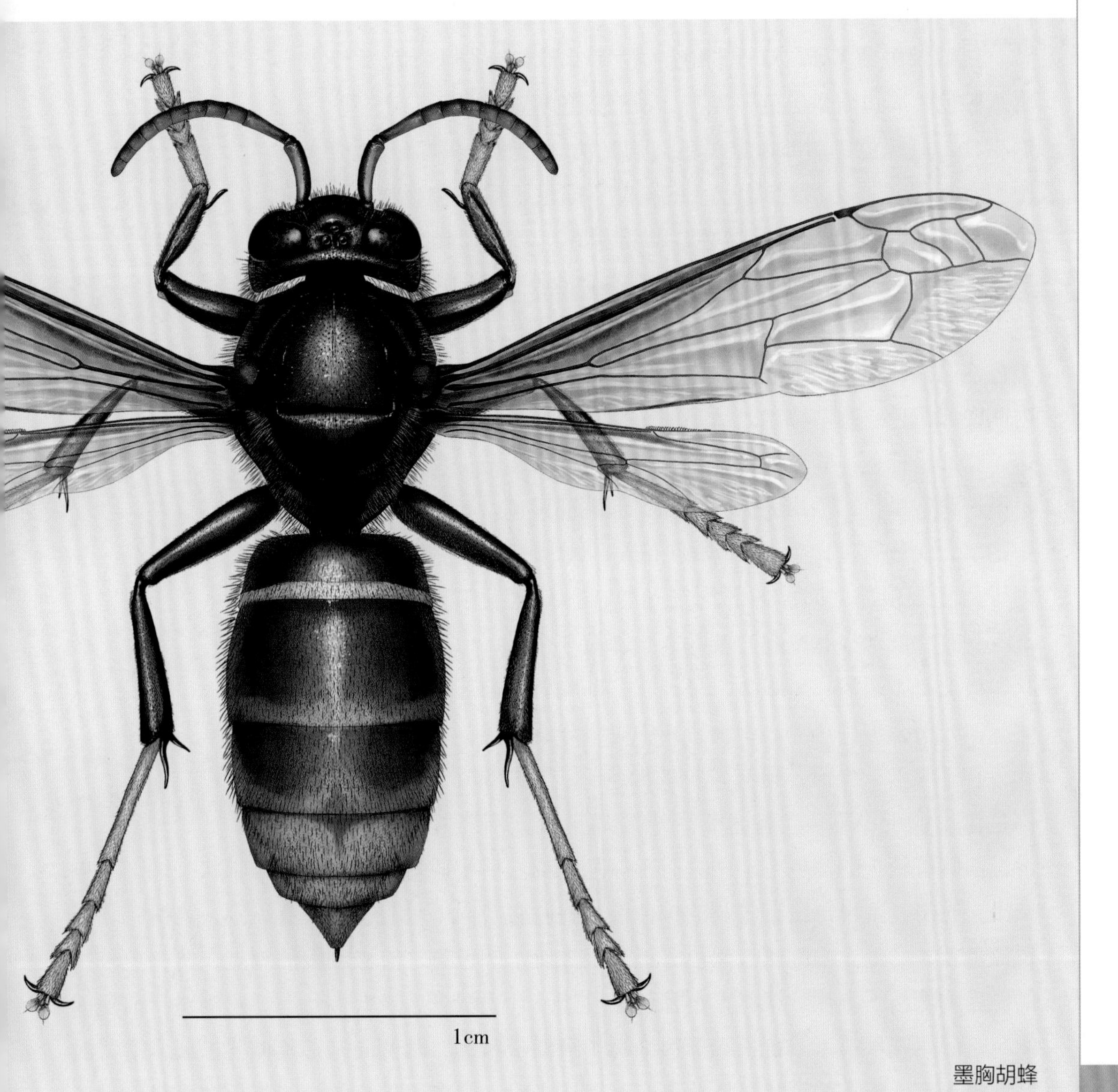

墨胸胡蜂

基胡蜂

【拉丁学名】*Vespa basalis* Smith, 1852

Vespa basalis Smith, 1852: 46.

【分类地位】膜翅目胡蜂科 Vespidae

【形态特征】成虫体长 20.0mm，体宽 5.8mm。体棕黑色；头棕色，触角窝处呈黑色，额部、颅顶部及颊部均呈棕色，额沟明显，两触角窝之间三角状隆起，单眼 3 个，略呈深棕色；中部覆被长棕色毛。复眼黑色；触角支角突、柄节、梗节及鞭节基部 2/3 呈棕色，鞭节端部 1/3 呈暗褐色。唇基棕色，周边略呈黑色，光滑，覆有棕色极短的茸毛。上颚粗壮，呈棕色，端部齿呈黑色，均光滑。前胸背板棕色；中胸背板黑色；小盾片棕色；并胸腹节棕色；后胸侧板黑色；翅基片棕色；翅呈棕黑色；腹部黑色。各足基节均呈黑色，转节亦黑色，但端部略呈棕色。前足股节略向内侧弯曲，外缘呈黑色，余呈棕色，胫节及跗节呈棕色。中足股节黑色，但端部及背面中间的纵带呈棕色，胫节大部棕色，仅内侧中部黑色，跗节棕色。后足股节黑色，但外侧有 1 棕色带，膝部呈棕色，胫节外侧棕色，内侧黑色，跗节棕色。各足第 5 跗节黑色，爪均无齿，棕色，但端部黑色。头部宽窄于胸部，头胸宽度比为 4.1∶4.6（mm）。单眼呈倒三角形排列于两复眼顶部之间，各部均较光滑；唇基宽大于长，端部两侧有 2 圆形齿状突起。端部下半部有 3 个齿，上半部刃状，最上有 1 短齿。复眼大，呈逗状。前胸背板前缘中部略突起，光滑，覆棕色毛。中胸背板中央纵隆线明显，端部两侧各有 1 纵沟，光滑，覆有较长的棕色毛，在端部中央有 1 棕色斑，或于中部成 1 棕色带。小盾片平直，不隆起，光滑，两侧有较长的棕色毛，中央有 1 深色浅沟。后小盾片向下垂直，横带状，端部中央突出，光滑，基半部覆有较长的棕色毛。并胸腹节向下垂直，中央有纵沟，光滑，背部覆棕色较长的毛。中胸侧板黑色，上部中央有 1 棕色斑，有极细浅的刻点，覆棕色较长的。后胸侧板下侧片后缘有 1 小棕色斑。翅基片光滑，后缘有棕色毛。翅两对，前翅前缘色略深。腹部第 1 节背板端部边缘有 1 窄横带状斑，两侧向基部延伸并扩展，沿背面基部中央有 1 略宽的带状斑，此斑有时缺，光滑，覆棕色较长的毛，腹板宽而短，近三

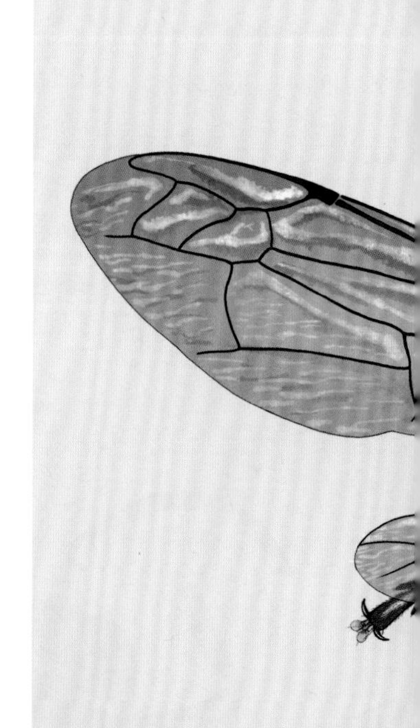

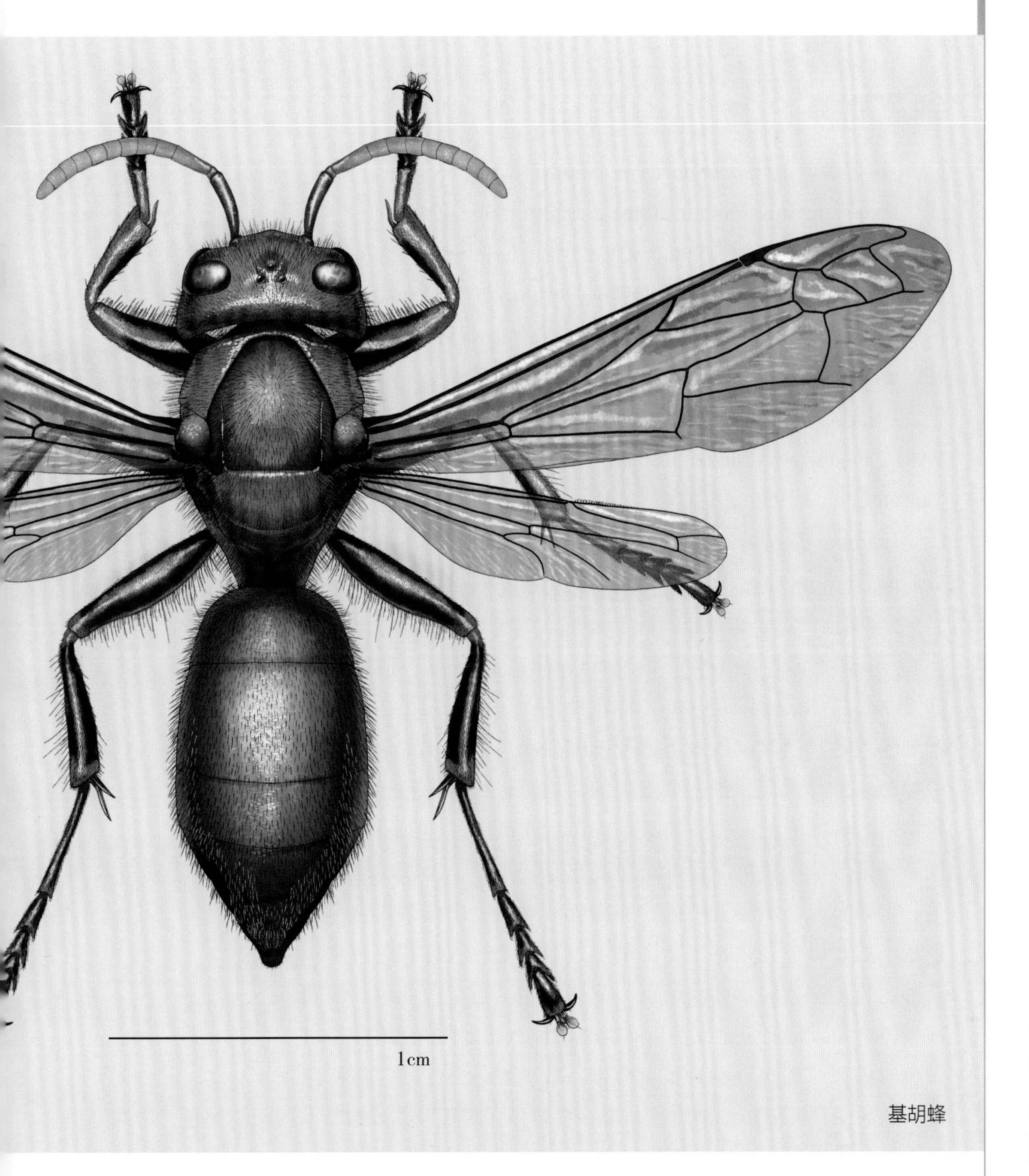

基胡蜂

角形，较光滑，覆较长的褐色毛。第 2~6 节腹板均布有细浅刻点，覆棕色毛。雄蜂近似雌蜂。头部与胸部棕色毛较密，并胸腹节常于两侧下部各有 1 棕色斑。腹部 7 节。

【生活习性】主要捕食其他昆虫。春秋气温低时，出巢较晚，一般每天在 8:00—18:00 时出巢活动；夏季和气温高时可整日出巢；进入冬季停止繁殖和采食活动。

【分布】河南（辉县）、浙江、四川、福建、云南、台湾；尼泊尔、印度、泰国、缅甸、锡金、越南、斯里兰卡、印度尼西亚。

细黄胡蜂

【拉丁学名】*Vespula flaviceps* (Smith, 1870)

Vespa flaviceps Smith in Horne & Smith 1870 : 174 , 191.

Vespa karenkona Sonan 1929 : 148 [holotype ♀ in TARI ; treated as a subspecies of *Vespula flaviceps* (Smith) by Yamane et al . (1980 : 16); synonymized under *Vespula flaviceps* (Smith) by Starr (1992 : 109) in ambiguous manner].

Vespa 4 -maculata Sonan 1929 : 148 –149 [holotype ♀ in TARI ; synonymized under *Vespula flaviceps karenkona* (Sonan) by Yamane et al . (1980 : 16)].

Vespula flaviceps (Smith) : Starr 1992 : 109 –110. *Vespa japonica* de Saussure, 1858

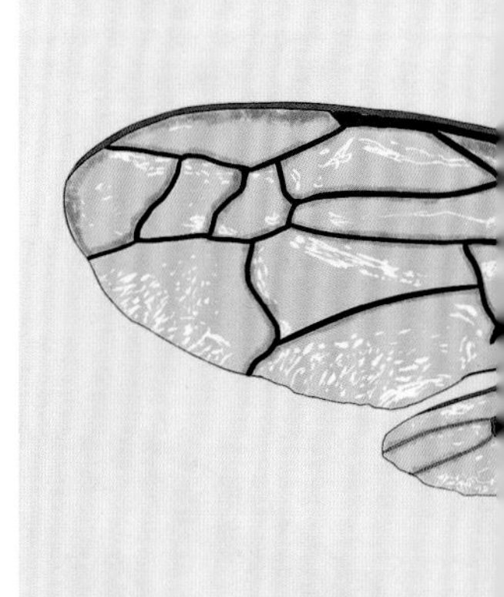

【分类地位】膜翅目胡蜂科 Vespidae

【形态特征】成虫体长 13.9mm，体宽 5.4mm；前翅翅展 29.7mm，后翅翅展 21.0mm。体黄黑色；头部复眼黑色，两复眼外缘黄色；两复眼内缘下部及凹陷处黄色，颅顶部黑色，单眼棕色；颊部黄色，各部刻点浅细，均覆较长的棕色毛。两触角窝之间具黄色斑；触角支角突黑色，柄节黑色，但前缘黄色，梗节、鞭节全呈黑色。唇基黄色，布有浅刻点，覆棕色较长的毛；上颚黄色，端部近黑色。前胸背板黑色；中胸背板全呈黑色。小盾片黑色。并胸腹节全呈黑色。翅基片内缘黄色，中央及外侧为 1 棕色区，有浅刻点，覆棕色毛。翅呈浅棕色，前翅前缘色略深。腹部第 1 节背板前截面黑色，背部前缘两侧各有 1 黄色窄横斑，端部边缘为黄色窄带，余均黑色，光滑，覆棕色略长的毛，腹板极短，呈黑色。第 2 节背板、腹板及第 5 节背、腹板均黑色，沿端部边缘有 1 黄色横带，横带呈锯齿状突起，均覆棕色短毛，背板光滑，腹板可略见浅刻点。第 6 节背、腹板均近三角形、黄色，基部中央略呈黑色，覆短毛，背板光滑，腹板可见浅刻点。前足基节、转节全呈黑色，股节背部黑色，腹面黄色，胫节黄色，外侧中部有 1 黑斑，跗节浅棕色。中足基节黑色，前缘有 1 黄斑，转节黑色，股节基部 1/3 黑色，余黄色，胫节黄色，后缘中部有 1 黑斑，跗节浅棕色。后足基节黑色，外侧有 1 黄斑，转节黑色，股节基部一半黑色，端半部黄色，胫节、跗节均呈浅棕色。头部宽与胸部略相等，头胸宽度比为 4.3∶4.7（mm）。两触角窝之间倒梯形，额沟明显；复眼上部凹

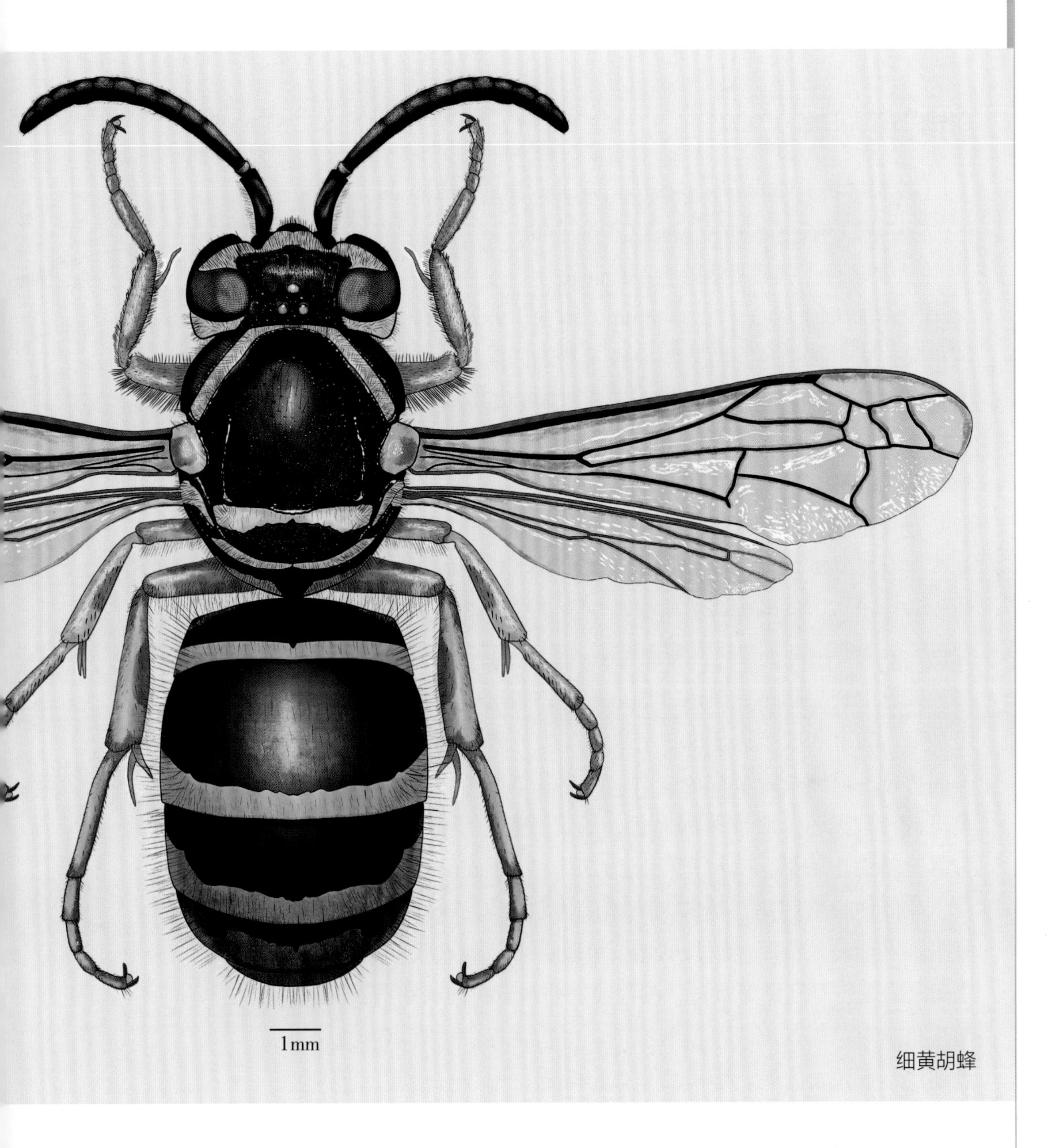

细黄胡蜂

陷；单眼呈倒三角形排列于两复眼顶部之间，唇基基部中央凹陷，端部中央有浅凹陷，两侧略呈齿状突起。前胸背板前缘略突起，两肩角圆形，邻接中胸背板边缘处具窄带，光滑，覆毛。中胸背板中央有纵隆线，光滑，覆较长的毛。小盾片矩形，中央有纵的浅沟，但沿前缘两侧各有 1 横带，刻点细浅，覆较长的毛。后小盾片向下垂直，端部中央突起，并胸腹节中央有纵沟，刻点几无，覆略长的毛。爪简单。

【生活习性】捕食多种中小型昆虫或节肢动物。

【分布】河南 (新乡)、江苏、浙江、四川；日本，俄罗斯，法国，印度。

朝鲜黄胡蜂

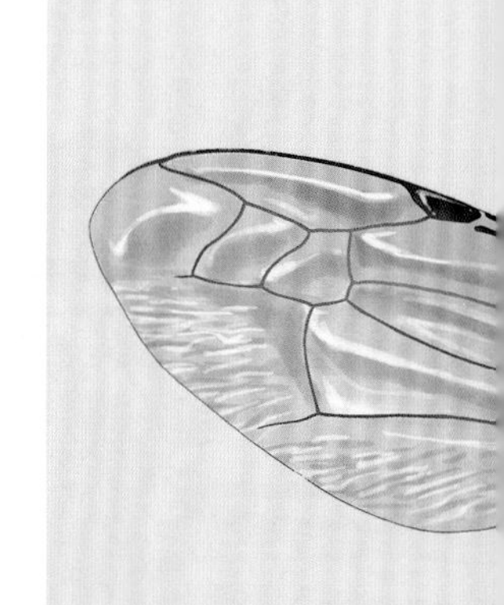

【拉丁学名】*Vespula koreensis koreensis* (Radoszkowski, 1887)

Vespula koreensis koreensis: Li, 1982: 40.

【分类地位】膜翅目胡蜂科 Vespidae

【形态特征】成虫体长 14.2mm，体宽 3.9mm。体黄棕色与黑色相间；头部黄棕色，两复眼内缘及复眼凹陷处均黄色；颅顶部黑色，棕色单眼呈倒三角形排列于两复眼顶部之间，覆较长的近黑色毛。颊部全呈黄色，刻点极浅，覆黄色毛。触角支角突棕色，柄节黑色，腹面有 1 棕色纵带，梗节、鞭节背面黑色，腹面棕色。唇基宽大于高，全呈黄色，覆棕色毛，上颚粗壮，黄色，端部齿黑色，上部刃状，最上有 1 小齿，下半部有 3 个齿，覆黄色短毛。前胸背板黑色，沿中胸背板两侧处呈黄色较宽斑；余均黑色；毛棕色。中胸背板全呈黑色，覆黑色毛；中胸侧板黑色，具黄色斑，覆黄棕色毛；后胸侧板黑色，具小黄斑；翅呈棕色；足黑色；前足基节、转节和股节内侧 2/3 呈黑色，股节其余部分黄色，胫节外侧黄色，内侧及跗节棕色。中、后足基节黑色，外侧有 1 点状黄斑，转节黑色，股节基部黑色，端部黄色，胫节及跗节棕色。头部宽略大于胸部，头胸宽度比为 3.9∶3.6（mm）。唇基刻点细浅，基部中央略凹陷，端部两侧略呈齿状突起，中央凹陷极浅；复眼刻点细浅，覆深色较长的毛。单眼区平，刻点浅；两触角窝之间略隆起，有倒梯形黄斑，额沟浅。前胸背板前缘略向前隆起，两肩角圆形，刻点细浅，覆细绒毛。中胸背板中央有纵隆线，刻点细浅，覆较长的毛。小盾片呈弧形隆起，中央有浅沟，前缘两侧各有 1 黄色横斑，刻点细浅，具短绒毛。后小盾片向下垂直，端部中央明显突起，近三角形，沿基部边缘为黄色带状斑，刻点细浅，覆毛。并胸腹节向下垂直，中央有浅沟，两侧各有 1 黄色大斑，密布横皱褶，覆较长的毛。中胸侧板仅于上端中央有 1 三角形斑，刻点细浅。后胸侧板较窄，上、下侧片上各有 1 小黄斑，刻点细浅。腹部第 1 节背板前截面光滑，背面端缘刻点细浅几不见，布有黄色较长的毛，腹板呈宽短的弧形。第 2~5 节背板端部边缘呈黄色带状，带中央及两侧有 3 个凹陷，光滑，覆黄色短毛，第 2~5 节腹板端部边缘有黄色横带，每节两侧布有浅刻点及黄色毛。第 6 节背、腹板布有黄色短毛。翅基片光滑；前翅前缘色略深。胸足可分为 6 节，自基部向端部分为基节，转节，腿节，胫

朝鲜黄胡蜂

节，跗节和前跗节；各足爪光滑，无齿。雄蜂近似雌蜂。腹部 7 节。

【生活习性】筑巢营群居性的胡蜂，一切活动均以蜂巢为核心，蜂群中有明显分工，即有后蜂、职蜂和专司交配的雄蜂。后蜂多为一蜂一巢，边筑巢边产卵。具喜光性，如遇全部黑暗便停止活动；具嗜糖性，取食果实，花蜜和含有糖分的物质。捕食幼虫时，一般不进行螫刺，仅以足抱牢后，以上颚咬食。

【分布】河南（新乡）、江西；朝鲜。

约马蜂

【拉丁学名】*Polistes jokahamae* Radoszkowski, 1887

Polistes jokahamae Radoszkowski, 1887: 435; Liu, 1937: 209; Wu, 1941: 219; Li, 1982: 128; Li,1985: 75; Li, 1987: 465; Zheng et al., 1995: 274.

【分类地位】膜翅目胡蜂科 Vespidae

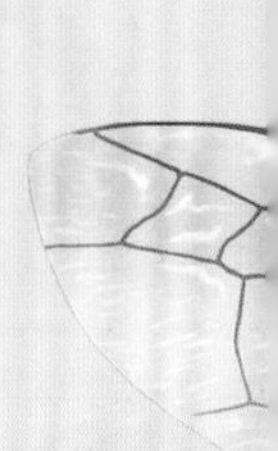

【形态特征】成虫体长 22.1mm，体宽 5.3mm。体橙黄色，略带黑色；复眼橙黑色，两复眼顶部之间有 1 小黑斑，棕色单眼呈倒三角形，周边黑色；额部橙黄色，两触角窝之间具 1 小黑斑，颅顶部单眼后方有 1 对橙色横斑，后头边缘中部呈黑色，两颊部橙黄色。触角支角突、柄节、梗节和鞭节背面均呈黑色，腹面橙黄色，唯鞭节端部数节背面亦为橙黄色。唇基橙黄色，周边黑色。上颚橙黄色，端部齿棕黑色。前胸背板橙黄色；肩部及下部呈较大三角形黑色斑；中胸背板黑色，中部两侧有明显 2 纵黄色斑，近翅基片处常可见 2 短纵极细的橙黄色斑；小盾片黄橙色。腹部第 1 节背板基半部黑色；近基部两侧各有 1 黄斑，端部边缘橙黄色；腹板全呈黑色。前足基节前缘黄色，余为黑色，转节黑色，股节基半部黑色，端半部橙黄色，胫节和跗节橙黄色，但胫节背面色略深。中足基节、转节、股节基部三分之二和胫节基部三分之二均为黑色，股节，胫节端部的三分之一均为橙黄色，跗节橙黄色，但第 1 节基半部近黑色。后足基节，转节均为黑色，股节、胫节除于端部一侧为橙黄色外，均为黑色，跗节第 1 节端部橙黄色，基部黑色，其余跗节均橙黄色。头部宽较胸部窄，头胸宽度比为 4.6 : 5.3（mm）。复眼大，呈逗状；额部布有细刻点，两触角窝之间隆起，颅后部中间向内凹陷，呈弧形，布刻点；两颊部稀布刻点及短毛。唇基略隆起，基部平直，端部钝角突出，宽大于长，布有浅刻点及短毛。上颚布有刻点；端部最上 1 齿较短。前胸背板前缘截状，两肩角明显，沿前缘有领状突起，布有较细刻点及短毛。中胸背板前缘弧形，后缘近平直；前半部有较明显刻点，覆有短茸毛。小盾片矩形，两侧向下延伸，刻点极细，覆有黄色茸毛，后小盾片横带状，端部中央突出，刻点极细，覆有黄色茸毛。并胸腹节斜向下方，中央略凹陷，密布横皱褶及黄色短茸毛，中两侧及侧面各有 1 宽长的纵斑。中胸侧板前侧光滑，后部有刻点，上部、后侧下部各有 1 较大的斑，近前部有 1 小黄橙色斑，覆有短茸毛。后胸侧板窄，黑色，但于上、下侧片上各有 1 较明显的斑，布有刻点及短毛。前翅前缘色略深。腹部第 1 节背板基部细，向端部渐扩展，腹板近三角形，密布细横皱褶及短茸毛。第 2~6 节背板端部边缘有横带，每侧有 1 凹陷，并有 1 斑，各节均覆有黄

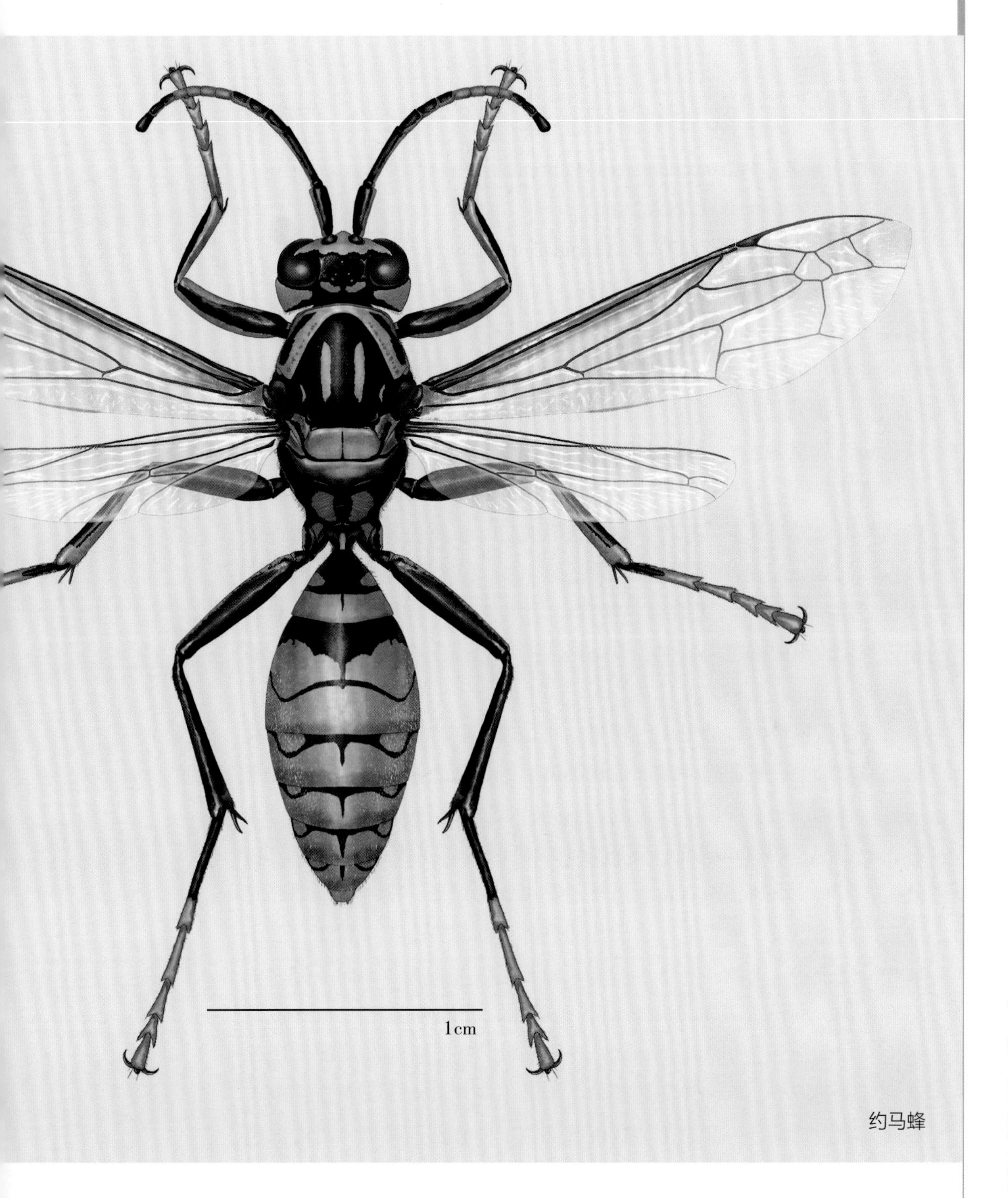

约马蜂

色短毛，各节腹板近似背板，覆有短茸毛。胸足可分为6节，自基部向端部分为基节，转节，腿节，胫节，跗节和前跗节；各足爪无齿。雄蜂触角末端节扁平状。唇基扁平。

【生活习性】一年发生2代，常筑巢与丘陵山地的灌木丛中，主要以鳞翅目幼虫为食，系营群居生活的社会性、肉食性天敌昆虫。

【分布】河南（辉县）、河北、浙江、江西、四川、福建、广东、广西；日本。

中华马蜂

【拉丁学名】*Polistes chinensis* (Fabricius, 1793)

Polistes chinensis: Li, 1982: 66.

【分类地位】膜翅目胡蜂科 Vespidae

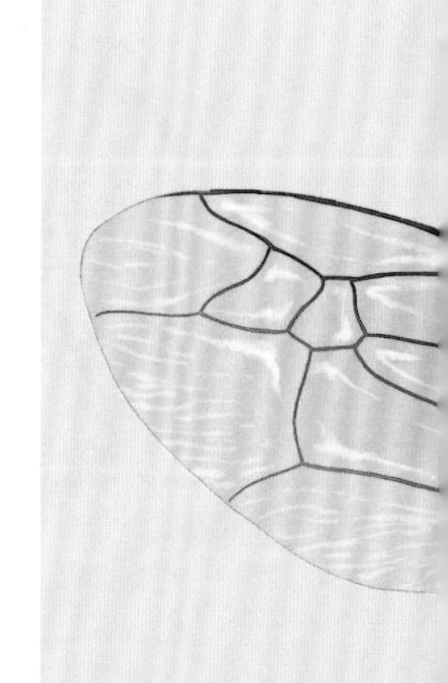

【形态特征】成虫体长 15.8mm，体宽 3.7mm。体黄黑相间。上颚黄色，中部具一块大黑斑；触角窝之间呈黑色，下抵唇基基部，触角窝斜上方亦呈黑色，两复眼顶部之间为 1 黑色宽横带，棕色单眼呈倒三角形排列其间，后头边缘中间黑色，额其余部黄色。颊除下端黄色外，均呈棕色。触角支角突上部黑色，下部棕色，柄节背部棕色，腹部黄色，梗节、鞭节均呈棕色。唇基全呈黄色。前胸背板前缘中部黄色，两侧及下方棕色，后缘边缘黄色，覆黄色茸毛。中胸背板黑色。后小盾片基半部黄色，端半部棕色；中胸侧板黑色；翅基片黄色。翅呈棕色，前翅前缘色略深；足黑色，前、中、后足之基节和转节呈较深的褐色，其他各节呈略浅的褐色，或均为棕褐色。头部与胸部约等宽，头胸宽度比为 3.5 : 3.6（mm）。上颚粗壮，稀布浅刻点，端部齿色较深，最上 1 齿较短。唇基略隆起，下半部稀布刻点及短毛，基部中央略凹陷，端部角状突出。触角窝之间隆起，上方颚沟明显；各部均布有细刻点及短毛。前胸背板前缘略向前突出，沿边缘有领状突起，两肩角明显；中胸背板中央两侧前方各有 1 模糊小斑，其后方各有 1 大斑，布有黄色短茸毛。小盾片矩形，端半部呈中部向前突出的棕色斑，覆茸毛，小盾片两侧外方前部各有 1 小黄斑。后小盾片呈横带状，外侧各有 1 小黄斑，覆茸毛。并胸腹节斜向下方，中央有 1 沟，两侧面及沟两侧各有 1 条纵带，密布横皱褶，布有黄色短毛。中胸侧板上方及后侧缘各有 1 黄斑，密布细刻点及黄色短茸毛。后胸侧板窄，下侧片向后延伸，上、下侧片各有 1 大黄斑，刻点细密，覆短茸毛。腹部第 1 节背板基部细，向端部渐扩展，沿端部边缘为 1 黄色横带，近中部两侧各有 1 黄斑，光滑，覆短茸毛，腹板近三角形，密布细横皱褶。第 2 节背板沿端部边缘为 1 黄色横带，中部两侧各有 1 棕色大斑，斑中央有 1 较小的黄色斑，光滑，覆黄色短茸毛，腹板端部边缘为 1 中央及两侧向基部凸出的横带，光滑，覆短茸毛。第 6 节背、腹板近三角形，光滑，覆黄色茸毛。胸足可分为 6 节，自基部向端部分为基节、转节、腿节、胫节、跗节和前跗节；各足爪无齿，有明显爪垫。

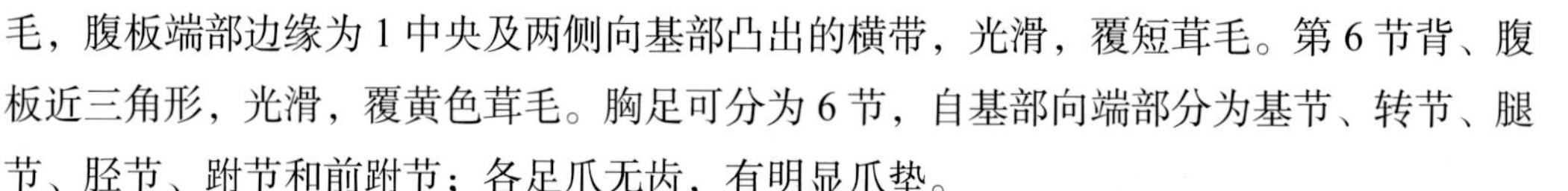

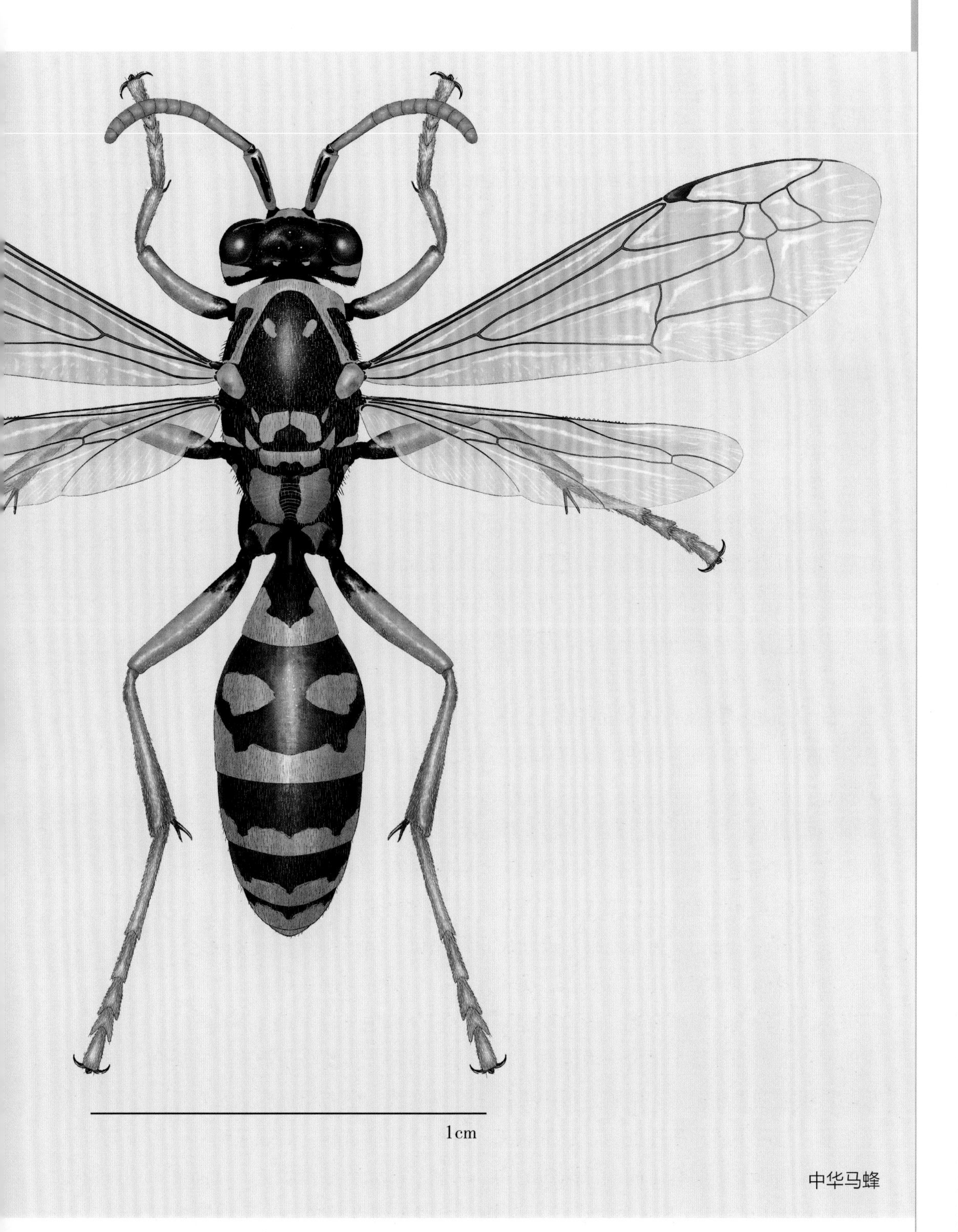

中华马蜂

【生活习性】捕食多种中小型昆虫或节肢动物。

【分布】河南（辉县、林州）、山东、江苏、广东；法国。

镶黄蜾蠃

【拉丁学名】*Oreumenes decoratus* (Smith, 1852)

Oreumenes decoratus: Li, 1982: 92.

【分类地位】膜翅目蜾蠃科 Eumenidae

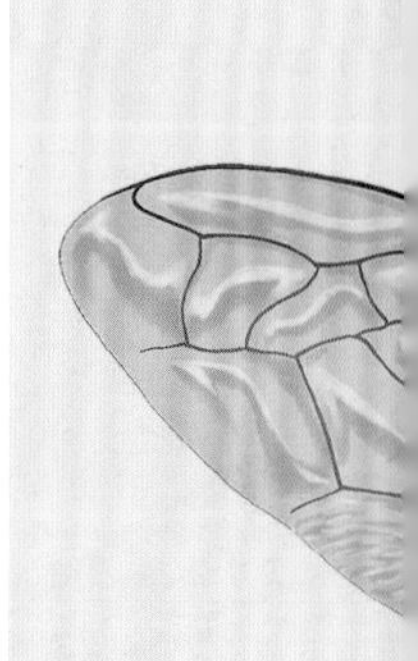

【形态特征】成虫体长 23.4mm，体宽 6.6mm，前翅翅展 46.6mm，后翅翅展 36.4mm。体黑色；颅顶部为黑色；额大部为黑色，但两触角窝之间呈明显脊状隆起处为黄色，与唇基相连；复眼黑色，但两复眼内缘紧邻复眼处各有 1 极窄黄色条状斑，额沟较浅，须为黑色；唇基上半部深黄色，下半部为黄色；上唇暗棕色，有浅的刻点。上颚暗褐色；单眼呈棕色。触角支角突基部黑色，端部略呈深棕色，柄节内侧约三分之二为黄色，近端部三分之一为黑色，外侧则全为黑色，鞭节、梗节为黑色，仅鞭节端部两节内侧为橙色。前胸背板橙色，中胸背板黑色，小盾片黑色，布刻点及短毛，下部两侧角各有 1 三角形黑色区，中胸侧板黑色，上部后缘常有 1 橙色斑，后胸侧板黑色。翅基片棕色。翅呈浅棕色。前足基节外侧黑色，内侧及端部棕色，转节呈暗棕色，股节基半部呈暗棕色，端部呈棕色，胫节棕色，跗节前 4 节呈暗棕色，第 5 节及爪为棕色。中足基节黑色，端部呈棕色，转节黑色，股节基部三分之二呈暗棕色，端部三分之一为棕色，胫节棕色，跗节前 4 节呈暗棕色，第 5 节及爪呈棕色。后足基节前侧呈黑色，后侧呈暗棕色，端部为棕色，转节为黑色，股节基部三分之二呈暗棕色，端部三分之一呈棕色，胫节棕色，但端部一侧为暗棕色，跗节前 4 节为暗棕色，第 5 节呈棕色。头部宽略窄于胸部，头胸宽度比为 5.1∶6.6（mm）。头部复眼呈逗状；单眼呈倒三角形排列于两复眼之间；额部及颅顶部密布粗糙的刻点，覆有短毛；但紧邻复眼后缘各有 1 带状斑，刻点较浅，但覆有毛。唇基明显隆起，但顶部中央较平坦，唇基刻点明显；上颚端部具 1 尖齿，内缘有 3 个钝齿。前胸背板前缘呈截形，有肩角，前胸背板均具粗糙刻点和短毛。中胸背板中央具 1 细纵隆线，密布粗糙刻点及短毛。小盾片呈横矩形，与后小盾片相连处为 1 窄带状斑。后小盾片横带状，后缘呈弧形，密布刻点及短毛。并胸腹节中间有 1 向端部渐深的沟，两侧后部无明显角状突，背面密布刻点及短毛；中胸侧板除侧板下部两侧缘较光滑外，均密布刻点及短毛。后胸侧板较光滑，无刻点及短毛。腹部第 1 节柄状，由基部向端部加粗，由基部三分之一处开始逐渐加粗，密布刻点及短毛，节端部背板边缘中央略有小凹陷的斑，斑内近边缘处并列有 3 个小凹陷，节背板中央有 1 明显纵沟，近节中部之两侧瘤仅留痕迹。腹部可见 6 节；腹部第 2

镶黄蜾蠃

节最大，背、腹板均较光滑，背板刻点浅而稀，背板明显隆起，腹板较平坦，仅端部边缘处呈不规则带状斑。腹部第3~5节背、腹板均较光滑，背板端半部稀布刻点；腹部第6节背、腹面近似三角形，较光滑，稀布浅刻点。

【生活习性】平时独栖的蜾蠃，在社会性行为上则较简单，白天活动，夜晚潜伏；只有在雌蜾蠃要产卵时才筑巢；一室一卵，以卵端丝粘于室壁上，并在自然界捕捉其他昆虫幼虫，经蛰刺麻醉后贮存。捕食鳞翅目昆虫的幼虫。

【分布】河南（辉县）、吉林、辽宁、山西、河北、山东、江苏、浙江、四川、广西；朝鲜，日本。

中齿兜姬蜂

【拉丁学名】*Dolichomitus mesocentrus* (Gravenhorst, 1829)

Ephialtes mesocentrus Gravenhorst, 1829: 249.

【分类地位】膜翅目姬蜂科 Ichneumonidae

【形态特征】成虫体长（不计尾须）22.6mm，体宽 2.6mm。体黑色，头部复眼黑色，周缘红棕色；单眼黑色；唇基黑色至褐色；触角各节黑色；前胸背板黑色，光亮；中胸背板黑色，光亮；腹部黑色；尾须及产卵器黑色，尾须具黑色绒毛。翅透明，黄棕色；前足基节转节红棕色，股节基部红棕色，端部黄棕色；胫节、跗节黄棕色，爪黑色；中足各节红棕色；后足基节、转节、股节红棕色，胫节、跗节和爪黑色。头部宽度较胸部略窄，头胸宽度比为 2.5 : 2.6（mm）；后缘呈弧形；密布细刻点及毛；唇基平坦或稍隆起，端部微凹，端缘中央具 1 深缺刻。上颚 2 端齿等长；后头脊完整，上部中央明显下凹，密布细毛；复眼大；单眼突出，呈倒三角形排列于颅顶部；周缘内凹；触角基部膨大，周缘内凹，各节均具细绒毛。前胸背板隆起，前胸侧板具纵带，被细绒毛；中胸背板隆起，中部具两条斜纵沟，后缘近平直。中胸小盾片近方形，中部隆起，光滑，侧缘具毛。体相对细长，产卵器较长。前翅小翅室较宽；小脉与基脉相对；后小脉在近中央或上方曲折。腹部可见 7 节；腹部第 1 节背板较长，约与第 2 节背板等长，背板侧面凹凸明显，腹侧脊通常较长；第 2 节背板基部的斜沟较长；第 3、4 节通常具瘤状突起。产卵器直；尾须长，两端各具 1 排细绒毛。

【生活习性】多寄生于全变态类昆虫的幼虫或蛹，特别是鳞翅目和膜翅目的这两个虫期。

【分布】河南（辉县）、辽宁、吉林、黑龙江；朝鲜，日本，俄罗斯，欧洲，北美。

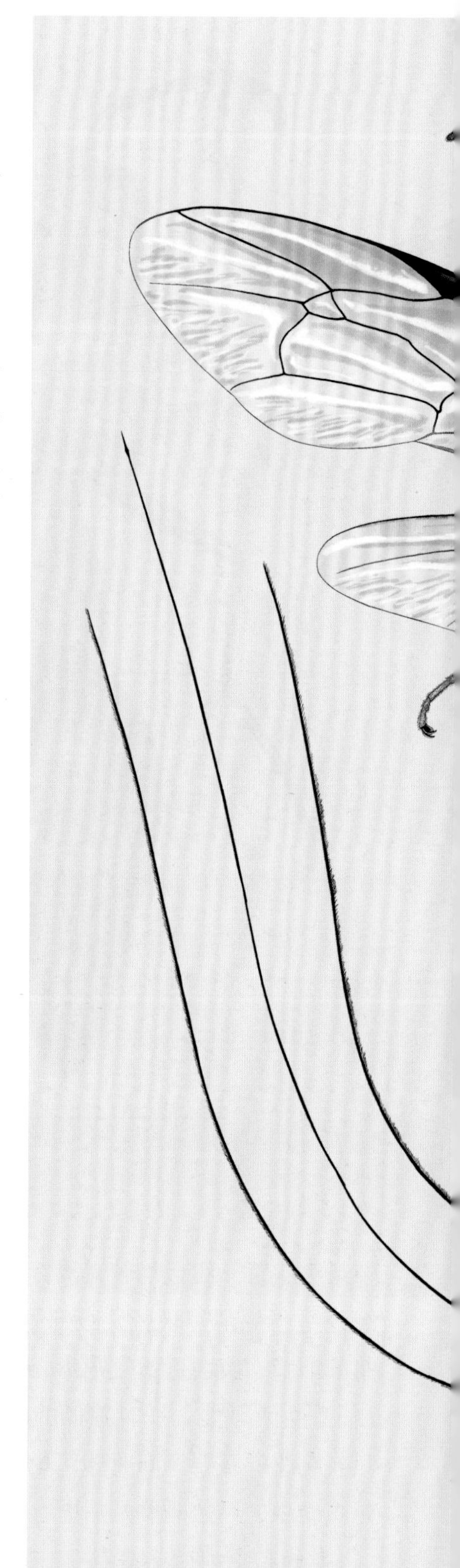

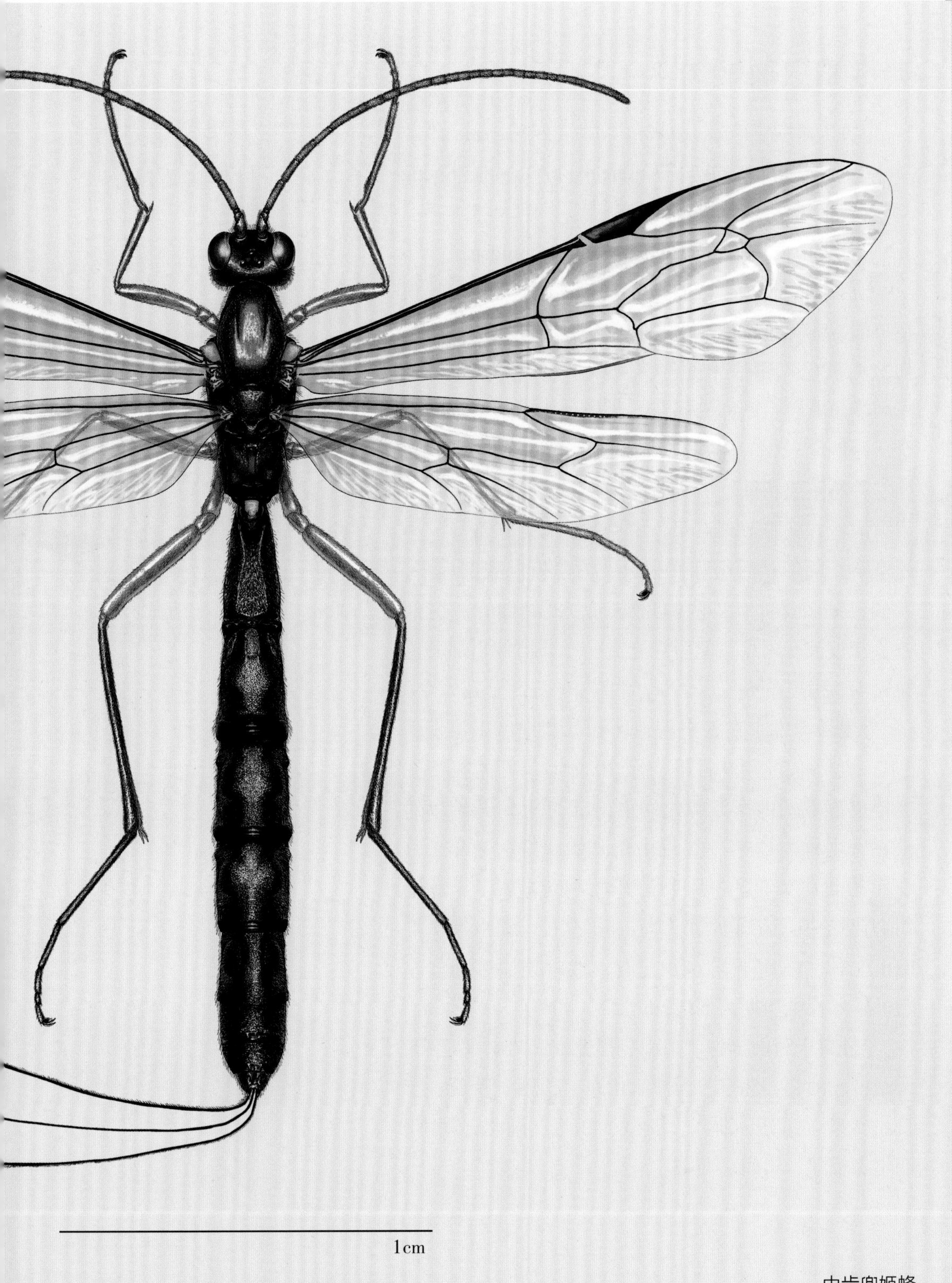

中齿兜姬蜂

舞毒蛾黑瘤姬蜂

【拉丁学名】*Coccygomimus disparis* Viereck, 1911

Coccygomimus disparis Viereck, 1911: 480; Sheng & Sun, 2009: 210.

【分类地位】膜翅目姬蜂科 Ichneumonidae

【形态特征】成虫体长 9~18mm。体黑色，触角梗节端部赤褐色；前、中足腿节、胫节及跗节、后足腿节赤黄色；翅基片黄色；翅脉及翅痣黑褐色，翅痣两端角黄色；产卵管褐色，鞘黑色。后头脊细而完全，额凹陷较深、平滑、复眼内缘近触角处稍凹陷、是本种的主要特征。中胸盾片稍隆起，密布刻点，无盾纵沟；并胸腹节刻点粗，中央基部有 2 条细脊。小翅室非正菱形，后小脉在中央上方曲折。腹部扁平，无柄；第 2 背板有自两侧角伸向中央的细脊；腹部各节背板被有刻点，但后缘光滑。产卵器伸出部分比腹长 1/2 稍短。

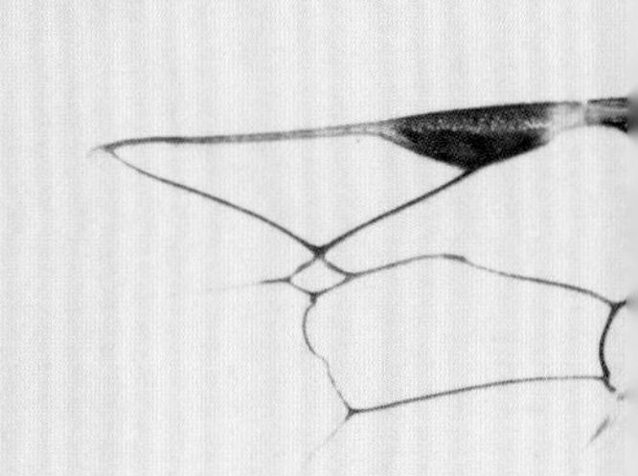

【生活习性】在鲁东南地区和苏北地区 1 年发生 5 代。越冬代翌年 9 月下旬至 10 月上旬开始在寄主臭椿皮夜蛾蛹内产卵孵化幼虫，11 月上旬开始以幼虫在寄主蛹内越冬，12 月中旬开始化蛹，来年 1 月中旬为化蛹盛期，3 月上旬开始羽化成蜂，4 月上旬羽化结束。该蜂卵期平均 8.4d 左右，幼虫期平均 83d 左右，蛹期平均 68d 左右，成蜂寿命 10.8d 左右。越冬代全历期为 170.2d。

【分布】河南全省、云南、黑龙江、吉林、辽宁、内蒙古、河北、北京、天津、山东、山西、陕西、宁夏、甘肃、江苏、浙江、安徽、江西、湖北、湖南、四川、福建、贵州、西藏。

舞毒蛾黑瘤姬蜂

黑胫副奇翅茧蜂

【拉丁学名】*Melanobracon tibialis* (Acshmead, 1906)

Melanobracon tibialis Acshmead 1906: 195; *Atanycolus tibialis* Fahringer, 1928: 579.

Megalommum tibiale Achterberg & Mehrnejad, 2011: 24.

【分类地位】膜翅目茧蜂科 Braconidae

【形态特征】成虫体长 5.4~9.5 mm。身体完全黄色到橘黄色；翅灰色，前翅位于中央部分具暗斑，翅脉 1-SR+M 脉基部，亚盘室的中央部分和翅痣略带深褐色，但基部 1/5~2/5 黄色。头前面观中长为宽的 1.12 倍；颜面高度为唇基高度的 3.6 倍；复眼高为 2 宽的 2.4 倍；OOL（复眼到侧单眼距离）: OD（中单眼到侧单眼距离）: POL（侧单眼间距）=1 : 1.4 : 1.2；触角鞭节 49~52 节，端鞭节细，长为宽的 2 倍，为亚端鞭节长的 1.2 倍；柄节长为最大宽的 1.7 倍；雌虫第 3 节下颚须端部明显增大。胸长为高的 1.75 倍，光滑并具光泽。盾纵沟仅前半微弱凹陷，后半缺。小盾片前沟窄，常为刻点或细微平行短刻条；并胸腹节后缘窄，具平行短刻条。后足腿节长为最大宽的 3.7 倍：后足腿节:胫节:基跗节 =1.8 : 3.0 : 1.0，基跗节长为内胫节距长的 2.0 倍。第 1 腹背板长为端宽的 1.2 倍，中部隆起区域的基 2/3 具皱褶线条刻纹，后部多少光滑：第 2 腹背板的中基区域延伸至中间处，两侧具平行短刻条纹；第 3~5 腹背板具中等密毛和均匀毛；缺横向亚后沟。

【生活习性】本种为多种蛀干害虫的寄生蜂。

【分布】河南、辽宁、广西、浙江；日本。

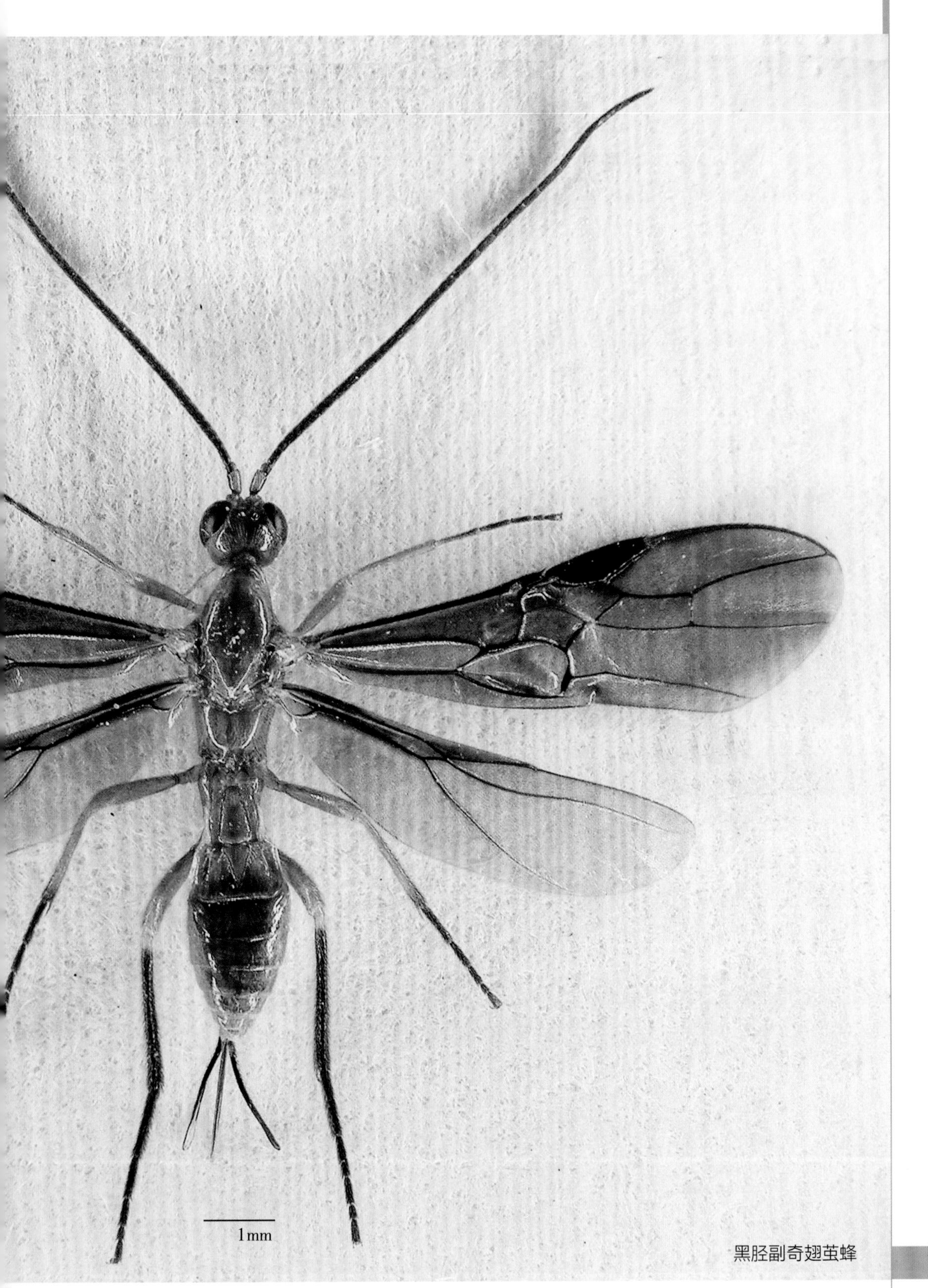

黑胫副奇翅茧蜂

具柄矛茧蜂

【拉丁学名】*Doryctes petiolatus* Shestakov 1940

Doryctes petiolatus Shestakov, 1940: 5; Telenga, 1941: 99, 285; Belokobylskij, 1998: 60; Belokobylskij et al., 2012: 56.

【分类地位】膜翅目茧蜂科 Braconidae

【形态特征】体长：♀/♂=10.2~17.4/9.3~14.1mm。体色：头和前胸棕黄色，身体呈黑色。翅褐色。头：头宽为长的 1.5 倍；头部大部分区域光环，头顶自复眼后弧形收缩。后头脊完全；OOL（复眼到侧单眼距离）: OD（中单眼到侧单眼距离）: POL（侧单眼间距）=1 : 2.0 : 0.7；颚眼距是上颚基宽的 1.2 倍，为复眼长的 0.5 倍；唇基凹深圆形，宽是下陷边缘至复眼距离的 1.1 倍。触角 44~58 节；柄节长是其宽的 1.6~2.4 倍，第 1 鞭节长是端宽的 3.0 倍，与第 2 鞭节约等长或稍长。侧面观胸长为胸高的 2.1 倍，前胸背板具明显的背脊；中胸盾片中叶不突起；中胸侧板具稀疏刻点，基节前沟明显且光滑，占中胸侧板下部全长的 0.5 倍。并胸腹节端部具 2 个小的侧突。足：后足腿节长是宽的 3.0 倍；后足跗节为胫节长的 1.0 倍，基跗节长是第 2~5 跗节总长的 1.1 倍，是第 2 跗节长的 2.0 倍。腹：第 1 背板长是端宽的 1.5 倍，具不规则刻皱，基部具明显的、大的背凹；第 2 背板除基部近中央处具三角形粗糙刻纹区，侧面和端半部光滑；其余背板光滑。

【生活习性】本种为多种蛀干害虫的外寄生蜂，茧狭长，不透明，乳白色。从已有材料看雌性个体占绝大多数，具有较高的雌雄性比，该蜂羽化时间为 6 月中旬到 8 月中旬，跨度较大。

【分布】河南、黑龙江、吉林、辽宁、陕西、浙江。

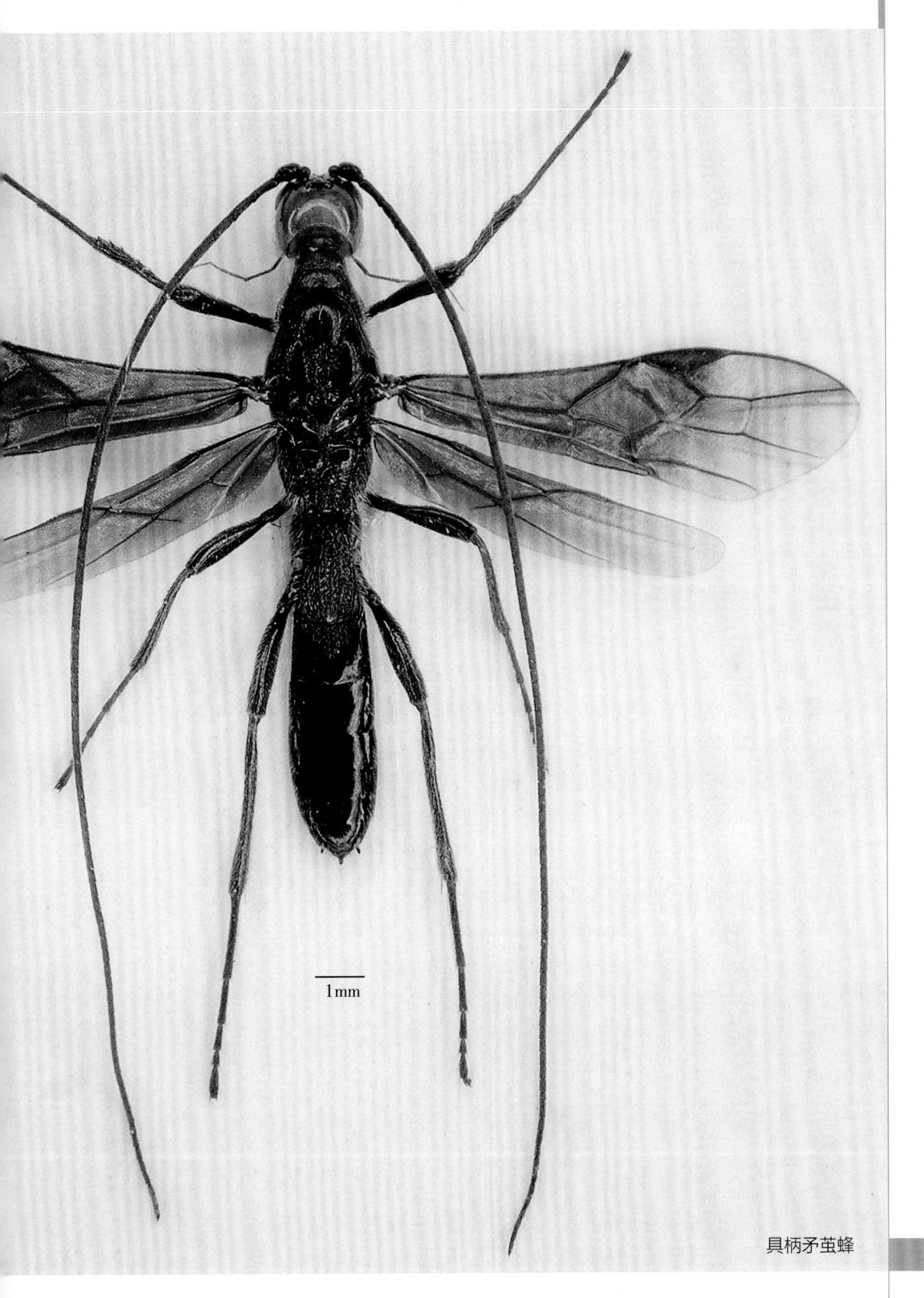

具柄矛茧蜂

两色刺足茧蜂

【拉丁学名】*Zombrus bicolor* (Enderlein 1912)

Zombrus bicolor Shenefelt et Marsh, 1976: 1367; He et al., 2004: 558; Belokobylskij & Maeto 2009: 775.

Neotrimorus bicolor Enderlein, 1912: 29.

Zombrus sjostedti Shenefelt et Marsh, 1976: 1371.

【分类地位】膜翅目茧蜂科 Braconidae

【形态特征】体长：♀/♂=（6.5~13.5）/（5.8~10.4）mm。成虫头和中胸淡红褐色，有的黄褐色；触角、下唇须、下颚须、足及腹部黑色；翅烟褐色，翅痣和翅脉黑色。头方形，背面观宽为中长的 1.5~1.7 倍；颜面具粗刻点，具中纵脊；唇基与上颚形成圆形的口窝。后头脊中央有间断；单眼中等大小，POL（侧单眼间距）为 OD（中单眼到侧单眼距离）的 0.7 倍，为 OOL（复眼到侧单眼距离）的 0.3 倍；触角 45~54 节。胸段长为高的 2.0~2.2 倍，前胸背板中部明显凸出，中央具纵凹，带网状刻纹；中胸盾片隆起，光滑具少量刻点，盾纵沟深，在中叶后方相接，相接处具皱纹；胸腹侧脊明显；翅基下方的沟及腹板侧沟明显。后足基节背面有 2 个尖锐的刺状突起，近基部的细而长，端部的短为三角形。腹部 1~2 背板及第 3 背板基部有多条纵刻纹，其余背板光滑。第 2 背板有 1 卵圆形隆起的中区；产卵管鞘长为后足胫节的 1.8 倍。

【生活习性】本种茧蜂为单寄生蜂，何俊华等（2004）记载其寄主有双条杉天牛 *Semanotus bifasciatus* 等 14 种天牛，而栗山天牛作为其寄主本文首次记载。从采集到的标本来看，其雌虫数量略多于雄虫数量，但是比例相差不大。

【分布】河南（新乡）、浙江、北京、陕西、安徽、湖北、湖南、四川、台湾、福建、广东、海南、广西、贵州；日本，哈萨克斯坦，韩国，蒙古，俄罗斯，吉尔吉斯斯坦。

两色刺足茧蜂

赤腹茧蜂

【拉丁学名】*Iphiaulax impostor* (Scopoli, 1763)

Ichneumon impostor, Scopoli, 1763: 287.

Iphiaulax impostor: Chu, 1937: 71; Shenefelt, 1978: 1769: He et Wang, 1987, 405.

【分类地位】膜翅目茧蜂科 Braconidae

【形态特征】体长 9mm。头黑色。胸部红色，中胸背板中叶前方 1/2 及侧叶色深，暗红色。翅全部烟褐色，翅痣和翅脉暗褐色；具 2~3 个透明斑，一个在 m-cu 脉上部与 2-M 脉基部相交处，另一个在 r-m 脉。足黑色。腹部红色。产卵管红棕色，鞘黑色。体具光泽。头横宽，复眼之后狭，单眼区略隆起；颜、颊、上颊、头顶、唇基、下颚须具黑褐至黑色毛。胸平坦，具短黑毛。足细长，后足基节长，棍棒状，胫节略弯曲，腹部卵圆形，长度约等于头胸长度和，腹面凹，第 1 背板自基部至端部由窄变宽，其后缘明显比长度宽，中部突起，在中区与侧缘之间有 2 纵沟平；第 2 背板略横宽，基部 2/5~3/5 处中央有纵皱纹，基部两侧有 2 个三角形区域，由深沟与背板其余部分分开；第 3~5 背板近前缘有锯齿形横沟，其基部两侧各有 1 斜沟，在侧缘形成 1 个近似三角形区域，各节背板后缘具宽边。产卵管长约为腹长的 2/3，末端略弯曲，鞘近末端渐宽，端部圆形。

【生活习性】寄主包括多种天牛蛀干害虫。

【分布】河南（辉县、林州）、吉林、浙江、江苏、甘肃、宁夏地区。

赤腹茧蜂

白蛾周氏啮小蜂

【拉丁学名】*Chouioia cunea* Yang, 1989

Chouioia cunea: Yang, 1989, 昆虫分类学报, 11(1-2): 119; 王等, 1997, 沈阳农业大学学报, 28(1): 16; 韩等, 2000, 森林病虫通讯, (1): 27; 宋 & 顾, 2007, 防护林科技, 80(5): 15; 乔等, 2004, (3):2; 孙等, 2009, 昆虫学报, 52(12): 1307; 宋等, 2011, 河北林业科技, (6): 6; 刘等, 2011, 山东林业科技, 42(2): 77; 郑等, 2012, 中国生物防治学报, 28(2): 275; 孟等, 2014, 森林保护, (6): 39; 张等, 2014, 河南林业科技, 34(4): 41; 魏, 2015, 城市建设理论研究（电子版）, 5(28): 2015O5000; 辛等, 2016, 昆虫学报, 59(7): 699.

【分类地位】膜翅目姬小蜂科 Eulophidae

【形态特征】雌蜂：体长 1.1~1.5mm。红褐色稍带光泽，头部、前胸及腹部色深，尤其是头部及前胸几乎成黑褐色，并胸腹节、腹柄节及腹部第一节色淡；触角各节褐黄色；上颚、单眼褐红色；胸部侧板、腹板浅红褐色带黄色；3 对足及下颚、下唇复合体均为污黄色；翅透明，翅脉色同触角。雄蜂：体长 1.4mm 左右，近黑色略带光泽，并胸腹节色较淡，腹柄节、腹部第一节基部为淡黄褐色，触角及 2 分裂的唇基片黄褐色，足除基节色同触角外，其余各节均为污黄色。

【生活习性】1 年发生 7 代，以老熟幼虫在美国白蛾蛹内越冬，群集寄生于寄主蛹内，其卵、幼虫、蛹及产卵前期均在寄主蛹内度过。雌蜂平均怀卵量 270.5 粒，雌雄比为（44~95）: 1，人工接蜂时雄蜂可忽略不计。冬季无滞育现象。成蜂在寄主蛹中羽化后，先进行交配 (无重复交配现象)，随后咬一羽化孔爬出，其余的成蜂均从该孔羽化而出。刚羽化的成蜂当天即可产卵寄生。人工繁殖时可用当天羽化出来的雌蜂接蜂，或羽化出后 1~2d 的雌蜂接蜂。接蜂后，雌蜂异常活跃，迅速爬到寄主体上，伸出产卵器，试探着刺入寄主蛹中，然后产卵。在自然界中还可寄生多种鳞翅目食叶害虫（如榆毒蛾 *Ivela ochropoda*、柳毒蛾 *Stilpnotia salicis*、杨扇舟蛾

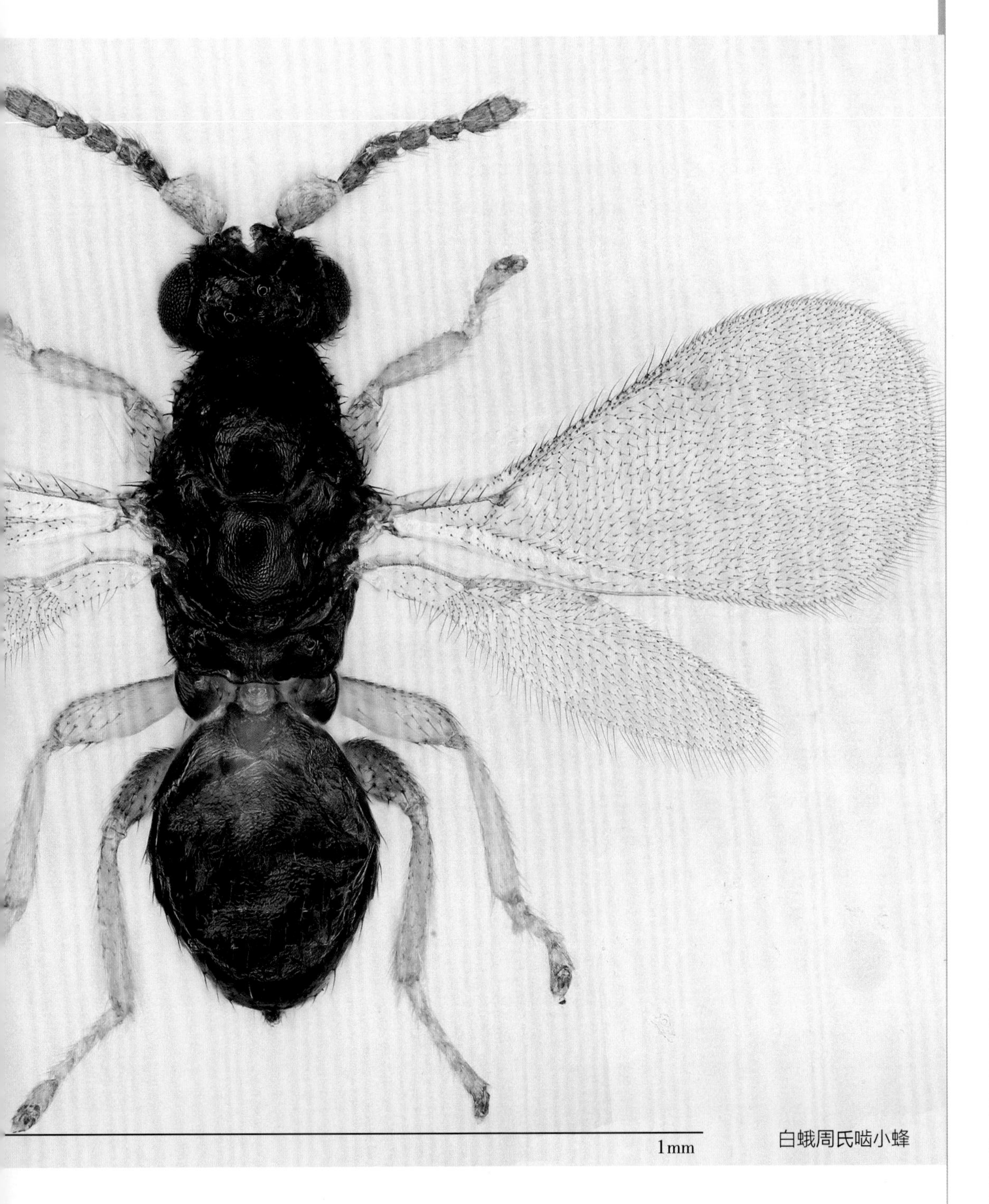

白蛾周氏啮小蜂

Clostera anachoreta、杨小舟蛾 *Micromelalopha troglodyta*、大袋蛾 *Clania variegata*、国槐尺蠖 *Semiothisa cinerearia*)，能保持较高的种群数量。

【分布】河南全省、陕西、辽宁、河北、山东、北京、天津、上海等地。

白蛾黑基啮小蜂

【拉丁学名】*Tetrastichus nigricoxae* Yang, 2003

Tetrastichus nigricoxae: Yang, 2003, 林业科学, 39(5): 71; 颜等, 2008, 南京林业大学学报(自然): 32(6): 29; 杜等, 2009, 中国生物防治, 25(4): 369.

【分类地位】膜翅目姬小蜂科

【形态特征】雌蜂：体长1.3~2.3mm。头胸部及腹部背板有1黑色带蓝绿色金属光泽，腹部其他部位深褐色；触角柄节黄白色，梗节与环状烟黄色，其余各节黑褐色；足基节同体色，但前后足基节端部、有时中足基节和各足爪为褐色，且无蓝绿色金属光泽，足其余各节均为污黄色；翅基片黄褐色；翅透明，前翅中部浅烟色，翅脉污黄色。雄蜂：体长1.2~1.8mm，其他特征与雌蜂相似。触角除棒节为黑色外，其余各节均为烟黄色，各足基节均为黑褐色，前后足基节上有时具蓝绿色金属光泽，各足基节端部及其余各节黄色略带烟色；触角柄节上的感觉毛密而长，腹面片胝也为黄色，其上生有刚毛5~6根，刚毛端部折弯；中胸盾片中叶上的邻纵沟刚毛3~4根；并胸腹节中区无皱脊，因而光滑；腹部椭圆形，长为宽的1.4倍，为胸部长的0.9倍，宽度稍小于胸部。

【生活习性】群集内寄生于美国白蛾蛹，每蛹出蜂86~168头，雌雄性比1.9∶1。笔者曾做过人工繁殖试验，夏季人工接蜂，在25℃条件下繁殖1代需25d。在美国白蛾蛹中的自然寄生率达6.2%~13.4%，平均为9.8%，是控制美国白蛾的重要天敌。其他寄主包括为害杨树和柳树的杨小舟蛾、杨扇舟蛾、杨毒蛾的蛹，对杨小舟蛾第3~5代蛹的自然寄生率达10%~20%。

【分布】河南（辉县、林州）、陕西、江苏。

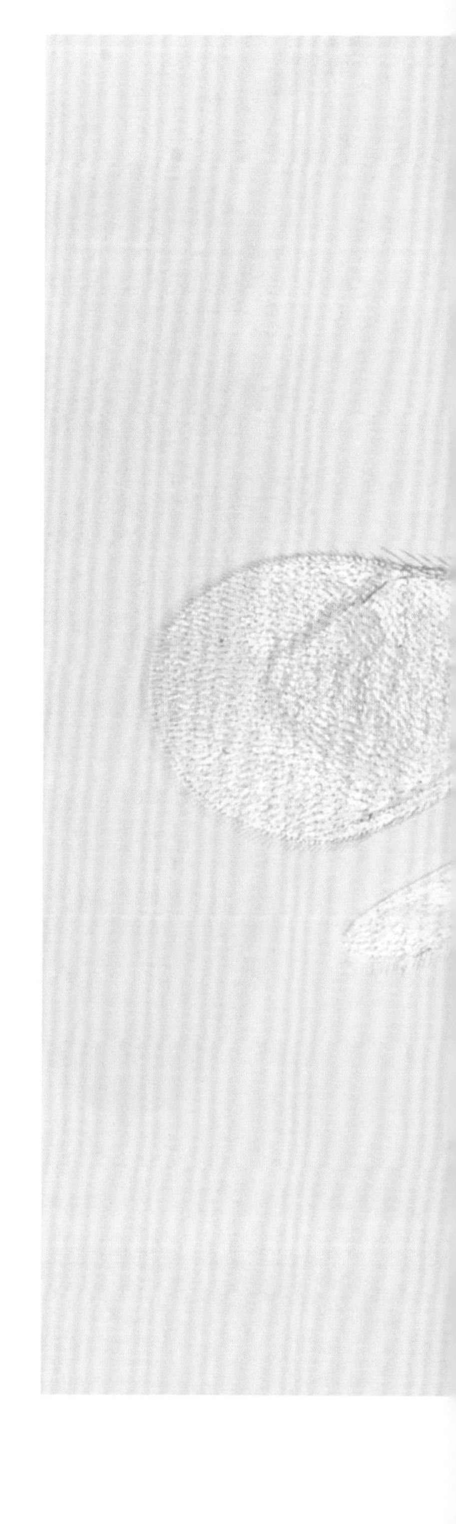

白蛾黑基啮小蜂

广大腿小蜂

【拉丁学名】*Brachymeria lasus* (Walker, 1841)

Chalcis lasus Walker, 1841, Entomologsis, 219.

Brachymeria obscurata: Ishii, 1932: 346; Habu, 1962: 33.

Brachymeria lasus: Joseph et al., 1973: 29; 廖, 1987: 66; 何, 1979: 50; 蒲, 1983, 昆虫天敌, (1): 48; Narendran, 1989: 249; 何等, 2004, 浙江蜂类志: 126. 高等, 2010, 生态学杂志，29(2): 340.

【分类地位】膜翅目小蜂科 Chalcididae

【形态特征】雌蜂体长 5.0~7.0mm。黑色，翅基片淡黄色或黄白色，但基部暗红褐色。各足基节至腿节黑色，但腿节端部黄色；中、后足胫节黄色，腹面中部的黑斑有或缺，但后足胫节基部黑或红黑色。体长绒毛银白色。头与胸等宽，表面具明显的刻点。触角 12 节，柄节稍长于前 3 索节之和，梗节几乎长宽相等，第 1~4 或 5 索节长稍大于宽，第 6 或 7 索节短于前面的节，棒节长为第 7 索节的 2 倍。胸部背面具粗大圆刻点，盾侧片上的稍小，中胸盾片宽为长的 9/8。小盾片侧面观较厚，末端稍成两叶状。前翅长常超过宽的 7/2~5/2，缘脉为前缘脉长的 1/2；后缘脉长为缘脉的 1/3 和肘脉的 2 倍。后足基节强大，端部前内侧具一突起；腿节长为宽的 7/4 倍，腹缘具 7~12 个齿，第 2 齿有时很小。腹部短，卵圆形，稍窄和短于胸，产卵器略突出。雄蜂体长 3.3~5.5mm，索节腹面具毛状感觉器，后足基节腹面不具突起。

【生活习性】寄主包括杧果蛱蝶 *Euthalia phemius* Doubleday、蓖麻蛱蝶 *Ergolis-ariadne pallidior* Fruhstorfer、菜粉蝶 *Pieris rapae* Linnaeus、柳毒蛾 *Stilpnotia salicis* (Linnaeus) 等。

【分布】河南 (新乡、辉县)、河北、北京、天津、山东、陕西、江苏、浙江、安徽、江西、湖北、湖南、四川、台湾、福建、广东、广西、贵州、云南。

广大腿小蜂

蝶蛹金小蜂

【拉丁学名】*Pteromalus puparum* (Linnaeus, 1758)

Ichneumon puparum L., 1758: 567.

Pteromalus puparum (L.) Swederus, 1795: 203.

【分类地位】膜翅目金小蜂科 Pteromalidae

【形态特征】雌蜂体长 2.3~2.8mm。蓝黑色有金属光泽；触角柄节黄褐色，其余各节黑褐色；足基节及腿节同体色，腿节两端和其余部分黄褐色；复眼暗红色；翅透明，翅脉褐黄色至褐色。头部背面观稍宽于胸部，宽为长的 2.4 倍；后单眼间距几与单复眼间距相等；上颊为复眼高的 0.5 倍。头部正面观宽为高的 1.4 倍；复眼小，高为宽的 1.3 倍；颚眼距为复眼高的 0.6 倍。触角着生于颜面中部。触角柄节伸达中单眼；梗节长大于宽；环状节 2 节；索节 6 节，长均大于宽；棒节长等于末索二节长度之和，末端圆钝。胸部长为宽的 1.6 倍，具均匀而致密的网状刻纹。前胸盾片前缘脊不明显。中胸盾片宽为长的 1.8 倍，盾纵沟仅前半部可见；小盾片长宽大致相等。并胸腹节无中纵脊，但侧褶脊明显；胸后颈半球形，表面具横刻纹。前翅前缘室正面无毛，反面具 1 排完整的毛列，端部 1/3 散生纤毛；基室无毛，下方开式；基脉上具毛；基无毛区大，上缘达缘脉中部之下；缘脉：痣后脉：痣脉长度之比为 19 : 22 : 14。无腹柄。腹部卵圆形，长为宽的 1.3 倍。第 1 节背板表面光滑，长为整个腹长的近 1/3，后缘弧形；产卵器突出不明显。

雄蜂与雌蜂相似，但索节黄褐色，较雌蜂粗且长。

【生活习性】本种寄生多种鳞翅目昆虫蛹，包括许多重要的农林业害虫，如菜粉蝶 *Pieris rapae* L.，黄凤蝶 *Papilio machaon* L.，玉带凤蝶 *Papilio polytes* L.，芸香凤蝶的蛹，也寄生枯叶蛾科 Lasiocampidae、夜蛾科 Noctuidae、尺蛾科 Geometridae、鞘蛾科 Coleophoridae 等。

【分布】河南全省、全国大部分省份；世界各地广泛分布。

蝶蛹金小蜂

蝽卵沟卵蜂

【拉丁学名】*Trissolcus japonicus* (Ashmead, 1904)

Trissolcus japonicus Ashmead, 1904: 74.

Trissolcus halyomorphae Yang, 2009, Ann. Ent. Soc. Am, 102(1): 42.

【分类地位】膜翅目缘腹细蜂科 Scelionidae

【形态特征】雌虫体长 1.16~1.85mm，雄虫体长 1.15~1.51mm。体黑色，触角 1~6 节黄至褐色，7~11 节黑褐色至黑色，足黄色至黄褐色。翅透明，翅脉黄褐色。头横宽，稍宽于胸；头顶具鳞状皱网刻纹，头顶仅有网状刻纹，无脊状凸起。复眼具小刚毛。上颚长，3 齿。触角第 2 节为第 3 节的 1.5 倍，为端宽的 2 倍，第 4 节约等长于第 3 节，第 5 节稍横宽，第 6 节圆形；棒节 5 节，由 7~11 节组成，明显分开。小盾片有网状刻纹。中胸侧板凹在前下方无边缘。前翅长形，痣脉长且直。后翅狭长。腹部略长于宽，第 1 背板具粗纵刻纹，第 2 背板光滑反光，仅基部具纵刻纹。

【生活习性】寄生茶翅蝽的卵，年均寄生率 50%，最高 70%。还可寄生珀蝽 *Plautia fimbriata*，麻皮蝽 *Erthesina fullo*，斑须蝽 *Dolycoris baccarum*，青蝽 *Glaucias subpunctatus*。

【分布】河南（新乡）、北京；朝鲜，日本。

蝽卵沟卵蜂

始刻柄茧蜂

【拉丁学名】*Atanycolus initfator* (Fabricius, 1793)

Atanycolus initfator: 盛, 1990, 森林病虫通讯, (1): 33.

【分类地位】膜翅目小茧蜂科 Braonidae

【形态特征】雌蜂：体长 9~10mm。头部橘红色，复眼黑色，单眼区及周围呈三角形黑色斑，在触角侧上方，黑斑与复眼相接触，胸部均为黑色。腹部第一节背板黑色，其余背板红色腹板基部黄色，端部红色，产卵管鞘黑色，长 12~14mm，产卵管红褐色。足黑色。翅浅褐色，透明，翅痣褐黑色，前翅中央有一无色不规则斑。雄蜂：体长 6~8mm。腹部背面红至红褐色，腹部腹面褐至红褐色。其他与雌蜂相同。卵：剖腹卵近于圆形，半透明，直径约 1mm 左右。幼虫：乳白色，老熟幼虫体长 7~10mm。触角一对，乳突状。无足。茧：茶褐色，扁平状长椭圆形，长径 8~12mm，短径 3.55~5.5mm。

【生活习性】在大兴安岭地区，该茧蜂一年 2~3 代，有世代重叠现象。以老熟幼虫在土中 (少数在树皮下) 结茧越冬，翌年 5 月中旬越冬代成虫开始羽化，5 月下旬开始产卵，6 月上、中旬为第 1 代幼虫期，6 月下旬进入蛹期。经室内饲养观察，第 1 代蛹期 14d 左右。7 月中旬出现第 1 代成虫，7 月下旬始见第 2 代幼虫，8 月上、中旬为第 2 代幼虫期，并可见第 1 代成虫和第 2 代蛹，8 月下旬存在第 2 代幼虫、蛹、成虫、第 3 代卵和幼虫，9 月初幼虫开始进入越冬状态。根据野外观察和室内饲养，该茧蜂成虫可交尾多次，每次长达 3 分钟。喂给糖水可提高其活动能力。成虫善飞，上午 9:00—10:00、下午 16:00 以后（6、7 月）比较活跃。无风、闷热、无太阳光时，多在害虫为害的树干上活动、产卵。产卵时，雌虫将产卵器沿树皮缝或小虫孔刺入树皮内，产卵一次需 35~40min。在同一株树干上，大多数雌虫可产卵多次。幼虫营体外寄生，单寄生。寄生天牛幼虫时，斜或平行地附着在天牛幼虫的体表，头钻入寄主体内。幼虫发育成熟后，在寄主虫体附近的树皮下或爬入土中结茧化蛹。被寄生的天牛幼虫呈麻痹状态，不能活动。外观看，虫体呈乳白色，无光泽，体壁弹性降低，变软。主要寄主有云杉小黑天牛 *Monochamus sutor*、松墨天牛 *M. galloprovinelalis*、长角灰天牛 *Acanthocinus aedilics*、光胸断眼天牛 *Tetropium castaneum*、落叶松断眼天牛 *T. gabrieli*、细角断眼天牛 *T. gracilicorne*、暗色断眼天牛 *T. fuscum*、沟胸断眼天牛 *T. oreinum*、松皮天牛 *Rhagium inquisitor*、褐幽天牛 *Criocephalus rusticus*、脊鞘幽天牛 *Asemum striatum*、落叶松八齿小蠹 *Ips subelongatus*、松十二齿小蠹 *I. sexdentatus*、松纵坑切梢小蠹 *Blastophagus piniperda*、带木蠹象 *Pissodes notatus*、松兰吉丁虫 *Phaenops cyanea*、落叶松吉丁虫 *P. guttulata*、透翅蛾 *Synanthedon vespiformis*。

【**分布**】河南（安阳、辉县、新乡）、黑龙江、内蒙古、山西、山东、湖北。

始刻柄茧蜂

松褐天牛拟深沟茧蜂

【拉丁学名】*Bracomorpha ninghais* Wang, Chen, Wu & He, 2009

Bracomorpha ninghais, Wang et al., 2009: 942.

【分类地位】膜翅目茧蜂科 Braconidae

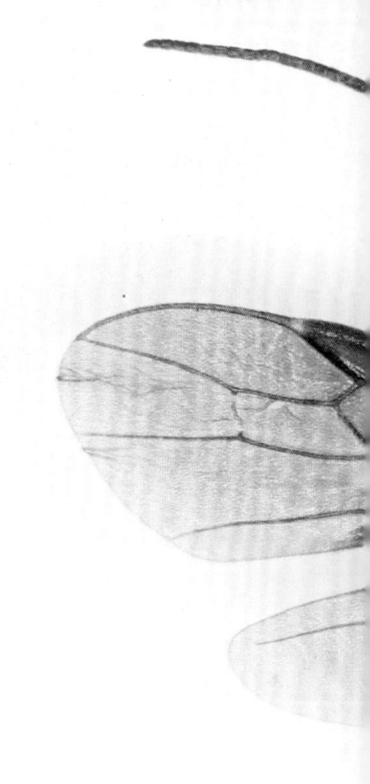

【形态特征】雌蜂：体长 6.0mm，前翅长 6.5mm，产卵器鞘 3.0mm（超过腹末的部分着生刚毛）。触角 54 节；柄节延长，背面长度长于腹面，顶端侧面稍微凹陷；第 1 鞭节长度为第 2 节的 1.2 倍，第 1 鞭节、第 2 鞭节及倒数第 2 鞭节的长度分别为它们最大宽度的 1.8 倍、1.6 倍及 1.5 倍；末端鞭节明显变尖，长为宽的 1.9 倍；中部的鞭节长为宽的 1.3 倍；下颚须长为头高的 0.7 倍；颚眼沟较浅而模糊不清；唇基下缘薄片状；唇基与面部之间具 1 狭窄的深沟；面部光滑具光泽，侧面着生短刚毛；复眼背面长度为后颊的 1.6 倍；头顶、后颊、额及后头光滑有光泽，并具稀疏的短刚毛；后颊在头部正面观可见，并在复眼后方逐渐变窄；后单眼间距：后单眼直径：后单眼与复眼间距 =3：2：11；复眼后方头部侧边近平行。胸部光滑具光泽，长为高的 2.1 倍；前胸背板从背面看较短，具 1 深的，通常光滑的横沟；前基节沟具浓密的短刚毛及粗刻点，中胸侧板其余部分密布刚毛；中胸盾片和小盾片中部光滑具光泽，侧面着生短刚毛；盾纵沟前半部较明显，后半部较弱；小盾片沟较深，宽度中等并具细齿；后胸背板中部凸起；并胸腹节中部光滑有光泽，无隆线或凹槽，侧面具浓密的长刚毛。腹部第 1 背板长为端部宽的 1.1 倍，表面具褶皱和细瘤突，背面具若干不明显的隆起，后侧方具一些凹槽；第 2 背板基部中央和侧面分别具长三角形区域；第 2 背板和第 3 背板的接缝宽深，并具细齿；第 3、4 背板前侧方明显凸起；第 3 背板宽为长的 2.8 倍；第 4~第 6 背板端部光滑，近端部具 1 深凹陷；第 6 背板向端部逐渐变窄，侧角呈一定的角度；产卵器鞘长为前翅长的 0.51 倍，产卵器端部具明显的齿；肛下板小而端部尖锐。

【生活习性】主要寄生 3~5 龄的松褐天牛幼虫，据初步观察，每年可发生 3 代，以茧越冬，每个松褐天牛可寄生 1~10 头寄生蜂不等，不管是 1 头还是多头寄生，最终均能将松褐天牛杀死。茧蜂多为专性寄生蜂，松褐天牛茧蜂亦不例外，目前尚未发现其寄生其他害虫。其在野外的寄生率最高达 80%。

【分布】河南（新乡）、浙江、贵州。

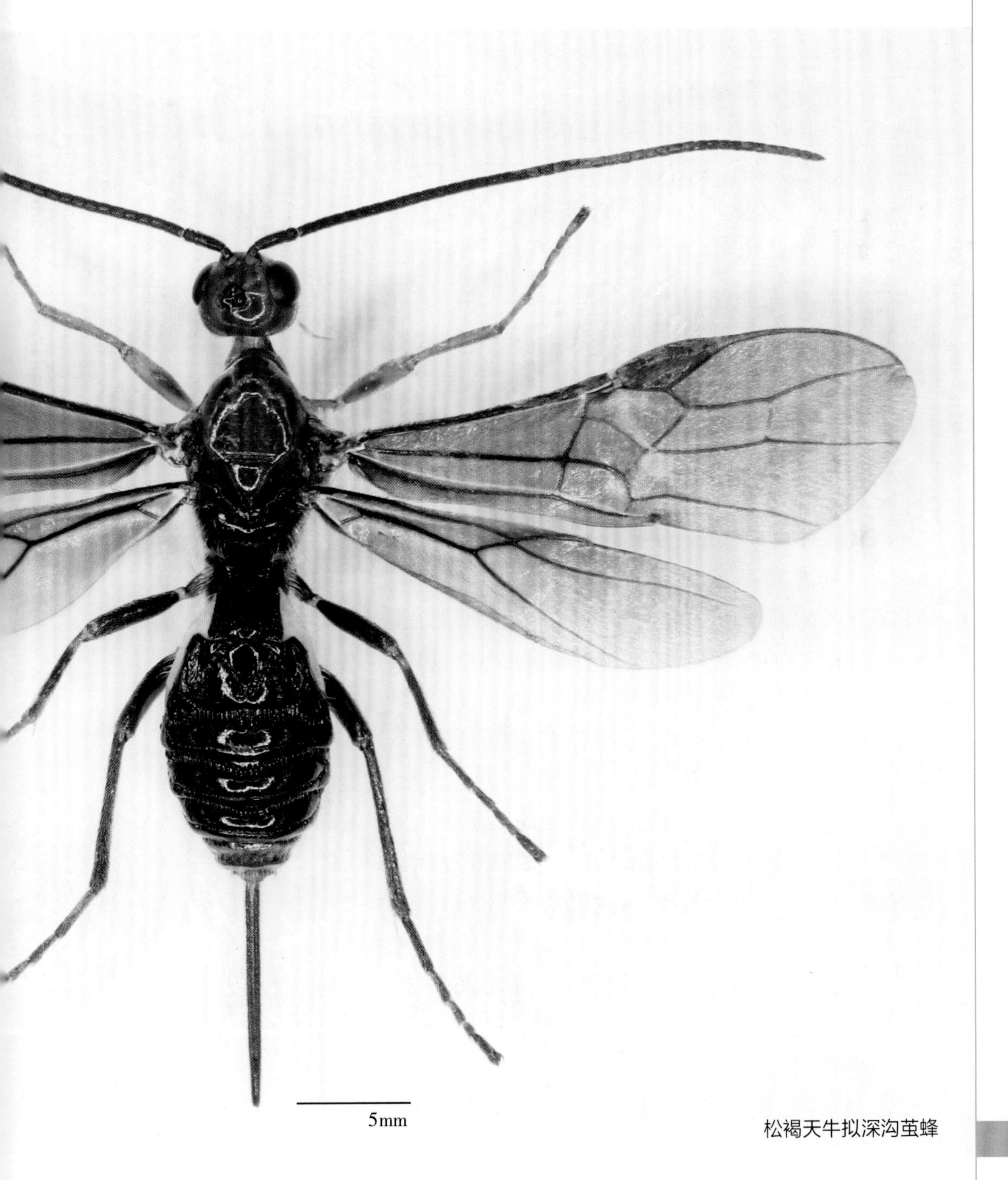

松褐天牛拟深沟茧蜂

东方平腹小蜂

【拉丁学名】*Anastatus orientalis* Yang & Choi, 2015

Anastatus orientalis Yang et Choi, 2015, Zoological Systematics, 40(3): 292.

【分类地位】膜翅目旋小蜂科 Eulpelmidae

【形态特征】雌蜂体长 3.2~3.3mm。头棕色具紫绿色金属光泽；头部具白色刚毛；触角棕色，前胸背板深棕色，侧角黑色具紫色光泽；中胸盾片、小盾片深黑色具绿色光泽；头部背面观宽是长的 2.0 倍，后颊长是复眼长的 0.34 倍；OOL∶POL∶LOL=3∶10∶7，头顶微微凸起，具密刚毛；后头无后头脊；头宽是高的 1.2 倍；眼颊沟直线型，为复眼长的 0.5 倍。触角柄节微弯，梗节和鞭节之和是头宽的 1.6 倍，密披棕色刚毛。中胸背板宽是长的 1.16 倍。中胸盾片具刻点，小盾片及三角片具网状刻纹。前翅狭长，亚缘脉、缘脉、后缘脉之间的比约为 14∶10∶7。中足强壮，胫节距与第一跗节约等长。

【生活习性】该蜂在北京地区室内 1 年发生 7~8 代，以幼虫在寄主卵内越冬。每年 4 月气温升高至 20℃即羽化活动。寄生蜂在斑衣蜡蝉卵内完成卵、幼虫、蛹期及羽化的发育。该蜂一般雄性先羽化，羽化后的雄蜂在未羽化卵粒旁等候，羽化后如果是雌蜂即追逐交尾，雌蜂一般只交尾一次，雄蜂可多次交尾，每次交尾持续几秒钟。交尾后的雌蜂可持续产下两性后代，未交尾的雌蜂行孤雌生殖，产下均为雄蜂。成蜂性比约为 2.13∶1。在 25℃下，完成一代 17~22d。饲喂 20% 蜂蜜水下，雌蜂寿命平均为 45d，最长 100d，雄蜂寿命平均 8d，最长 15d。雌蜂有重复寄生现象。雌蜂在交尾 5d 后解剖发现，卵巢内含卵粒 50~120 粒。野外该蜂 4 月中旬从斑衣蜡蝉卵中羽化飞出即找寻其他寄主卵寄生，8 月中下旬斑衣蜡蝉卵发生时又进行寄生。

【分布】河南 (新乡)、北京。

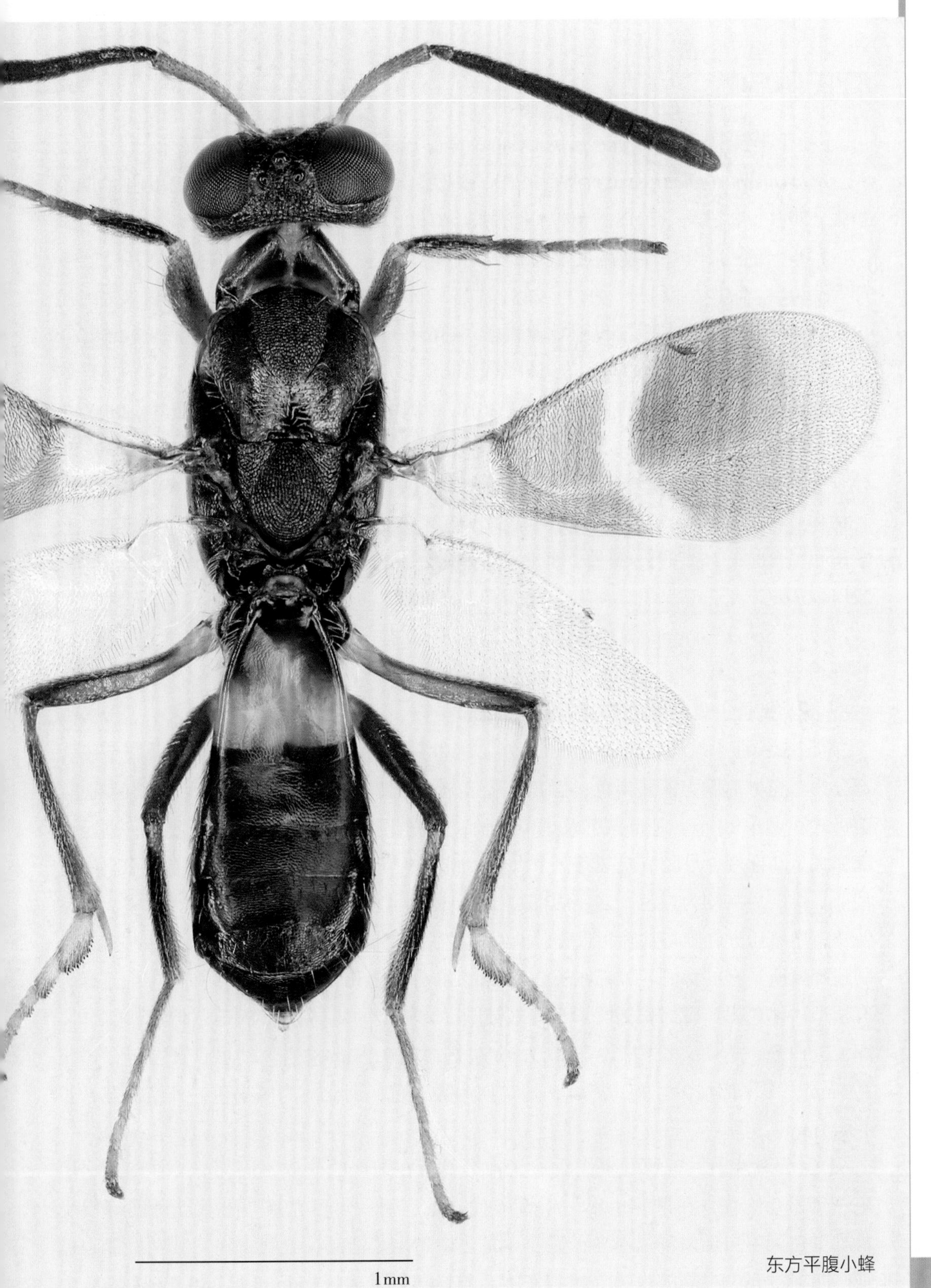

东方平腹小蜂

管氏肿腿蜂

【拉丁学名】*Sclerodermus guani* Xiao & Wu, 1983

Sclerodermus guani Xiao et Wu, 1983, 林业科学 , (8): 82; 杨等 , 2014, 中国生物防治学报 , 30(1): 4; 张等 , 2018, 吉林林业科技 , 47(1): 7; 伍等 , 2017, 中国生物防治学报 , 33(1): 39; 杨等 , 2017, 环境昆虫学报 , 39(2): 406; 李等 , 2016, 中国森林病虫 , 35(1): 34; 胡等 , 2014, 福建林业科技 , 41(3): 228; 贺等 , 2006, 昆虫学报 , 49(3): 456; 田 & 徐 , 昆虫知识 40(4): 358; 刘等 , 2007, 林业科学 , 43(5): 64; 宋 , 2009, 吉林林业科技 , 38(6): 54; 李 & 李 , 2009, 安徽农学通报 , 15(18): 136; 马 , 2007, 华东昆虫学报 , 16(4): 261; 李等 , 2007, 林业实用技术 , (7): 26; 张等 , 2010, 中国中药杂志 , 35(8): 964; 黄等 , 2006, 华东昆虫学报 , 15(1): 50; 顾 , 2010, 中国果树 , (4): 37; 蒋等 , 2006, 植物保护 , 32(3): 29; 楼等 , 2000, 浙江林学院学报 , 17(2): 229; 田 , 2002, 青海农林科技 , (4): 69; 谢 , 2000, 吉林林业科技 , 29(4): 10; 皮等 , 2001, 中国森林病虫 , (6): 20; 康等 , 2008, 福建农林大学学报 (自科), (6): 575; 翟等 , 西部林业科学 , 36(1): 112; 周等 , 2005, 干旱区研究 , 22(4): 569.

Sclerodermus harmandi (Buysson, 1903): 许 & 何 , 2008, 环境昆虫学报 , 30(2): 192[误鉴].

【分类地位】膜翅目肿腿蜂科 Bethylidae

【形态特征】雌蜂体长 3~4mm，分无翅和有翅两型。头、中胸、腹部及腿节膨大部分为黑色，后胸为深黄褐色；触角、胫节末端及跗节为黄褐色；头扁平，长椭圆形，前口式；触角 13 节，基部两节及末节较长；前胸比头部稍长，后胸逐渐收狭；前足腿节膨大呈纺锤形，足胫节末端有 2 个大刺；跗节 5 节，第 5 节较长，末端有 2 爪。有翅型前、中、后胸均为黑色，翅比腹部短 1/3，前翅亚前缘室与中室等长，无肘室，径室及翅痣中室后方之脉与基脉相重叠，前缘室虽关闭但其顶端下面有 1 开口，这些特征是肿腿蜂属所具有的特征。雄蜂体长 2~3mm，亦分有翅和无翅两型，但 97.2% 的雄蜂为有翅型。体色黑，腹部长椭圆形，腹末钝圆，有翅型的翅与腹末等长或伸出腹末之外。卵，乳白色，透明，长卵形，长 0.3mm 左右，宽 0.1mm 左右。幼虫，黄白色，体长 3~4mm，头尾部细尖。蛹，离蛹，蛹初期为乳白色，羽化前为黑褐色，外结白茧，长 4~4.5mm。

【生活习性】一年的发生代数随其种类及所在地区的气候不同而异。在河北、山东一年发生 5 代，在粤北山区一年 5~6 代，在广州一年可完成 7~8 代。肿腿蜂以受精雌虫在天牛虫道内群居越冬，翌年 4 月上中旬出蛰活动，寻找寄主。其钻蛀能力极强，能穿过充满虫粪的虫道寻找到寄主。雌蜂爬行迅速，1min 可爬行 0.5m 左右。为体外寄生蜂。产卵量在几粒至几十粒不等。在青杨天牛幼虫上一次最多能产 76 粒，若寄主营养足够，其都能正常发育成子代蜂。一头雌蜂一生能产卵 29~290 粒，平均 136 粒。雌蜂寿命长于雄蜂，野外自然发生的越冬代雌蜂可存活 210d 左右，当年各代在找到寄主的条件下能存活 60~90d，否则 20d 左右即死亡。雄蜂寿命一般 6~9d。雌蜂在 2~5℃下平均寿命 283d，可较长期冷藏，仍不失去生命力。肿腿蜂的发育与温度密切相关。15℃以下时雌蜂不能产卵；23.1℃时完成一个世代需 53~62d；25.9℃需 29~30d；28~30℃时需 21~24d。卵、幼虫、茧、蛹的发育起点温度分别为 11.85℃、14.69℃、11.51℃、12.58℃；有效积温分别为 46.69℃、73.21℃、225.42℃、359.27℃。该蜂对湿度的应用范围较广，在相对湿度 40%~90% 条件下均能正常发育，但相对湿度大于 80% 时茧易发黄。肿腿蜂的成虫和蛹均能经受 -24℃的低温，能在海拔 1 200~1 450m 的地区越冬，但在海拔 1 700m 以上时，因冬季气温低，肿腿蜂不能越冬。寄主包括双条杉天牛 *Semanotus bifasciatus*、松幽天牛 *Asemum amurense*、光肩星天牛 *Anoplophora glabripennis* 等多种蛀干害虫。

【分布】河南全省、北京、河北、陕西、山西、山东、江苏、湖南、粤北山区。

管氏肿腿蜂

双翅目

辉县虻（新种）

【拉丁学名】*Tabanus huixianensis* Cui sp. nov.

【分类地位】双翅目虻科 Tabanidae

【形态特征】成虫体长 15.4mm，体宽 5.3mm，翅展 27.5mm。体黑色；头部复眼黑色；单眼瘤黑色；触角柄节、梗节浅棕色；鞭节暗棕色，端部呈黑色；唇基灰色；上颚黄灰色。胸部背板黑色，具灰色斑纹；小盾片黑色；腹部黑色；第 2 腹节具棕色斑，第 3 腹节较少；腹部腹面灰黑色。翅透明；翅脉棕黑色；平衡棒棕黑色。足基节、转节黑色；股节灰黑色；胫节白色，端部黑色；跗节黑色。成虫头部宽度较胸部宽，头胸长宽比为 5.3∶4.3（mm）。头部呈半球形，复眼大，占据头的大部分；两复眼间分开，中部具瘤突；上颚突，中部具纵沟；唇基隆起；唇须较长；口器较长而硬；触角柄节膨大，梗节较小，鞭节宽扁，由基部向端部逐渐缩小。胸部背板隆起；中部周缘具凹；前缘呈弧形，后缘近平直；两端具突块；刻点细密；胸部侧板凹陷，近三角形。翅基节膨大，翅中央具长六边形的中室，翅基部后方的上、下腋瓣及翅瓣均发达；后胸具 1 对平衡棒。小盾片光滑无毛。腹部可见 7 节；被细绒毛；第 1 腹节中部凸起，并向内凹；第 2、3 腹节较大，近方形；腹部宽扁。足被细毛；中足胫节端部具 2 个大刺，前、后足胫节端部无大刺。

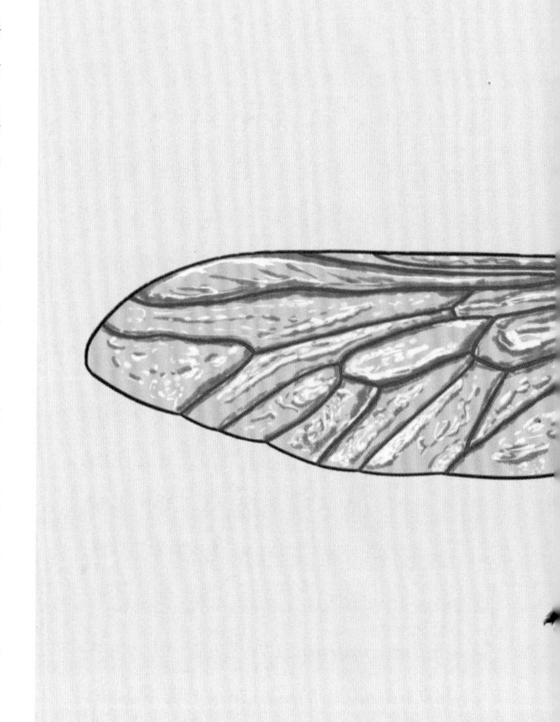

【生活习性】不详。

【分布】河南(辉县)。

【模式信息】正模，1雄，2017-VIII-28，董文彬采于河南辉县万仙山。本种与亚柯虻 *Tabanus subcordiger* 近似，但胫节斑型不同。辉县虻前足胫节端部1/4黑色，其余（最基部除外）淡乳黄色。中后足胫节端部黑斑约为胫节全长的1/8。而亚柯虻前足胫节端部1/2为黑色，其余为黄棕色。新种中胸背板中部无灰白色三角形斑，两侧无斜方形灰白斑，腹部第2节背板弯折到腹面部分为淡褐色，显著。体腹面黑色。副模，1雌，2017-VIII-28，董文彬采于河南辉县万仙山。

辉县虻

瘦腹优虻（新种）

【拉丁学名】*Eutolmus slimgaster* Cui, sp. nov.

【分类地位】双翅目食虫虻科 Asilidae

【形态特征】成虫体长 13.8mm，体宽 2.9mm，翅展 24.5mm。体黑色；头部复眼灰黑色，周缘橘黄色；颅顶部灰黑色；单眼深棕色，周缘内侧黑色，并具灰白色斑；唇基及上颚黑色；上颚具灰色细长绒毛；触角柄节、梗节黄黑色，鞭节基部黄灰色，至端部黑色，具亮斑。前胸背板黑色；中胸背板黑色，前缘两端及后缘各部位具灰黄色斑块；中胸侧板具浅黄斑；中胸小盾片黑色。腹部黑色；腹部末端各节具深棕色。翅透明；翅基、翅脉深棕色；平衡棒棕黄色。足黑色，爪垫棕黄色。头部宽度较胸部宽，头胸宽度比为 2.9∶2.5（mm）；复眼大，卵圆形；颅顶部凹陷，在两复眼间形成凹坑；单眼着生于瘤突上，呈倒三角形排列；触角柄节、梗节膨大且柄节长于梗节，被稀疏细绒毛；鞭节基部宽扁，至端部短细，无毛；唇基退化，较平；上颚翘起密布细毛；口器较长而坚硬。前胸背板短小；中胸背板隆起，前缘呈弧形，后缘近平直；背板侧缘及后缘各具细长绒毛；密被细毛；中胸侧板具凹陷，翅基膨大；中胸小盾片光滑无毛。腹部可见 9 节；第 2 腹节中部凹陷；第 3~7 腹节近似方形；各节两端具细长绒毛；密被细毛。翅脉 R_{2+3} 不分支，末端接近 R_1；R_{4+5} 分叉，R_5 多终止于翅端后；后翅退化为平衡棒。足较粗壮，腿节、胫节和跗节具细长发达的鬃毛；均密被细毛；跗节具 1 对爪，具爪垫。

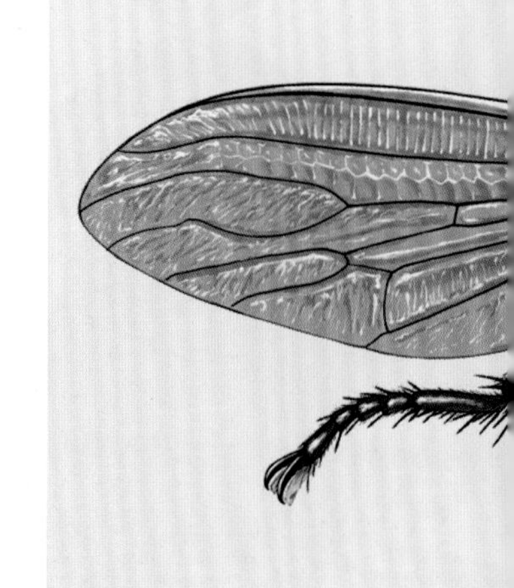

【生活习性】不详。

【分布】河南 (新乡)。

【模式信息】正模，1 雄，2017-VIII-28，董文彬采于河南辉县万仙山。本种不同于黄毛切突食虫虻 *Eutolmus rufibarbis*，本种腹部细瘦，黑色；黄毛切突食虫虻腹部较粗壮，覆棕黄色毛。副模，1 雌，2017-VIII-28，董文彬采于河南辉县万仙山。

瘦腹优虻

朝鲜虻

【拉丁学名】*Tabanus coreanus* Shiraki, 1932

Tabanus coreanus Shiraki, 1932: Trams. Nat. Hist. Soc. Formosa, 22: 270; 许, 2009, 虻科 // 杨，河北动物志双翅目, 254.

【分类地位】双翅目虻科 Tabanidae

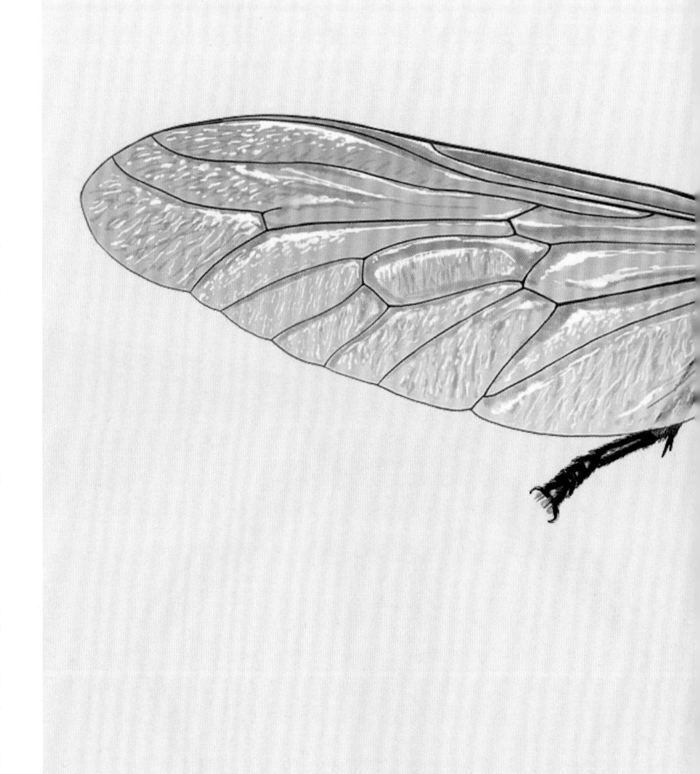

【形态特征】成虫体长 19.5mm，体宽 7.5mm，翅展 44mm。体灰黄色。复眼黄黑色；两复眼中部灰色，前缘中部黑色；基胛黑色，亚胛、额和颊灰黄色。触角基节和梗节淡黄色，鞭节基部棕色，环节部分棕黑色至黑色。下颚须第 2 节灰黄色，着生黑毛。胸部背板灰黑色，盾片有 3 列模糊灰黄色窄纵条。腹部背板棕黑色，具黄色后缘和中三角，腹面红棕色。足股节棕黑色，胫节棕黄色，跗节黑色。翅透明，棕灰色。头部宽度较胸部宽，头胸宽度比为 6.8∶6.2（mm）；复眼有中部 1 窄带。额两侧平行；额基胛卵圆形，基胛与眼分离，同中胛有连线相接；中胛呈基胛的延线状。额基胛与亚胛连接；触角鞭节基部宽，背突大，向前伸；腹部腹板后缘仅具窄横带。触角柄节、梗节光滑，前缘具一轮细毛；鞭节基部膨大，具 1 刺突。前胸背板中部隆起，具中纵沟，前缘呈弧形，两端各具一块突起，密被细毛；侧板凹陷，具瘤突。中胸背板隆起，后缘近弧形，两端及下方具突；中胸侧面翅基膨大；密被细毛；翅脉 R_5 室边缘宽开放。中胸小盾片呈不规则三角形，无毛。腹部可见 6 节，第 1 腹节中部具中

朝鲜虻

纵线，第 2 腹节大，近似方形；各腹节横带具 1 排细毛；腹部腹面凹，扁平；被细毛。各足基节、转节、胫节、股节、跗节差异较小；被细毛；跗节具 1 对爪，具爪垫。

【生活习性】主要滋生于山地丘陵。

【分布】河南（辉县）、北京（海淀）、辽宁、山东、江苏、安徽、湖北、四川、贵州、福建；朝鲜。

亮丽蜂蚜蝇

【拉丁学名】*Volucella nitobei* Matsumura, 1916

Volucella nitobei Matsumura, 1916: 210; 黄 & 成, 2012: 641.

Volucella linearis Walker, 1852: 21. Synomymized by Thompson, 1988: 216.

【分类地位】双翅目食蚜蝇科 Syrphidae

【形态特征】成虫体长 19.3mm，体宽 7.0mm；翅展 37.3mm。体黑色；头部复眼褐色；单眼棕色，唇基、上颚及颅顶部橙色；触角橙色。前胸侧片黄色；中胸背板橙色，中部具两条黑纵斑，后缘黑色；中胸小盾片橙色，前缘黑色。腹部黑色；腹部腹面第 2、3 腹节前缘浅黄色。翅透明，翅脉棕黑色，翅呈棕色，各具 1 大黑斑；平衡棒浅黄色。足基节黑色，转节、股节、胫节和跗节橙色。成虫头部宽度较胸部略宽，头胸宽度比为 5.9∶5.3（mm）；头部呈半球形；复眼大，占据头的大部分；单眼呈倒三角形排列于两复眼上部之间；触角短，基部膨大，呈羽状；额突出；上颚隆起，向前凸起较长；唇基小。前胸背板侧缘具角突；中胸背板隆起，前缘呈弧形，后缘近平直；中部两端具横纵沟；端部具突；密被细毛；中胸侧板具细长毛；中胸小盾片光滑，周缘具细长毛。翅基片膨大，翅脉 r_{4+5} 与 m_{1+2} 之间有 1 条通过 r-m 的两端游离的伪脉，翅外缘有和翅缘平行的横脉；后胸具平衡棒。腹部可见

亮丽蜂蚜蝇

6节；第1腹节着生于小盾片下方，第2腹节前缘中部凹陷，第3腹节宽，近方形；腹部腹面各节边缘具凹陷。各足胫节端部具毛刺，密被细绒毛；爪垫显著。

【生活习性】成虫访花，幼虫以蚜虫为食。

【分布】河南（辉县）、浙江、安徽、福建、四川；日本。

银白狭口蚜蝇

【拉丁学名】*Asakina salviae* (Fabricius, 1794)

Syrphus salviae Fabricius, 1794: 306.

Asarkina salviae (Fabricius): Knutson et al., 1975: 310; 黄 & 成, 2012: 154.

【分类地位】双翅目食蚜蝇科 Syrphidae

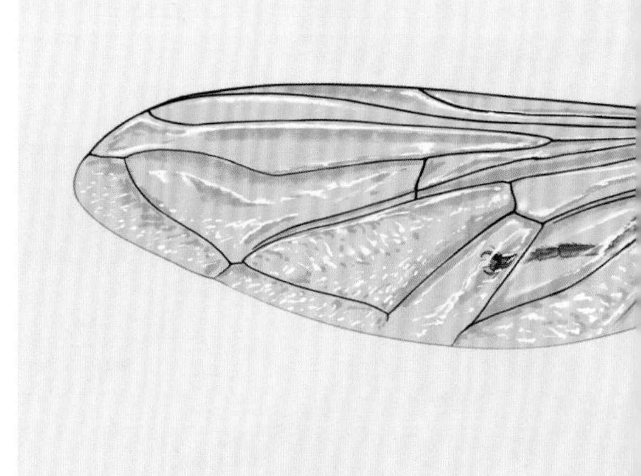

【形态特征】成虫体长 14.4mm，体宽 4.6mm；翅展 30.0mm。体黄色；头部复眼紫红色；颅顶部黑色；单眼棕色；触角柄节、梗节棕色，鞭节黑色；上颚黄色，触角上部突起前缘橙色，后缘黑色；唇基橙色；喙黑色。前胸背板黑色；背板侧板黄色；中胸背板中部黑色，光亮，两端黄色。中胸小盾片黄色。翅透明，翅基黄棕色，翅脉黑色，翅前缘各具 1 黄斑。平衡棒黄色；腹部黄色，后缘具黑色横带；第 2 腹节中部具黑纵带，不达前缘，与后缘横带相连；第 5 腹节末端中部黑斑呈三角形。足基节、转节、股节、胫节橘黄色，跗节黑色；后足胫节外缘黑色。成虫头部宽度较胸部约等，头胸宽度比为 4.1 : 4.0（mm）；头部呈半球形；复眼大，占据大部分头部；单眼呈倒三角形排列于两复眼之间；颅顶部隆起；两触角窝之间凹陷；触角基节膨大，柄节、梗节较鞭节基部小，鞭节端部短细；上颚隆起；喙较长且硬。中胸背板隆起，前缘呈弧形，后缘近平直；中上部两端具凹；两端具角状突；密被细毛。翅基节膨大；翅脉之间有 1 条伪脉；翅后缘前端不具翅脉，分叉；翅室不封口。平衡棒着生于中胸小盾片两端；中胸小盾片呈半圆形，隆起。腹部可见 5 节；第 1 腹节与第 2 腹节斑块呈“工”字形；第 2~4 腹节较大；腹部宽扁；密被细毛；

银白狭口蚜蝇

腹部腹面第 1 腹节中部隆起。前足较中后足短，足较细。

【生活习性】成虫访花，幼虫以蚜虫为食。

【分布】河南（辉县）、北京、山东、江苏、四川、浙江、福建、广西、广东、云南、海南；印度，马来西亚，印度尼西亚。

灰带管蚜蝇

【拉丁学名】*Eristalis cerealis* (Fabricius,1805)

Eristalis cerealis Fabricius, 1805: 232. Sun, 1982: 200; 黄 等 , 1996: 185; 黄 & 成 , 2012: 502.

Eristalis solitus Walker, 1849: 619.

Eristalis incisuralis Loew, 1858: 108.

Eristalis barbata Bigot, 1880: 214.

Eristalis sachalinensis Matsumura, 1916: 263.

【分类地位】双翅目食蚜蝇科 Syrphidae

【形态特征】成虫体长 16~17mm；黑褐色。头部与胸部等宽，呈半圆形，头部四周有很多的黑色短毛；有 3 个单眼，位于头顶最上方两个复眼之间，呈三角形摆列，也称为头顶三角区；复眼比较大，椭圆形或者是肾形；雄虫眼合生，雌虫眼分开，都有密密的毛；触角着生在额突之上，位于头中部之上，在头部侧面观中，两个复眼下缘的部分便是颊，颊四周密被很多毛。触角位于头中部之上，由 3 节构成，第 2 节是黑色，第 1、2 节短小，上面密被细毛，第 3 节呈长椭圆形，触角芒着生在第 3 节背侧，也称为背芒，触角芒 2/5 处着生少量的毛；触角芒近似于针状。口器为舐吸式。前胸与后胸隐藏于中胸之下，中胸比较明显。中胸背板几乎占据整个胸部背面，中胸背板近似方形，黑色有光泽，具有淡黄色的粉被，前部正中有明显的纵条纹；肩胛灰色；背板中间有一条细长的缝，也称为盾沟，两端明显；小盾片黄色，呈半圆形，密被棕黄色的长毛。翅着生在中胸背板的两侧，中等大小，透明、脉络较粗；前翅为膜翅，后翅退化；前翅内缘近基部有 1 个翅瓣，灰带管蚜蝇翅最典型的特征就是 R 脉与 M 脉间有 1 条两端游离的伪脉。翅脉明显、近透明。灰带管蚜蝇各足细长、密被黄褐色的毛；后足基跗节较粗；端跗节末端都有 1 簇球形毛。前足腿节细长，呈纺锤形；胫节基部细，端部较宽，上面着生许多黄色的细毛；股节与胫节长度比为 6∶5，跗节长度比为 1.5∶0.7∶0.5∶0.3∶1。中足股节与胫节之比为 7∶6，跗节各分节长度比为 2∶0.7∶0.5∶0.3∶1。后足细长粗大，股节与胫节长度比为 11∶7，跗节长度比为 3∶2∶1.6∶0.5∶0.6。腹部卵形或者近似锥形，基部较宽，端部狭圆；腹部第 1 节背板黑色，第 2 节背板、

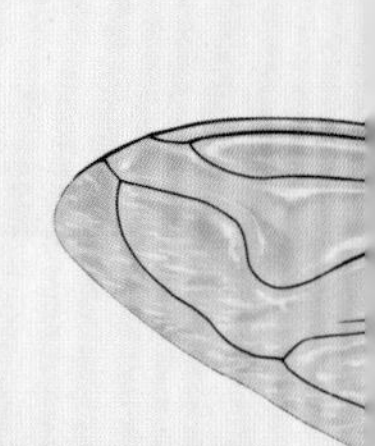

第 3 节背板黄色，中央具有典型的“I”形黑色斑纹，第 4 节背板黑色，中央有黑色的横带，腹部末端黑色，隐藏在第 4 节末端，不是很明显，密被黑色的短毛。雌虫生殖节比雄虫生殖节结构简单，在末端有 1 黑色凹陷。雄虫腹末腹面数节向右侧扭曲，第 9 腹节腹板（生殖节），椭圆形，周围有 1 周细毛。雌虫授精囊为圆形或椭圆形，骨化成黄色。雄虫外生殖器有两个尾须包裹，尾须端部具有黄色密集的刺。

【生活习性】成虫访花；幼虫以蚜虫为食。

【分布】河南（辉县）、内蒙古、辽宁、黑龙江、江苏、浙江、安徽、福建、江西、山东、河北、湖北、湖南、广东、四川、云南、西藏、陕西、甘肃、青海、新疆、台湾；俄罗斯，朝鲜，日本。

灰带管蚜蝇

黑带食蚜蝇

【拉丁学名】*Episyrphus balteatus* (De Geer, 1776)

Musca balteatus de Geer,1776: 116.

Musca scitulus Harris, 1780: 105.

Musca alternatus Schrank, 1781: 448.

Syrphus nectareus Fabricius, 1787: 341.

Syrphus pleuralis Thomson, 1869: 497.

Syrphus andalusiacus Strobl, 1899: 145.

Episyrphus fallaciosus Matsumura, 1917: 18.

Syrphus cretensis Backer, 1921. Synonymized by Claussen,1998: 138.

Episyrphus balteatus (de Geer): Knutson et al., 1975: 314; He, 1987: 197-198; Peck, 1988: 22; 黄, 1992: 1136; 孙, 1993: 1101; 黄等, 1996: 143-144; 黄 & 成, 2012: 190.

【分类地位】双翅目食蚜蝇科 Syrphidae

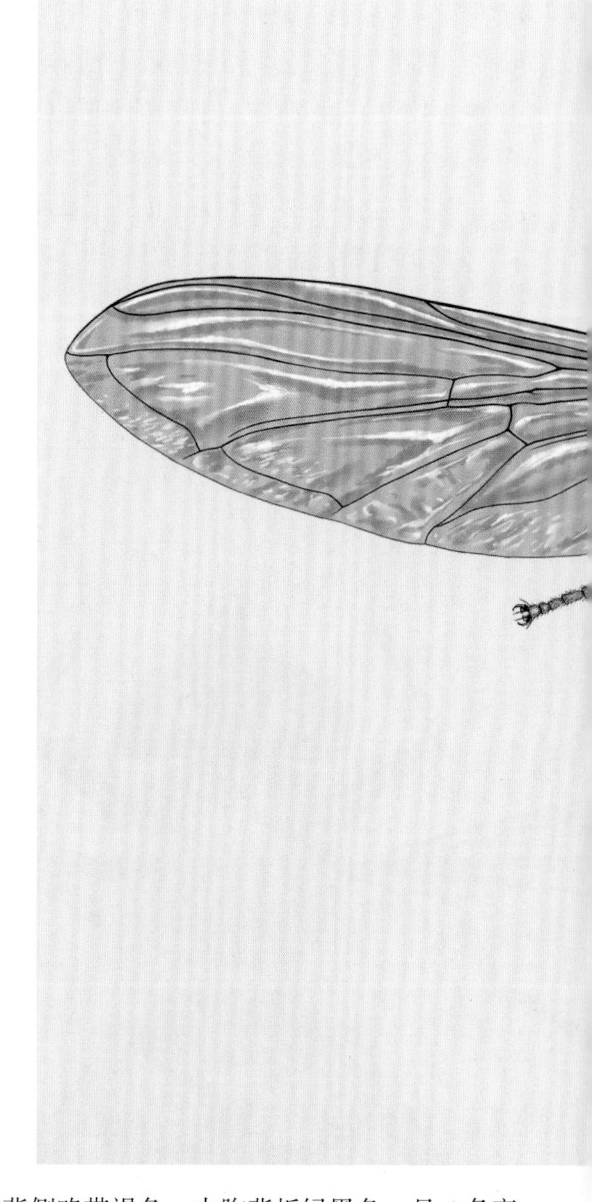

【形态特征】成虫体长 9.2mm，体宽 3.0mm；翅展 20.1mm。体黄色；头部棕黄色，覆灰黄色粉被；额具黑毛，在触角上方两侧各具 1 小黑斑；颜毛黄色；额正中具不明显暗色纵线；触角红棕色，第 3 节背侧略带褐色。中胸背板绿黑色，具 4 条亮黑色纵条；小盾片黄色，被较长黑毛，周缘毛黄色。翅稍带棕色，翅痣色略暗。腹部狭长，第 2 腹节斑纹变形，大部棕黄色；第 1 腹节绿黑色；第 2~4 腹节后缘除较宽黑色横带外，各节近基部还有 1 狭窄的黑色横带，黑带不达背板侧缘；第 5 腹节大部棕黄色，中部具不明显小黑斑。足棕黄色，基、转节黑色，后足跗节棕褐色。体较狭长；头部宽度较胸部略宽，头胸宽度比为 2.6∶2.1（mm）；复眼大，呈半球形；头顶呈狭长三角形；触角短细。中胸背板隆起；前缘呈弧形，后缘近平直；两端具角突；中胸背板侧缘具凹，被毛。翅基膨大；平衡棒短小。中胸小盾片近三角形。腹部宽扁；可见 6 节；第 2~4 腹节较大，近方形。足细长，前足较中、后足短。

黑带食蚜蝇

【生活习性】主要以幼虫捕食果树蚜虫、叶蝉、介壳虫、蓟马及蛾蝶类害虫的卵和初孵幼虫，是果树害虫的重要天敌昆虫之一。成虫喜食花蜜。幼虫蛆形，头尖尾钝，体壁上有纵向条纹，碰到蚜虫就用口器咬住不放，举在空中吸，把体液吸干后丢弃一旁，又继续捕食。

【分布】河南全省、北京、天津、河北、山西、内蒙古、辽宁、吉林、黑龙江、上海、江苏、浙江、安徽、福建、江西、山东、湖北、湖南、广东、广西、海南、重庆、四川、贵州、云南、西藏、陕西、青海、宁夏、新疆、台湾、香港、澳门；苏联，蒙古，日本，澳大利亚，阿富汗，北非，整个东洋区，欧洲。

蓝弯顶盗虻

【拉丁学名】*Neoitamus cyanurus* (Loew, 1849)

Neoitamus cyanurus: 史, 1999// 申等, 伏牛山南坡及大别山区昆虫 : 389.

【分类地位】双翅目盗虻科 Asilidae

【形态特征】成虫体长 12~18mm，翅长 10~14mm。头宽 3mm，两个大复眼，三个单眼，单眼着生部位突起长有黑色鬃 8 根单眼与触角之间两侧着生若干鬃，覆黄白色棉毛。颜面隆起，上窄下宽隆起的上缘至触角基部的距离，口鬃为黄色。单眼两侧复眼后缘，着生十几根 90° 弯曲鬃黑或黄色，另复眼一圈都有黄色鬃且密。口器，刺吸式口器，这一类型口器是由咀嚼式口器特化而来的，为取食动植物汁液的昆虫所具有，上颚和下颚的一部分特化为细长的口针。触角长 1.6mm 黑色，4 节基部两节被黑毛，第 4 节细针状，第三节梭状，前两节圆筒状第一节长第二节短。胸部前胸退化。中胸色黑，覆灰褐色毛，背面中央有条明显的浅沟，背中线，背面被黑毛前缘短越后边毛越长，背侧片鬃，背中线两侧各有两排鬃黑色和蛋黄色，中胸小盾片倒三角形黑色，覆白色绒毛，边缘 5 根黑色鬃竖立。后胸退化，位于中胸小盾片下面。侧胸由几条线明显分隔成小片覆黄白色绒毛，每片骨片上都有几片鬃黄或黑色。平衡棒黄色。足粗壮；前足和中足基节密集鬃状黄白色毛，腿节加粗，黑色，被黄毛。胫节黄色，有两排鬃 10 根，胫节末端有 4 根刺，腿节有 6 根鬃，基跗节长略等于第 2、第 3 跗节的总长。爪较长略弯曲，爪垫发达，有爪间突一根。后足跗节加宽加粗，后足跗节节上有黑色短刺，每节跗节后短水红色长有毛 3~5 根。前足腿节与胫节的比例 13 : 12，跗节的比例 10 : 5 : 4 : 3 : 6。中足腿节与胫节的比例 15 : 13，跗节的比例 10 : 5 : 4 : 3 : 6。后足最长，后足腿节于胫节的比例 9 : 8，跗节的比例 13 : 6 : 5 : 4 : 7。翅褐色半透明，前缘脉（又称围脉）仅延伸至翅顶处，第三脉的后支（即 Rs）终止于翅顶的前方，中脉各支不终止于翅缘。胫中横脉位于中室中部的前方。后室 5 个，第四后室靠中室端部，被第一横脉封闭。腹部呈长筒状，腹部粗壮，黑色有光泽，渐向尾

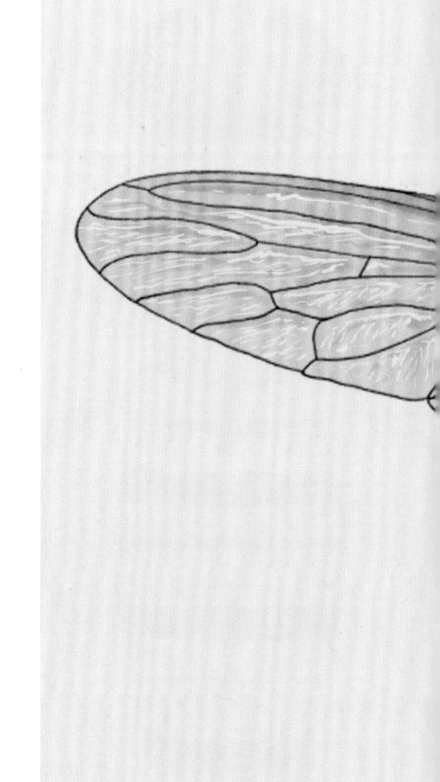

蓝弯顶盗虻

部变窄，不同程度弯曲，第一节短，与后胸愈合，腹部由 9 节组成。雄虫腹部前 8 节为生殖前节，最后一节为生殖节，第 8 节非常短，被前一节覆盖。各背板具狭窄灰褐色带。生殖节黑色，被黑毛而雌虫后 4 节为生殖器，有伪产卵器。腹部着生有规律的毛两侧较长，覆黑色短毛。雌虫生殖节为后五节，节间有弹性，前一节比后一节宽，套管状相接。

【生活习性】成虫 4—5 月间常见于华北麦田，生活史不详。

【分布】河南（新乡、卢氏）、浙江、陕西、甘肃、湖北、湖南、福建、台湾；欧洲。

弯斑姬蜂虻

【拉丁学名】*Systropus curvittatus* Du & Yang, 2009

Systropus dolichochaetaus Du et Yang, 2009, 河北动物志双翅目, 317.

【分类地位】双翅目蜂虻科 Bombyliidae

【形态特征】成虫体长 25.8mm，体宽 4.2mm，翅展 39mm。头部复眼黑色，略带暗红；头顶缩为瘤状突，枣红色；口边、颜面及额黄色；喙黑色，基半部下面棕色；触角第 1、2 节黄色，有较密的黄色短刺毛，第 3 节黑色，扁平且毛稀疏。小盾片黑色。前胸背板黑色；中胸背板暗黑色，两侧 3 个黄斑通过一条细黄线前后相连；前胸侧板黄色，中、腹侧片黑色，翅侧片前半部黑色，后半部黄色；下后侧片暗红色，有浓密的银白色长绒毛；后胸腹板蓝黑色。翅淡棕色，近前缘及基部色略深；r-m 横脉位于盘室正中。平衡棒黄色。前足全为黄色；中足基节黑色，余皆黄色；后足基节黑色，转节及腿节棕色，胫节棕色，从中间到近端部 1/10 处渐深至深褐色，端部 1/10 黄色，胫节有 3 纵排粗大的黑刺，端部有一圈长短不一的棕色刺，跗节第 1、2 节黄色，第 2 节极端部至第 5 节为深褐色，跗节有较粗大的黑刺。腹部侧扁，棕色；第 1 背板黑色，腹背板背面色略深，为棕褐色。头部复眼大，几乎占据头部，呈三角形向下展开；触角夹于两复眼之间，两触角间空隙小；触角第 1 长，2、3 节较短，触角比为 3.6∶0.1∶0.1（mm）。前胸背板隆起，前缘呈弧形，后缘近平直，两端钝角突出；侧缘微凹；前缘宽于小盾片，呈倒三角形。腹部可见 7 节；第一腹节分别长于 2、3 节，第 4~7 节较宽扁，密布细毛。

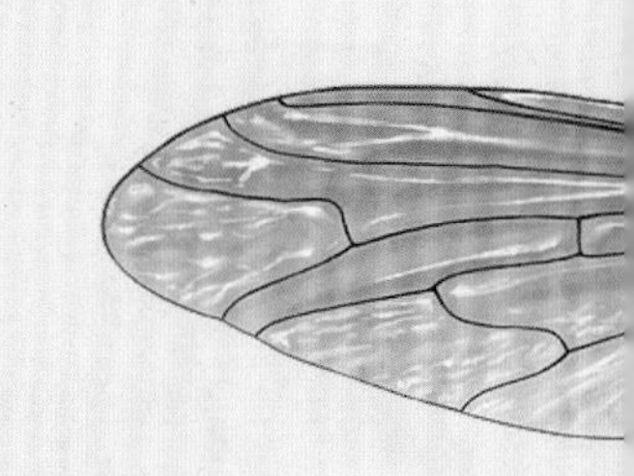

【生活习性】成虫飞翔能力强，喜光，有访花习性；本科昆虫幼虫寄生性或捕食性，已知取食鳞翅目、膜翅目、鞘翅目、双翅目和脉翅目幼虫和蛹。本种生物习性不详。

【分布】河南 (新乡)、北京，四川。

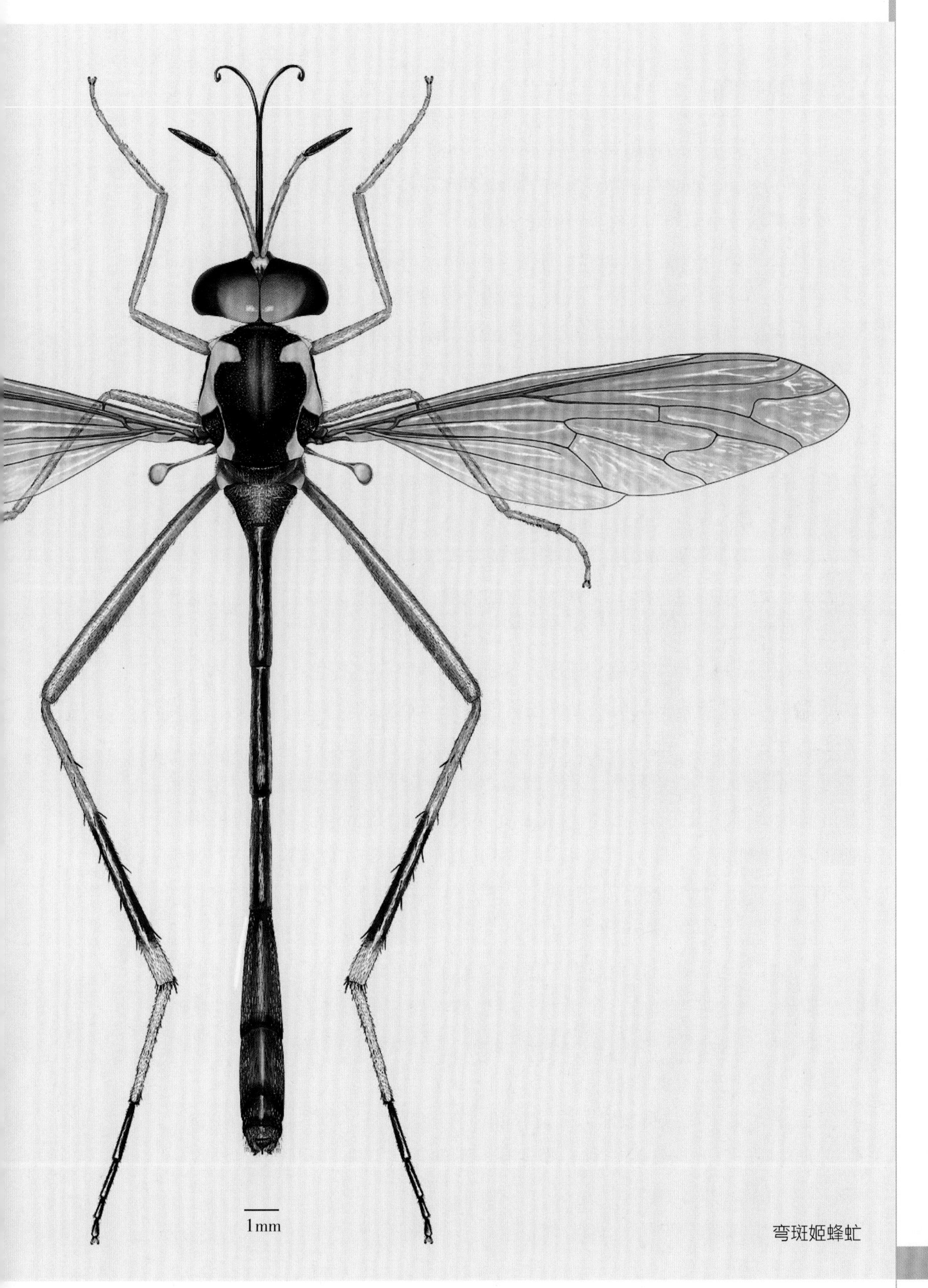

弯斑姬蜂虻

长刺姬蜂虻

【拉丁学名】*Systropus dolichochaetaus* Du et Yang, 2009

Systropus dolichochaetaus Du et Yang, 2009, 河北动物志双翅目 , 316.

【分类地位】双翅目蜂虻科 Bombyliidae

【形态特征】体长 17.3mm，体宽 2.6mm，翅展 21mm。体黑色；头部复眼黑色；头顶红棕色；额三角区、唇基及颊浅黄色，其上密被短绒毛。触角 3 节；第 1 节基部黄色，至端部渐变为黑褐色，第 2 节黑色，第 1~2 节均有浓密的短黑毛；第 3 节黑色无毛；喙黑色，基半部下面棕色；下颚须棕色。前胸背板黑色，侧板、腹面黄色；中胸背板暗黑色，两侧各有三个相互独立的黄斑；小盾片暗黑色，后缘生有较长的细绒毛；中胸侧板、腹侧片及翅侧片黑色，下后侧片黄色；翅侧片有浓密的银白色长绒毛；后胸腹板黄色，两侧各有一黑色长条斑。前足基节淡黄色，腿节淡褐色，胫节及第 1~2 跗节黄色，第 3~5 跗节褐色；中足基节基半部黑色，端半部黄色，腿节黑色，胫节及跗节褐色，第 1 附节有粗短的黑刺；后足基节及转节黑色，腿节褐色，胫节黑色，近端部 1/6 处有一黄色环，端部少许黑色，胫节上着生三纵排粗大的黑刺。翅浅灰色，透明，基部及前缘略带浅棕色，r-m 横脉位于盘室正中间。平衡棒柄淡褐色，棒端黄色。头部宽度就较胸部约等宽，头胸宽度比为 2.6∶2.5（mm），头部复眼大，几近完全占据头部；触角夹于复眼之间，间隙较小，触角第 1、2 节柱状，第 3 节扁平内凹，触角三节比为头顶呈瘤状突起；第 3 节扁平，触角比 1.4∶0.7∶1.1（mm）。前胸背板中部隆起，密被细毛，无明显可见纵沟；背板侧面具纵带，被稀疏绒毛；背板腹面两端微隆，中部微凹，具中纵沟，下方具一三角形小盾片。中胸背板隆起，密被细毛；中胸侧板两端翅基膨大。小盾片宽三角形。腹部侧扁；前缘宽于小盾片，向后急剧收缩呈倒三角形。腹部可见 8 节；第 2~5 腹节较细，构成腹柄，其余各节膨大，呈锤状；第 2~5 节腹板两侧各有一条纵向的黑带。前、中足细小；后足基节、转节、腿节、胫节和跗节均较长。前跗节具一对爪，具爪垫；着生细毛。

【生活习性】成虫飞翔能力强，喜光，有访花习性；本科昆虫幼虫寄生性或捕食性，已知取食鳞翅目、膜翅目、鞘翅目、双翅目和脉翅目幼虫和蛹。本种生物习性不详。

【分布】河南（辉县）、北京、江西。

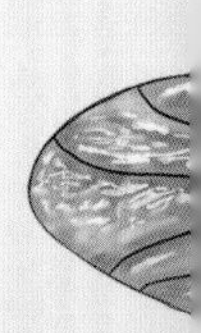

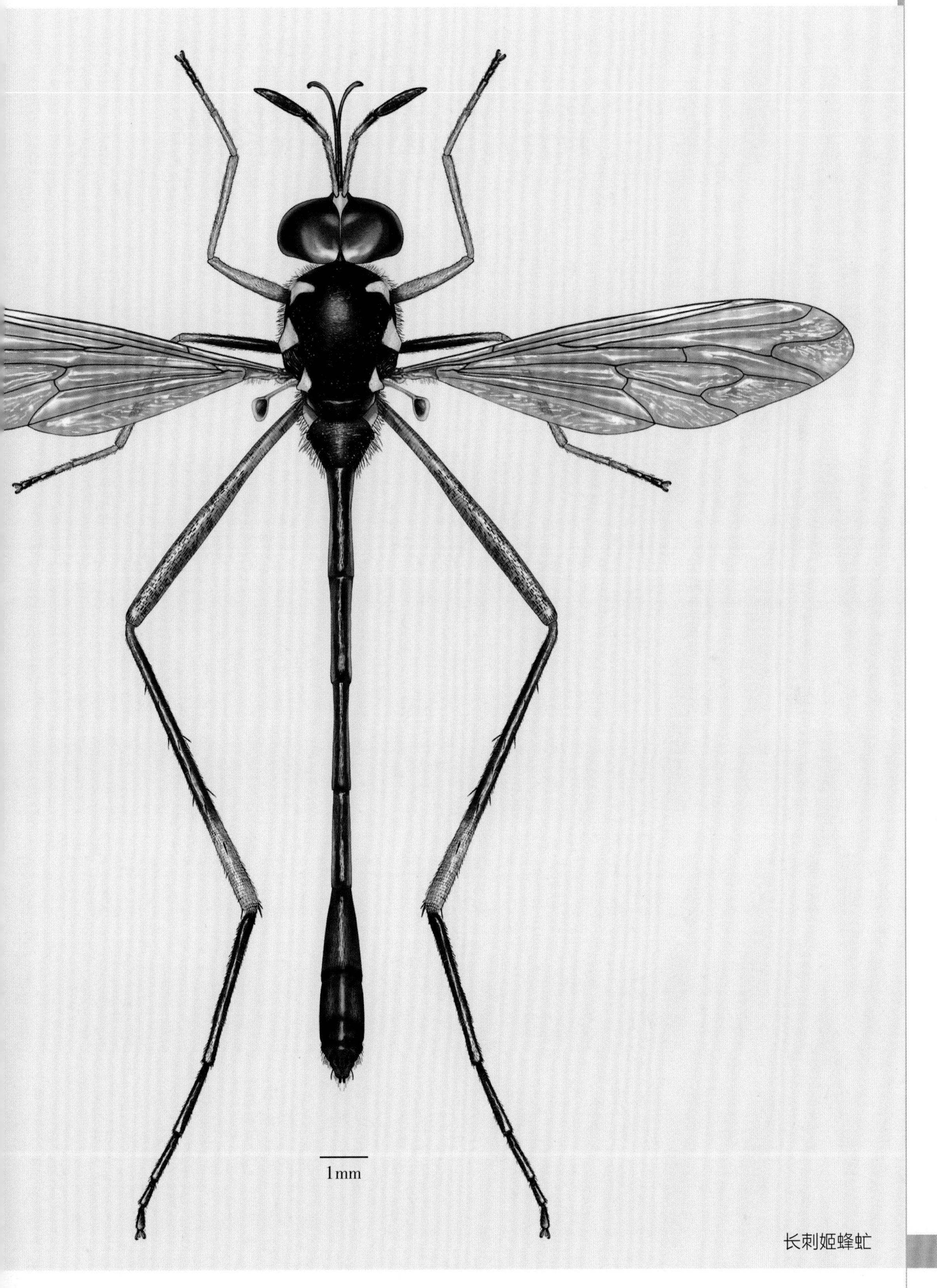

长刺姬蜂虻

附录　常用形态术语图解

膜翅目

姬蜂

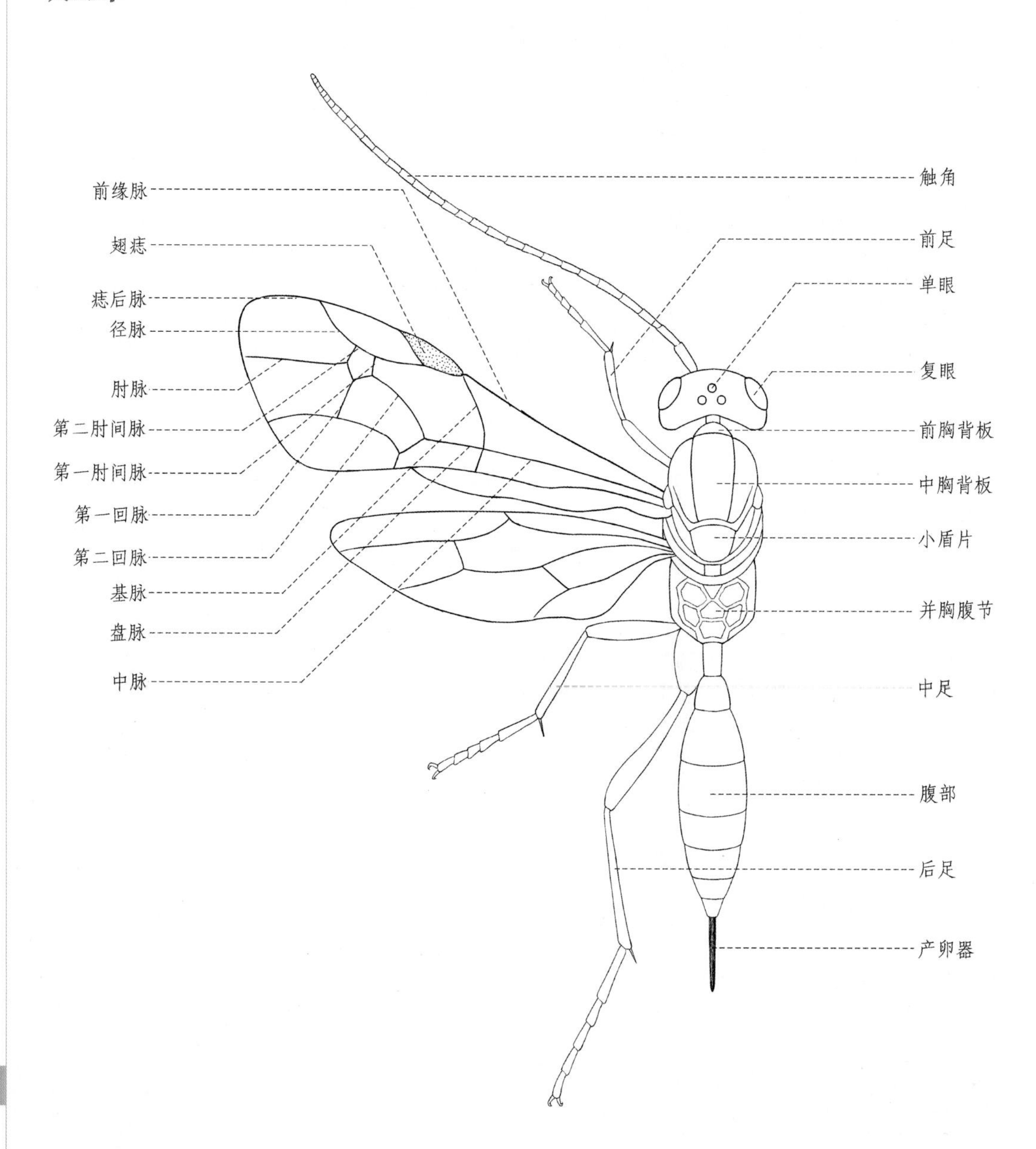

茧蜂

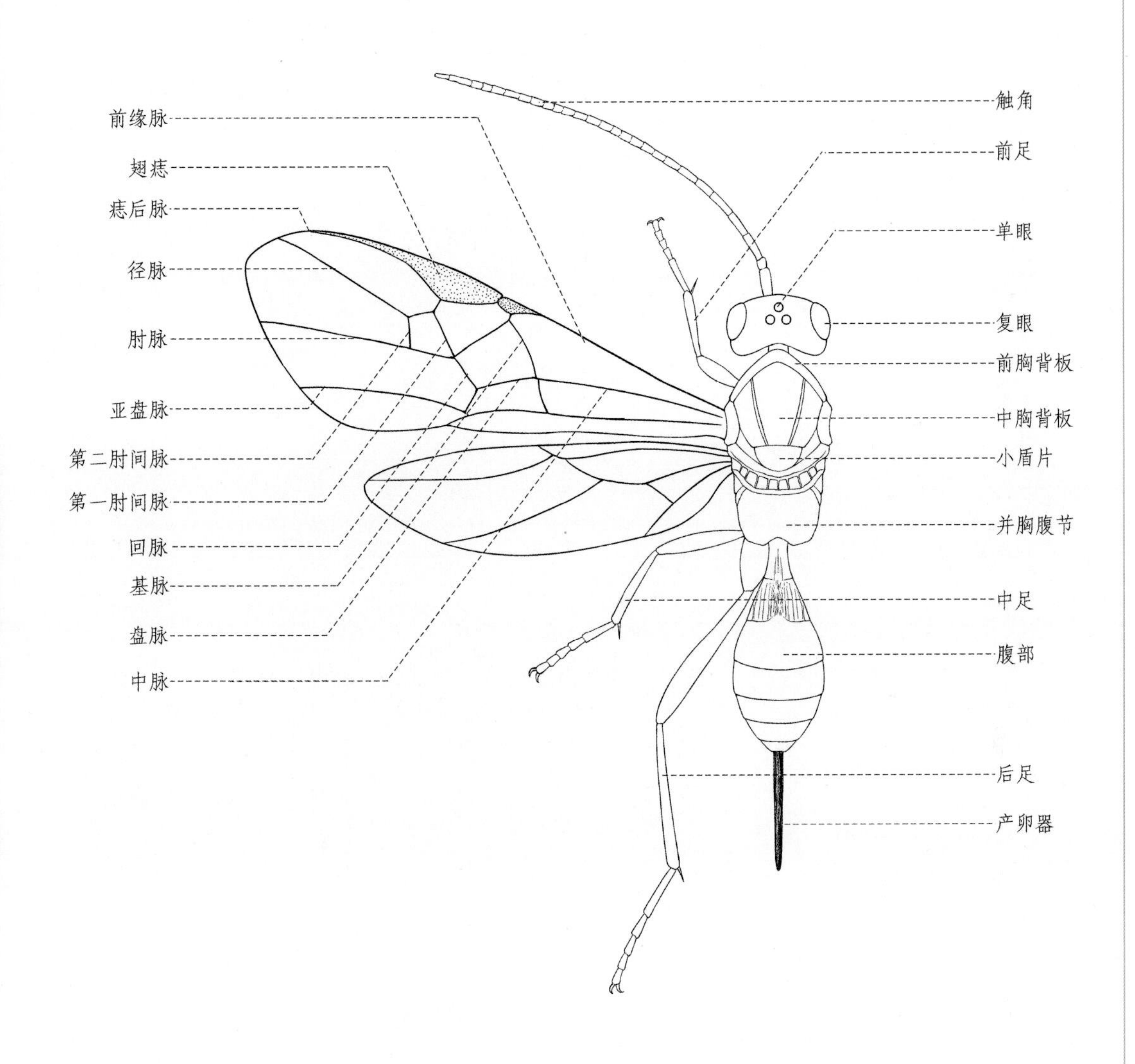
前缘脉
翅痣
痣后脉
径脉
肘脉
亚盘脉
第二肘间脉
第一肘间脉
回脉
基脉
盘脉
中脉
触角
前足
单眼
复眼
前胸背板
中胸背板
小盾片
并胸腹节
中足
腹部
后足
产卵器

鞘翅目

步甲

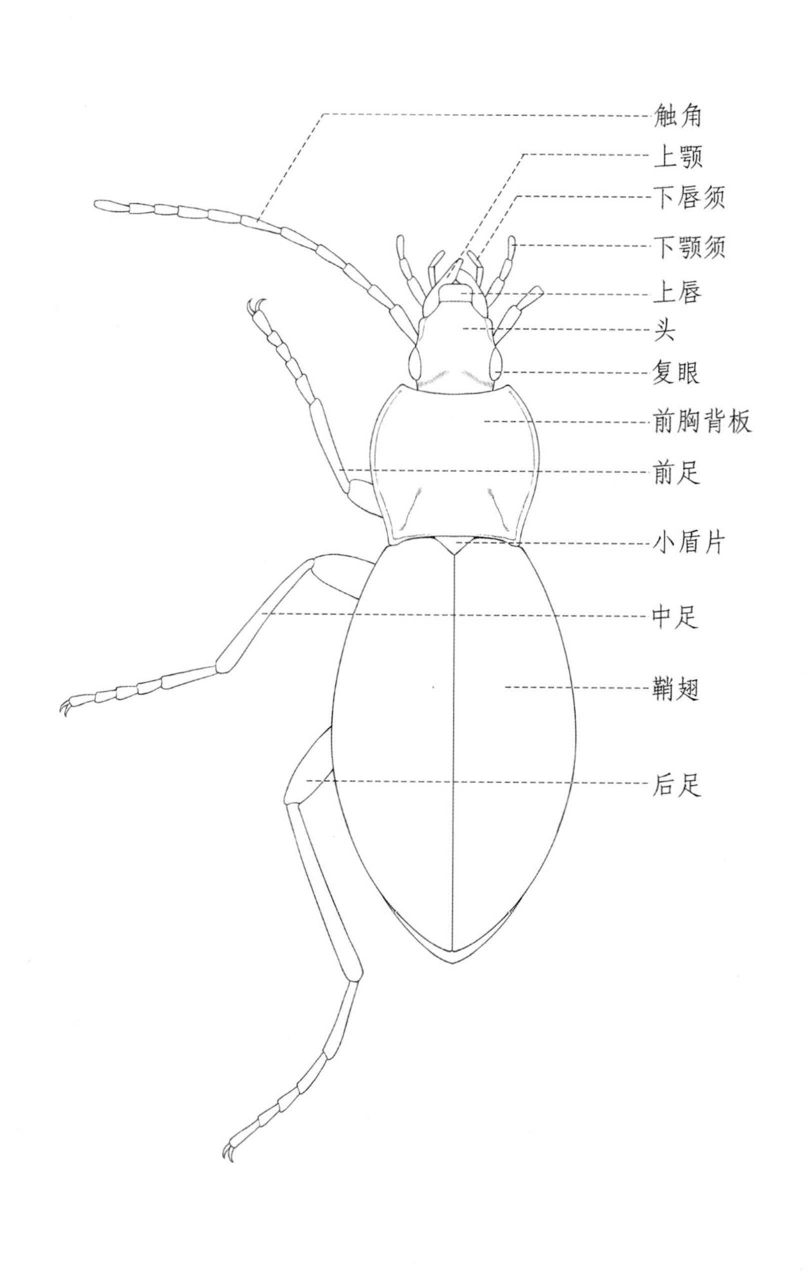

脉翅目

草蛉

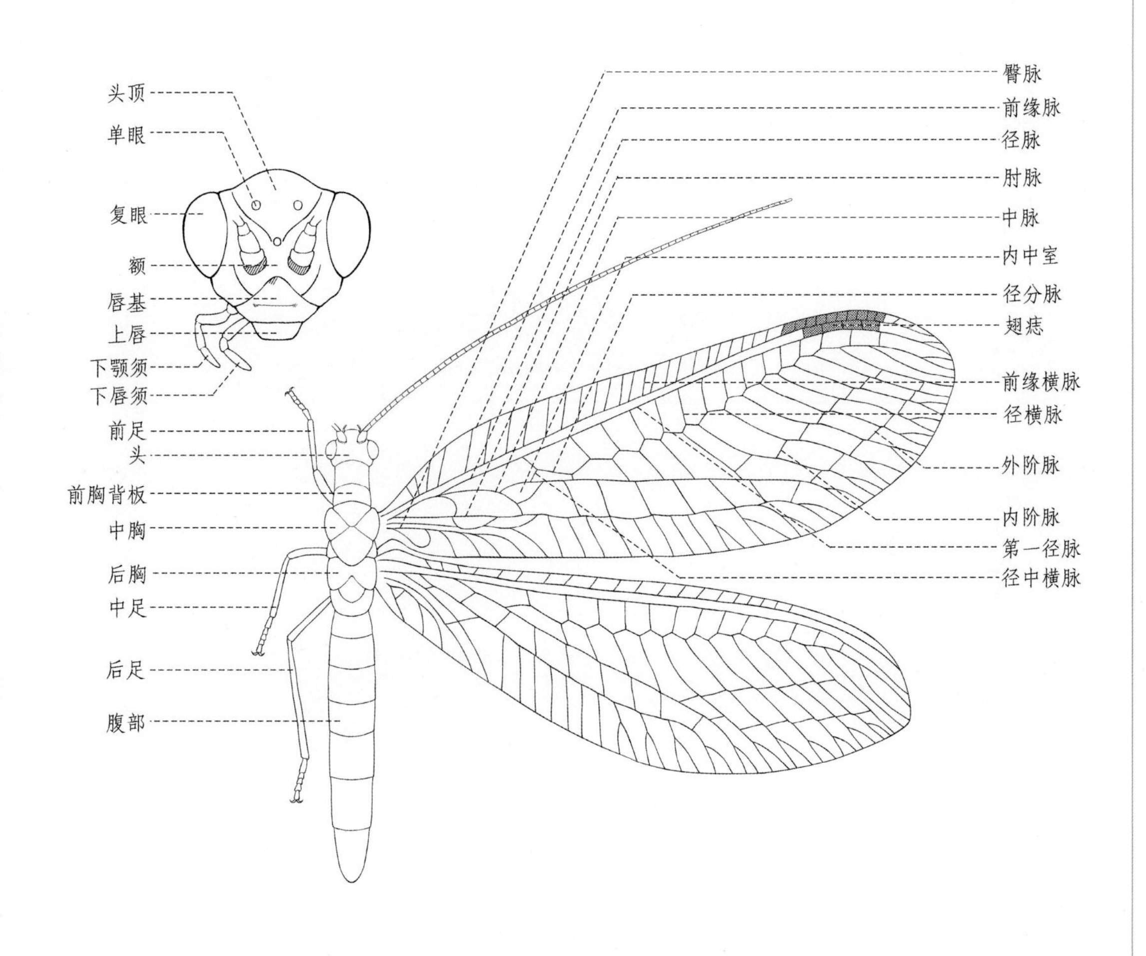

头顶
单眼
复眼
额
唇基
上唇
下颚须
下唇须
前足
头
前胸背板
中胸
后胸
中足
后足
腹部
臀脉
前缘脉
径脉
肘脉
中脉
内中室
径分脉
翅痣
前缘横脉
径横脉
外阶脉
内阶脉
第一径脉
径中横脉

双翅目

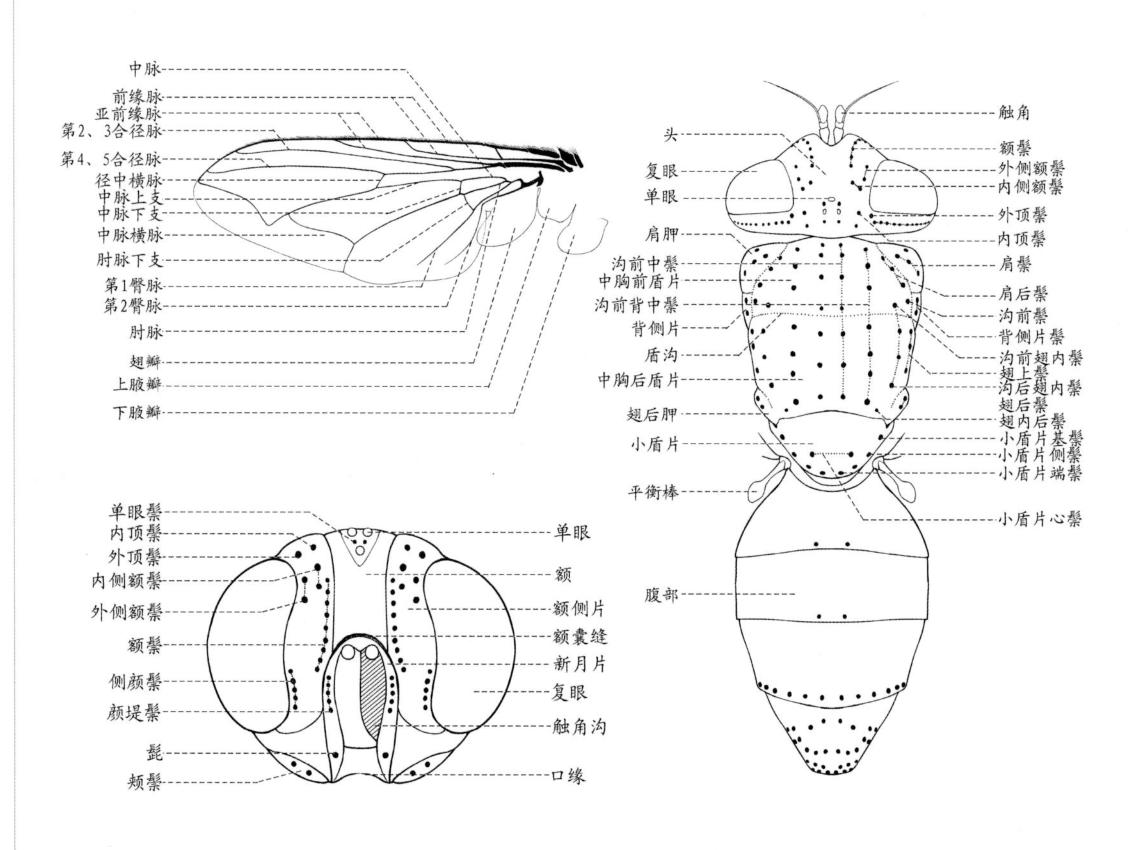

中脉
前缘脉
亚前缘脉
第2、3合径脉
第4、5合径脉
径中横脉
中脉上支
中脉下支
中脉横脉
肘脉下支
第1臀脉
第2臀脉
肘脉
翅瓣
上腋瓣
下腋瓣
触角
头
额鬃
复眼
外侧额鬃
内侧额鬃
单眼
外顶鬃
内顶鬃
肩胛
肩鬃
沟前中鬃
中胸前盾片
肩后鬃
沟前背中鬃
沟前鬃
背侧片
背侧片鬃
盾沟
沟前翅内鬃
翅上鬃
中胸后盾片
沟后翅内鬃
翅后鬃
翅后胛
翅内后鬃
小盾片
小盾片基鬃
小盾片侧鬃
小盾片端鬃
平衡棒
小盾片心鬃
腹部
单眼鬃
单眼
内顶鬃
额
外顶鬃
内侧额鬃
额侧片
外侧额鬃
额囊缝
额鬃
新月片
侧颜鬃
复眼
颜堤鬃
触角沟
髭
颊鬃
口缘

半翅目

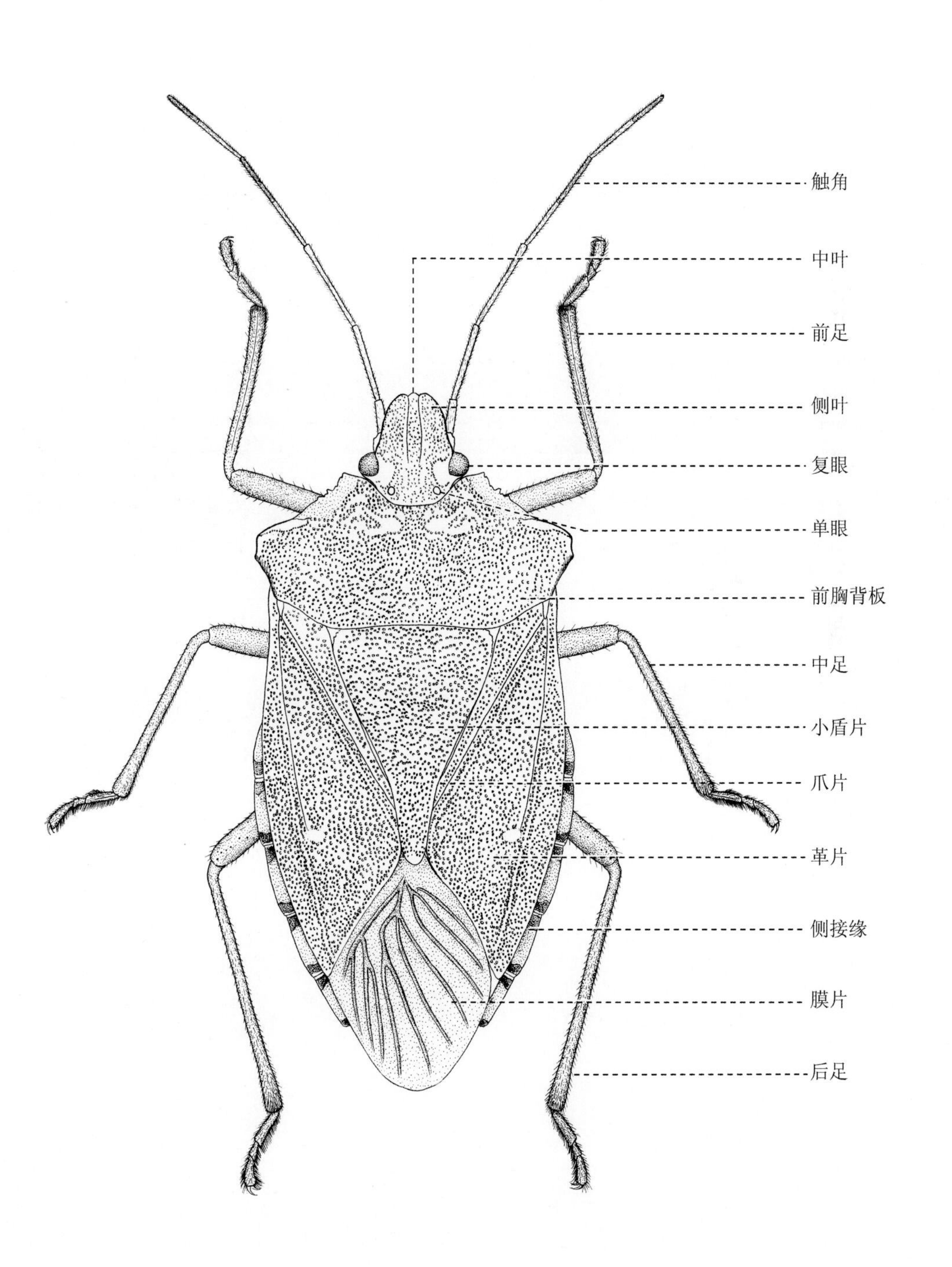

蜻蜓目

蜻蜓

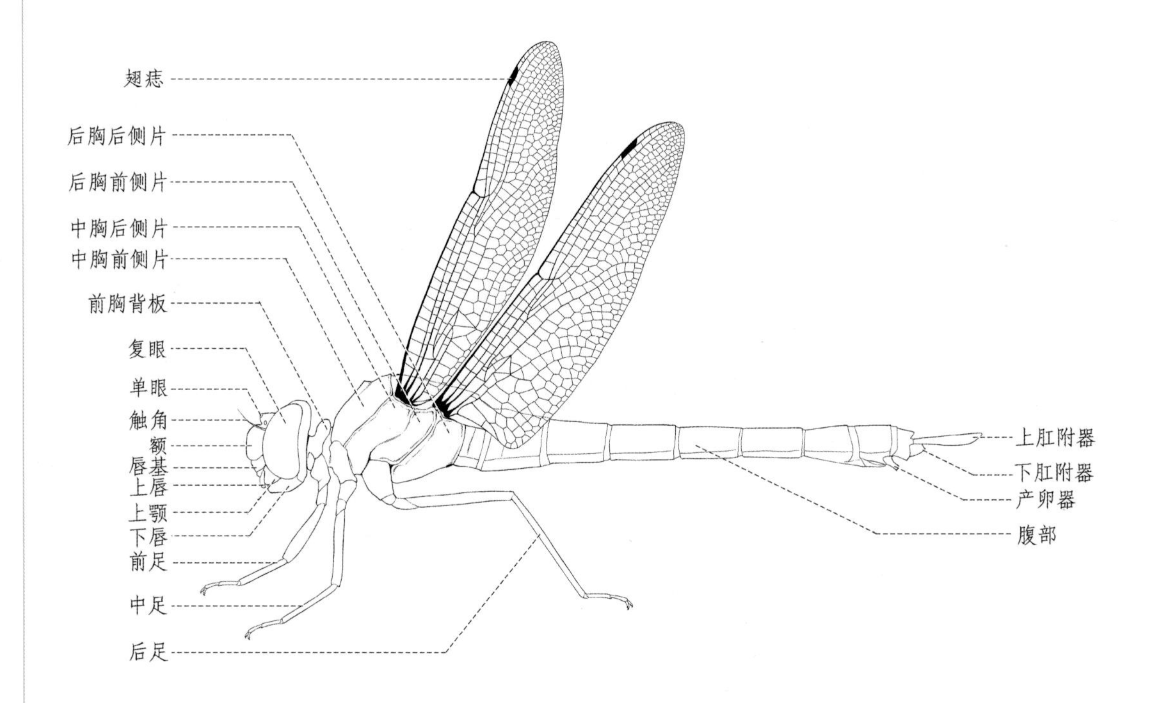
翅痣
后胸后侧片
后胸前侧片
中胸后侧片
中胸前侧片
前胸背板
复眼
单眼
触角
额
唇基
上唇
上颚
下唇
前足
中足
后足
上肛附器
下肛附器
产卵器
腹部

豆娘

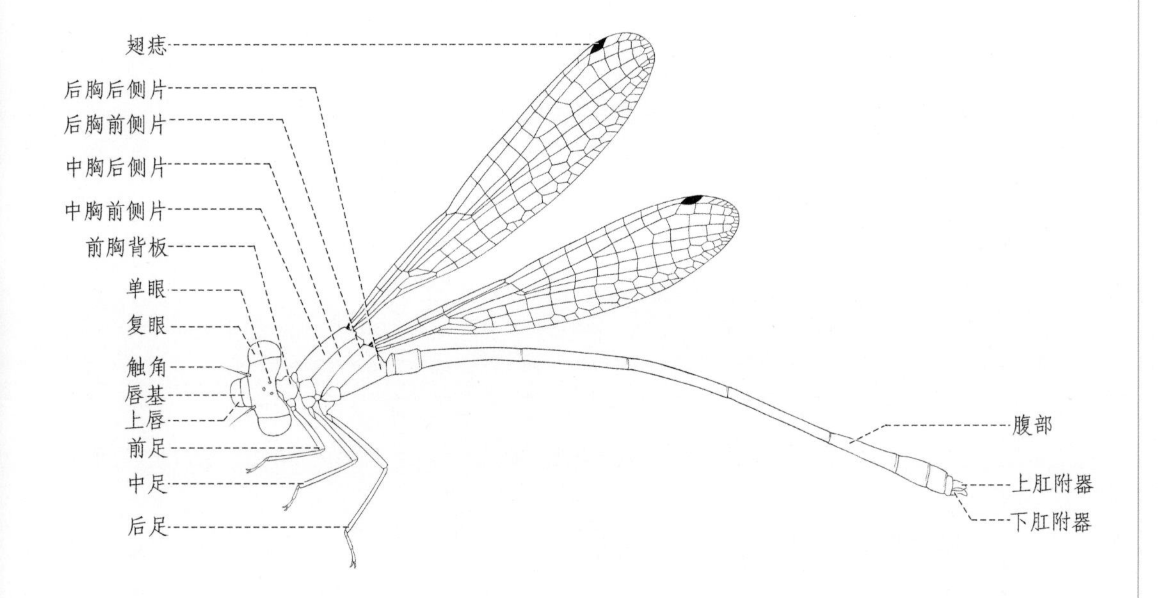
翅痣
后胸后侧片
后胸前侧片
中胸后侧片
中胸前侧片
前胸背板
单眼
复眼
触角
唇基
上唇
前足
中足
后足
腹部
上肛附器
下肛附器

螳螂目

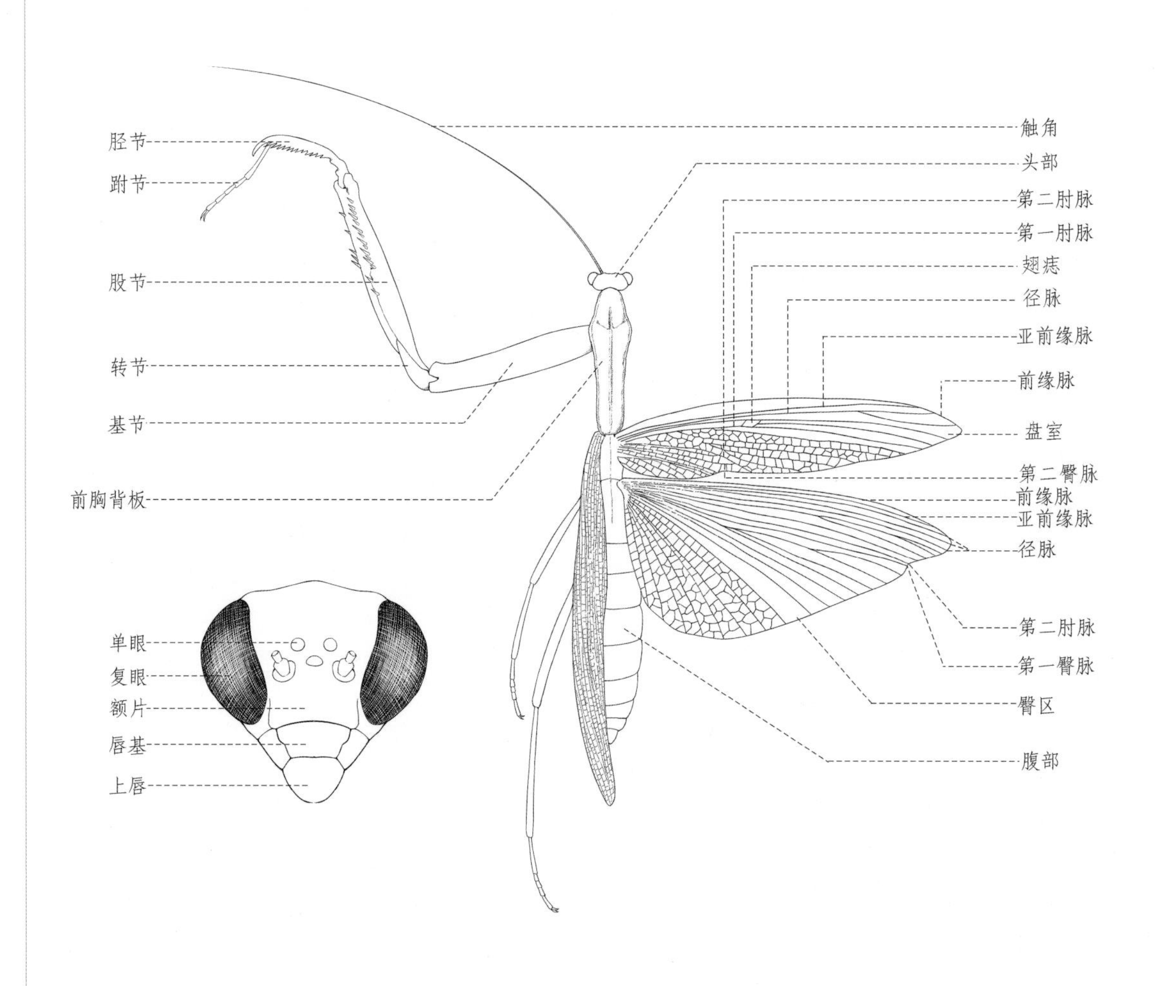

胫节
跗节
股节
转节
基节
前胸背板
单眼
复眼
额片
唇基
上唇
触角
头部
第二肘脉
第一肘脉
翅痣
径脉
亚前缘脉
前缘脉
盘室
第二臀脉
前缘脉
亚前缘脉
径脉
第二肘脉
第一臀脉
臀区
腹部

参考文献

白晓拴，彩万志，能乃扎布 . 2013. 内蒙古贺兰山地区昆虫 [M]. 呼和浩特：内蒙古人民出版社：768pp.

卜文俊，郑乐怡 . 2001. 中国动物志：昆虫纲：半翅目：异翅亚目：毛唇花蝽科，细角花蝽科，花蝽科 [M]. 北京：科学出版社：267pp.

彩万志，崔建新，刘国卿，等 . 2017. 河南昆虫志半翅目：异翅亚目 [M]. 北京：科学出版社：783pp.

彩万志，庞雄飞，花保祯，等 . 2011. 普通昆虫学（2 版)[M]. 北京：中国农业大学出版社：490pp.

蔡邦华 . 1956. 昆虫分类学（上）[M]. 北京：财政经济出版社：398pp.

蔡邦华 . 1973. 昆虫分类学（中）[M]. 北京：科学出版社：303pp.

蔡邦华 . 1985. 昆虫分类学（下）[M]. 北京：科学出版社：270pp.

陈常铭，宋慧英 . 稻田害虫天敌昆虫资源 [M]. 长沙：湖南科学技术出版社：223pp.

陈兆华 . 2009. 福建虎甲科种类调查 [J]. 华东昆虫学报，18（3）：235-240.

崔建新，彩万志 . 2015. 河南螳蝎蝽分类研究 [J]. 河南农业科学，44（2）：87-90.

杜伟，郭同斌，颜学武，等 . 2009. 白蛾黑基啮小蜂的发育起点温度和有效积温 [J]. 中国生物防治杂志，25（4）：368-370.

高珏晓，孟玲，李保平 . 2010. 广大腿小蜂对菜粉蝶蛹体型大小的产卵选择及后代发育表现 [J]. 态学杂志，29（2）：339-343.

郭在彬，崔建新，李闪闪，等 . 2016. 七星瓢虫成虫形态学研究 [J]. 河南林业科技，36（2）：1-5.

何俊华 . 1979. 我国稻苞虫的寄生蜂（一）：姬蜂 [J]. 昆虫知识，16（3）：132-134.

何俊华，等 . 2004. 浙江蜂类志 [M]. 北京：科学出版社：1373pp.

何俊华，陈学新 . 2006. 中国林木害虫天敌昆虫 [M]. 北京：中国林业出版社：224pp.

贺凯，徐志强，代平礼 . 2006. 管氏肿腿蜂对黄粉甲的寄生行为 [J]. 昆虫学报，49（3）：454-460.

胡胜昌，林祥文，王保海 . 2013. 青藏高原瓢虫 [M]. 郑州：河南科学技术出版社：213pp.
湖北省农业科学院植物保护研究所 . 1980. 棉花害虫及其天敌图册 [M]. 武汉：湖北人民出版社：346pp.
湖北省农业科学院植物保护研究所 . 1978. 水稻害虫及其天敌图册 [M]. 武汉：湖北人民出版社：181pp.
黄邦侃 . 1991. 全国瓢虫学术讨论会论文集 [M]. 上海：上海科学技术出版社：247pp.
黄春梅，成新跃 . 2012. 中国动物志：双翅目食蚜蝇科 [M]. 北京：科学出版社：852pp.
黄同陵 . 1985. 四川省婪步甲属 Harpalus Latrille 记述 [J]. 西南农学院学报（1）：76-85.
康文通，汤陈生，梁农，等 . 2008. 应用管氏肿腿蜂林间防治松墨天牛 [J]. 福建农林大学学报（自然科学版），37（6）：575-579.
李铁生，马万炎 . 1992. 胡蜂总科 . 见：湖南省林业厅：湖南森林图鉴 [M]. 长沙：湖南科学技术出版社：1330pp.
李铁生 . 1985. 中国经济昆虫志（30）：膜翅目胡蜂总科 [M]. 北京：科学出版社：159pp.
廖定熹，李学骝，庞雄飞，等 . 1987. 中国经济昆虫志（34）膜翅目小蜂总科（一）[M]. 北京：科学出版社：241pp.
刘崇乐 . 1963. 中国经济昆虫志（5）：鞘翅目瓢虫科 [M]. 北京：科学出版社：101pp.
刘国卿，卜文俊 . 2009. 河北动物志：半翅目异翅亚目 [M]. 北京：中国农业科学技术出版社：528pp.
刘健 . 2010. 天敌昆虫对大豆蚜的捕食作用研究 [M]. 北京：中国农业科学技术出版社：167pp.
彭建文，刘友樵 . 1992. 湖南森林昆虫 [M]. 长沙：湖南科学技术出版社：1473pp.
蒲天胜 . 1983. 关于广大腿小蜂的寄主 [J]. 昆虫天敌，5（1）：48.
蒲蛰龙 . 1977. 害虫的生物防治 [M]. 北京：科学出版社：148pp.
蒲蛰龙 . 1978. 害虫生物防治的原理和方法 [M]. 北京：科学出版社：318pp.
蒲蛰龙 . 1990. 农作物害虫管理数学模型与应用 [M]. 广州：广东科技出版社：504pp.
齐国俊，仵均祥 . 2002. 陕西麦田害虫与天敌 [M]. 西安：西安地图出版社：291pp.
邱益三 . 1996. 国产青步甲属 *Chlaenius* 的分类（鞘翅目：步甲科）[J]. 南京农专学报，12（2）：1-21.
申效诚，邓桂芬 . 1999. 河南昆虫分类区系研究（3）鸡公山区昆虫 [M]. 北京：中国农业科技出版社：368pp.
申效诚，裴海潮 . 1999. 河南昆虫分类区系研究（4），伏牛山南坡及大别山区昆虫 [M]. 北京：中国农业科技出版社：415pp.
申效诚，任应党，牛瑶，等 . 2014. 河南昆虫志，区系与分布 [M]. 北京：科学出版社：1271pp.

申效诚 . 1993. 河南昆虫名录 [M]. 北京：中国农业科技出版社：352pp.
盛茂领，孙淑萍 . 2009. 河南昆虫志：膜翅目姬蜂科 [M]. 北京：科学出版社：340pp.
盛茂领，孙淑萍，李涛 . 2016. 西北地区荒漠灌木林害虫寄生性天敌昆虫图鉴 [M]. 北京：中国林业出版社：468pp.
盛茂领 . 1990. 始刻柄茧蜂的初步研究 [J]. 中国森林病虫（1）：33-25.
石明旺，彩万志 . 1997. 中国斯猎蝽属小汇（异翅目：猎蝽科：光猎蝽亚科）[J]. 昆虫分类学报，19（3）：196-208.
孙彩虹 . 1993. 双翅目食蚜蝇科 [M]// 陈世骧 . 横断山区昆虫（II）. 北京：科学出版社，1098-1114.
孙恢鸿 . 2001. 烟草病虫害防治彩色图志 [M]. 南宁：广西科学技术出版社：276pp.
孙守慧，赵利伟，祁金玉 . 2009. 白蛾周氏啮小蜂滞育诱导及滞育后发育 [J]. 昆虫学报，52（12）：1307-1311.
孙源正，任宝珍 . 2000. 山东农业害虫天敌 [M]. 北京：中国农业出版社：321pp.
唐桦，杨忠岐，张翌楠，等 . 2007. 天牛主要寄生性天敌花绒寄甲活体雌雄性成虫的无损伤鉴别 [J]. 动物分类学报，32（3）：649-654.
田慎鹏，徐志强 . 2003. 不同温度条件对利用黄粉甲繁育管氏肿腿蜂的影响 [J]. 昆虫知识，40（4）：356 -359.
王保海，潘朝晖，张登峰 . 2011. 青藏高原天敌昆虫 [M]. 郑州：河南科学技术出版社：319pp.
王洪魁，许国庆，戚凯 , 等 . 1997. 利用柞蚕蛹人工繁殖白蛾周氏啮小蜂的研究 [J]. 沈阳农业大学学报，28（1）：16-22.
王天齐 . 1993. 中国螳螂分类概要 [M]. 上海：上海科学技术文献出版社：176pp.
王希蒙，任国栋，马峰 . 1996. 花绒穴甲的分类地位及应用前景 [J]. 西北农业学报，5（2）：75-78.
王志国 . 2007. 河南蜻蜓志蜻蜓目 [M]. 郑州：河南科学技术出版社：189pp.
王志国，张秀江 . 2007. 河南直翅类昆虫志：螳螂目 蜚蠊目 等翅目 直翅目 蛸目 革翅目 [M]. 郑州：河南科学技术出版社：556pp.
王宗舜，钟香臣，仇序佳，等 . 1977. 七星瓢虫生殖的观察 [J]. 昆虫学报，20（4）：397-404.
魏建荣，杨忠岐，马建海，等 . 2007. 花绒寄甲研究进展 [J]. 中国森林病虫，26（3）：23-25.
吴福桢，高兆宁 . 1966. 宁夏农业昆虫志（一）[M]. 北京：农业出版社：331pp.
吴福帧，高兆宁，郭予元 . 1982. 宁夏农业昆虫志（二）[M]. 银川：宁夏人民出版社：265pp.

吴钜文，陈红印 . 2013. 蔬菜害虫及其天敌昆虫名录 [M]. 北京：中国农业科学技术出版社：738pp.
伍绍龙，周志成，彭曙光，等 . 2017. 管氏肿腿蜂抚育行为的代价和收益 [J]. 中国生物防治学报，33（1）：39-43.
夏松云 . 1997. 拉英中天敌昆虫名汇及其应用实例 [M]. 武汉：华中理工大学出版社：484pp.
夏松云，吴慧芬，王自平 . 1988. 稻田天敌昆虫原色图册 [M]. 长沙：湖南科学技术出版社：96pp.
萧采瑜，等 . 1977. 中国蝽类昆虫鉴定手册（第一册）[M] . 北京：科学出版社：330pp.
萧采瑜，等 . 1981. 中国蝽类昆虫鉴定手册（第二册）[M]. 北京：科学出版社：654pp.
萧刚柔 . 1992. 中国森林昆虫（2 版）[M]. 北京：中国林业出版社：1362pp.
萧刚柔，吴坚 . 1983. 防治天牛的有效天敌——管氏肿腿蜂 [J]. 林业科学（8）：81-84.
辛蓓，张少斌，刘佩旋，等 . 2016. 白蛾周氏啮小蜂毒液对美国白蛾蛹血细胞免疫的影响 [J]. 昆虫学报，59（7）：699-706.
徐志宏，黄建 . 2004. 中国介壳虫寄生蜂志 [M]. 上海：上海科学技术出版社：524pp.
薛国喜，高贤明，杨海 . 2016. 河南连康山国家级自然保护区科学考察集 [M]. 长春：东北师范大学出版社：415pp.
薛万琦，赵建明 . 1996. 中国蝇类（上、下）[M]. 沈阳：辽宁科学技术出版社：2425pp.
严静君，徐崇华，李广武，等 . 1989. 林木害虫天敌昆虫 [M]. 北京：中国林业出版社：332pp.
颜学武，郭同斌，蒋继宏，等 . 2008. 白蛾黑基啮小蜂的生物学特性 [J]. 南京林业大学学报（自然科学版），32（6）：29-33.
杨定 . 2009. 河北动物志：双翅目 [M]. 北京：中国农业科学技术出版社：863pp.
杨惟义 . 1962. 中国经济昆虫志，第二册（半翅目：蝽科）[M]. 北京：科学出版社：378pp.
杨文波，吴国星，徐志强，等 . 2017. 管氏肿腿蜂对咖啡灭字脊虎天牛寄生作用的研究 [J]. 环境昆虫学报，39（2）：405-410.
杨星科，杨集昆，李文柱 . 2005. 中国动物志：脉翅目 [M]. 北京：科学出版社：398pp.
杨星科 . 1997. 长江三峡库区昆虫 [M]. 重庆：重庆出版社：947pp.
杨有乾 . 1983. 天敌昆虫 [M]. 郑州：河南科学技术出版社：101pp.
杨忠岐，王小艺，曹亮明，等 . 2014. 管氏肿腿蜂的再描述及中国硬皮肿腿蜂属 *Sclerodermus*（Hymenoptera：Bethylidae）的种类 [J]. 中国生物防治学报，30（1）：1-12.
杨忠岐，魏建荣 . 寄生于美国白蛾的黑棒啮小蜂中国二新种（膜翅目：姬小蜂科）[J].

林业科学，39（5）：67-73.
杨忠岐 . 1989. 中国寄生于美国白蛾的啮小蜂一新属一新种（膜翅目：姬小蜂科）[J]. 昆虫分类学报，11（1-2）：117-130.
杨忠岐 . 1992. 膜翅目 [M]. 香港：天则出版社：332pp.// 译：Gauld I. & Bolton B. 1988. The Hymenoptera. New York：Oxford University Press：332pp.
杨忠岐 . 2000. 白蛾周氏啮小蜂的有效积温及发育起点温度研究 [J]. 林业科学，36（6）：119-123.
游兰韶 . 2003. 天敌昆虫应用原理和方法 [M]. 长沙：湖南科学技术出版社：259pp.
虞国跃 . 2010. 中国瓢虫亚科图志 [M]. 北京：化学工业出版社：180pp.
虞国跃 . 2011. 台湾瓢虫图鉴 [M]. 北京：化学工业出版社：198pp.
虞国跃 . 2011. 螺旋粉虱及其天敌昆虫 [M]. 北京：科学出版社：211pp.
岳书奎 . 1992. 天敌昆虫学 [M]. 哈尔滨：东北林业大学出版社：173pp.
曾凡荣，陈红印 . 天敌昆虫饲养系统工程 [M]. 北京：中国农业科学技术出版社：287pp.
曾宪顺，高勇 . 1986. 湖北省虎甲科的属、种新记录 [J]. 华中农业大学学报，8（1）：16-22.
张礼生，陈红印，李保平 . 2014. 天敌昆虫扩繁与应用 [M]. 北京：中国农业科学技术出版社：420pp.
张雅林 . 2013. 资源昆虫学 [M]. 北京：中国农业出版社：473pp.
章士美 . 1985. 中国经济昆虫志（31）半翅目（一）[M]. 北京：科学出版社：242pp.
章士美 . 1995. 中国经济昆虫志（50），半翅目（二）[M] . 北京：科学出版社：242pp.
赵萍，崔建新，张华剑 . 2014. 贵州省瘤蝽亚科（半翅目：异翅亚目：猎蝽科）昆虫记述 [J]. 环境昆虫学报，36（4）：469-474.
赵修复 . 1985. 害虫生物防治（3 版）[M]. 北京：中国农业出版社：288pp.
郑雅楠，祁金玉，孙守慧，等 . 2012. 白蛾周氏啮小蜂 *Chouioia cunea* Yang 的研究和生物防治应用进展 [J]. 中国生物防治学报，28（2）：275-281.
中国科学院动物研究所，浙江农业大学 . 1978. 天敌昆虫图册 [M]. 北京：科学出版社：300pp.
中国科学院动物研究所 . 1987. 中国农业昆虫（上、下）[M]. 北京：农业出版社：992pp.
朱慧倩，陈思 . 2005. 中国北京地区弓蜻属一新种（蜻蜓目：伪蜻科）[J]. 昆虫分类学报，27（3）：161-164.
朱素梅，崔建新，李辉 . 2013. 河南省卢氏地区半翅目昆虫区系研究 [J]. 河南农业科学，42（6）：98-102.
祝长清，朱东明，尹新明 . 1999. 河南昆虫志鞘翅目（一）[M]. 郑州：河南科学技术出版社：414pp.

Belokobylskij S A, Tang P, He J H, et al. 2012. The genus Doryctes Haliday,1836 (Hymenoptera: Braconidae, Doryctinae) in China[J]. Zootaxa, 3226: 46-60.

Belokobylskij S A, Maeto K. 2009. Doryctinae (Hymenoptera: Braconidae) of Japan, Fauna Mundi, Vol. 1 [M]. Warsaw: Natura optima dux Foundation: 806 pp.

Belokobylskij S A. 1998. Subfamily Doryctinae. In: Lehr, P. A. (Ed.), Key to Insects of the Russian Far East. Neuropteroidea, Mecoptera, Hymenoptera. Part 4[M]. Vladivostok: Dal'nauka: 50-109.

Goulet H, Huber J T. 1993. Hymenoptera of the world: An identification guide to families [M]. Ottawa: Canada Communication Group: 668pp.

Hua L. 2002. List of Chinese Insects (Vol. I-IV) [M]. Guangzhou: Sun Yet-sen University Press: 2002-2006.

Narendran T C. 1989. Oriental *Chalcididae* (Hymenoptera: Chalcidoidea), Zoological Monograph [M]. Kerala: University of Calicut: 441pp.

Van Achterberg C, Mehrnejad M R. 2011. A new species of *Megalommum* Szépligeti (Hymenoptera, Braconidae, Braconinae), a parasitoid of the pistachio longhorn beetle (*Calchaenesthes pistacivora* Holzschuh; Coleoptera, Cerambycidae) in Iran [J]. Zookeys, 112: 21-38. doi: 10.3897/zookeys. 112. 1753.

Wang Y P, Chen X X, Wu H, et al. 2009. A new parasitoid (Hymenoptera: Braconidae) of *Monochamus alternatus* (Coleoptera: Cerambycidae) in China [J]. Biologia, 64(5): 942-946. DOI: 10. 2478/s11756-009-0166-8.

Yang Z Q, Choi W Y, Cao L M, et al. 2015. A new species of *Anastatus* (Hymenoptera: Eulpelmidae) from China,parasitizing eggs of *Lycorma delicatula* (Homoptera: Fulgoridae) [J]. Zoological Systematics, 40(3): 290-302. DOI: 10. 11865.

Yang Z Q, Yao X Y, Qiu L F, et al. 2009. A new species of *Trissolcus* (Hymenoptera: Scelionidae) parasitizing eggs of *Halyomorpha halys* (Heteroptera: Pentatomidae) in China with comments on its biology [J]. Annals of the Entomological Society of America,102: 39-47.